社区心理健康服务丛书

黄希庭 顾问 | 陈红 总主编

老年人社区心理健康服务

主　编　吕厚超　李　敏
副主编　郝海平　文思雁
　　　　金　磊　于旭晨
　　　　任江瑜

西南大学出版社

图书在版编目(CIP)数据

老年人社区心理健康服务 / 吕厚超,李敏主编. -- 重庆：西南大学出版社,2023.12
（社区心理健康服务丛书）
ISBN 978-7-5697-2126-3

Ⅰ.①老… Ⅱ.①吕… ②李… Ⅲ.①老年人-心理保健 Ⅳ.①B844.4②R161.7

中国国家版本馆CIP数据核字(2023)第239153号

老年人社区心理健康服务

LAONIANREN SHEQU XINLI JIANKANG FUWU

主　编　吕厚超　李　敏
副主编　郝海平　文思雁　金　磊　于旭晨　任江瑜

策划组稿：	任志林
责任编辑：	扶　瑶　任志林
责任校对：	张　昊
装帧设计：	殳十堂_未氓
排　　版：	张　祥
出版发行：	西南大学出版社（原西南师范大学出版社）
	地址：重庆市北碚区天生路2号
	邮编：400715　市场营销部电话：023-68868624
经　　销：	全国新华书店
印　　刷：	重庆愚人科技有限公司
成品尺寸：	170 mm×240 mm
印　　张：	19.75
字　　数：	349千字
版　　次：	2023年12月第1版
印　　次：	2023年12月第1次印刷
书　　号：	ISBN 978-7-5697-2126-3
定　　价：	78.00元

总 序

社区是社会的基本单元,社区是基层基础,只有基础坚固,国家大厦才能稳固。十八大以来,随着社会经济的发展和人民生活水平的提高,民众的心理健康问题越来越受到社会各界的广泛重视。党中央、国务院相继出台了一系列相关文件、政策和通知,如2016年由中共中央、国务院印发的《"健康中国2030"规划纲要》、由国家卫生计生委、中宣部等22部门联合印发的《关于加强心理健康服务的指导意见》,均强调了加强心理健康服务的重要意义。

习近平总书记在党的十九大报告中明确提出"加强社会心理服务体系建设,培育自尊自信、理性平和、积极向上的社会心态"的要求。为了认真落实党中央、国务院关于社会心理服务体系建设的决策部署,打造共建共治共享的社会治理格局,推动社会治理重心向基层下移,实现政府治理和社会调节、居民自治良性互动,国家卫健委、中央政法委等十部委联合印发了《全国社会心理服务体系建设试点工作方案》,该方案是为了通过试点工作探索社会心理服务模式和工作机制而制定的,强调建立健全社会心理服务网络,加强重点人群心理健康服务,探索社会心理服务疏导和危机干预规范管理措施,为全国社会心理服务体系建设积累经验。工作方案的目标是,到2021年底,逐步建立健全社会心理服务体系,将心理健康服务融入社会治理体系、精神文明建设,融入平安中国、健康中国建设。建立健全党政领导、部门协同、社会参与的工作机制,搭建社会心理服务平台,将心理健康服务纳入健康城市评价指标体系,作为健康细胞工程(健康社区、健康学校、健康企业、健康家庭)和基层平安建设的重要内容。

可见,社会心理服务体系建设已成为国家重大需求和战略选择,也是满足人民日益增长的美好生活需要的必然要求。但是,我国的社会心理服务体系建设尚存在不少问题和难题，主要表现为：(1)心理服务体系构建不健全，如基层心理服务平台、教育系统心理服务网络、机关和企事业单位心理服务网络等方面；(2)心理服务人才队伍建设亟待加强，如心理健康领域社会工作专业队伍、心理咨询人员队伍、心理健康服务志愿者队伍等方面；(3)心理健康服务不够优化，如心理健康科普宣传网络、社会心理服务机构发展规范性、医疗机构心理健康服务能力和心理援助服务平台等方面。

为了响应党中央、国务院对社会心理服务体系的战略要求和决策部署，并为解决上述问题尽一份心力，西南大学心理学部、中国社区心理学服务与研究中心组织国内相关领域专家，撰写了这一套符合我国国情的"社区心理健康服务丛书"，旨在更好地为相关工作人员提供通俗易懂、简易可得的开展社会心理服务的基本理论和实践指导。概括来看，本套丛书具有如下特点：

第一，鲜明的中国特色。"社区心理健康服务丛书"是我国第一套成体系、有特色的社会心理服务指南丛书，根植于中华传统优秀文化，涵盖残障人士、空巢老人、公职人员、失能老人、留守儿童、婴幼儿、社区老人、军人以及党政干部等人群。众所周知，中国社区与西方社区截然不同，中国文化与西方文化差异巨大。优秀传统文化是中华民族的精神命脉，是最深厚的文化软实力，是涵养社会主义核心价值观的重要源泉。社会心理服务是实施中华优秀传统文化教育的重要抓手，本丛书充分挖掘中华传统文化中的社区和社会心理服务素材，培育社会居民深厚的民族情感、社区氛围素养和人文素养，充分发挥社会心理服务的综合育人效应。丛书以心理学理论指导社会心理服务体系建设，切实提升广大居民的幸福感、获得感和生活质量。

第二，注重实用性。本套丛书通俗易懂，具有突出的实用性和科普性特点。坚持预防为主、突出重点、问题导向、注重实效的原则，强调重点人群心理健康服务，注重探索社会心理服务疏导和危机干预规范管理措施。书中设置常见的社会生活情境，从社会居民的生活实例出发，引导他们自己动手和实践探索，从身边的小事做起，主动养成健全人格塑造和健全行为培育的生活习惯，从而达到培育自尊自信、理性平和、积极向上的社会心态的最终要求，为我国社会治理能力的提升和现代化提供切实可用的心理学知识和技巧。社会心理服务体系的核心内容包括建立健全社会心理服务网络、加强心理服务人才队伍建设、保障措施等。本丛书的出版，能够为实现上述目标提供理论素材和理论保障，能够为社会心理服务人才队伍建设和培训提供通俗易懂、切实可用的各类资料素材，也有助于宣传党的社会心理服务体系建设的方针政策和提高社会居民的心理健康科学知识水平。

第三，彰显国家治理能力现代化。社会心理服务体系建设不仅是新时代国家治理体系的重要内容，也是新时代社会治理能力创新的重要手段。国家治理体系和治理能力现代化的三个维度：一是国家权力掌握资源及对其进行合理配置和有效使用的能力；二是国家治理的组织架构解决政治经济社会面临的突出问题的能力；三是社会组织和个体的自治能力。一个现代化的国家治理体系必须具有具备自治能力的社会和个体，体现为社会具有良好的自我组织和自我管理能力，社会公众个体具有较强的自主性和自律性，是具有较高公共理性和法治精神的好公民。本丛书有助于推进国家治理体系和治理能力现代化，是努力建设更高水平的平安中国，促进公民身心健康，维护社会和谐稳定的理论保障和党中央政策落地的心理学途径。

希望本丛书能为我国社会心理服务体系建设、相关政策的制定和社会实践提供心理学思路和科学依据，助力解决宏观社会心理问题，建设强大的国民心理，运用心理学规律和手段实现社会的"柔性治理"，使每位社会公民成为自尊自信、理性平和、积极向上的幸福进取者。

是为序。

陈红
2022年4月25日

前　言

我国是世界上老年人口最多的国家，老龄化问题日益凸显。根据国家卫生健康委、全国老龄办2022年10月发布的《2021年度国家老龄事业发展公报》，截至2021年末，全国60周岁及以上老年人口约2.67亿人，占总人口的18.9%；65周岁及以上老年人口约2.01亿人，占总人口的14.2%。全国65周岁及以上老年人口抚养比达20.8%。我国人口老龄化不断加剧的同时，老年人整体健康状况也不容乐观，近1.8亿老年人患有慢性病，患一种及以上慢性病的比例高达75%。失能、部分失能老年人约4000万。老年人身体健康方面的问题会潜在地影响其心理健康。

近些年来，我国老龄人口的心理健康问题日益受到社会和国家的高度关注。进入晚年阶段之后，老年人往往会遇到身体机能衰退、人际关系变化和社会角色转变等诸多困难，这些困难常常引发或加剧他们的心理健康问题。例如，老年人可能会出现抑郁、焦虑、孤独、自卑、无助、无望等负面情绪，甚至产生自杀的念头。《2018年中国老年心理健康白皮书》显示，63%的中国老年人常常感到孤独，其中54%的人即使和别人在一起也会感到孤单、遗憾。60岁以上的中国老人中，有超过25%的人由于身体或其他各种原因，有过自杀的念头。这些数据反映了我国老年人心理健康问题的严峻性和普遍性，心理健康状况不容乐观。此外，另有调查数据显示，城市老年人心理健康率为30.3%，农村老年人心理健康率仅为26.8%。整体来看，老年人的心理健康率不足1/3。因此，老年人的心理健康问题是一个急需重视的社会问题，不仅关系到老年人的生活质量和健康水平，也影响到社会的和谐稳定。然而，有些老年人对心理健康问题认知不足或认识偏颇，认为心理问题是正常的、难以改变的或不值得关注的，不愿意寻求专业帮助或接受心理服务。为了促进老年人身心健康，我国政府出台了一系列相关政策和措施。2019年11月，中共中央、国务院印发《国家积极应对人口老龄化中长期规划》，标志着积极应

I

对老龄化成为国家战略。2022年1月,国家卫生健康委、全国老龄办等单位联合印发《关于全面加强老年健康服务工作的通知》,其中就包括开展老年人心理健康服务。2022年6月,根据《中共中央、国务院关于加强新时代老龄工作的意见》《"十四五"健康老龄化规划》精神,国家卫生健康委在组织实施老年人心理关爱项目的基础上,决定2022—2025年在全国广泛开展老年心理关爱行动,印发了《国家卫生健康委办公厅关于开展老年心理关爱行动的通知》,以了解掌握老年人心理健康状况与需求;增强老年人心理健康意识,改善老年人心理健康状况;并提升基层工作人员的心理健康服务水平。

本书正是在我国积极应对老龄化、大力加强老年人心理健康服务的背景下完成的。目的是为社区老年人提供心理健康指南,普及心理健康知识,提高心理健康意识,防范心理健康问题,助力其安享晚年的幸福生活。在主编、副主编对书稿内容商议的基础上,主编吕厚超、李敏拟定了本书的章节框架,对书稿各章逐一校对,统一行文风格。每章的撰稿人分配如下:第一章 心理健康概述,顾泓,李佳仪,任江瑜;第二章 老年人的社会适应,梁钊,于旭晨,任江瑜;第三章 老年人的认知功能变化,王艺琪,张晓函,文思雁;第四章 老年人的人格特征,孙华宗,杨艺琳,于旭晨;第五章 老年人的情绪,吴澜婷,谢如月,夏凡;第六章 老年人的人际关系,张璐琦,郝雨,金磊;第七章 老年人的婚姻家庭,王语嫣,丁乙,夏凡;第八章 老年人的退休与闲暇,王艳霞,龚映雪;第九章 老年人的临终心理与应对,饶荣蓉,宫俊如;第十章 老年人的心理评估,盛晓宇,郝海平;第十一章 老年人的其他异常心理与行为,文思雁,李敏;第十二章 老年人的网络使用,孙敬林,郝海平。黄婷婷、陈正派、赵亚轩、刘越参与了部分章节的修改,苟梦威整理了书稿的参考文献。本书的策划和组织者、西南大学出版社任志林编辑为本书的出版提供了大力支持,并负责书稿编辑,付出了辛勤汗水。在此一并表示真诚的感谢。在本书撰写过程中,由于作者时间紧迫,水平有限,错误与不当之处在所难免,敬希读者批评指正。

吕厚超

2023年11月15日

于西南大学 心理学部

中国社区心理学服务与研究中心

目 录

总　序	I
前　言	I

第一章　社区老年人心理健康概述 …………………………………… 1
　一、我国人口老龄化现状以及特点 …………………………… 1
　二、老年人心理健康的概念以及标准 ………………………… 2
　三、社区老年人的心理健康现状 ……………………………… 11
　四、社区老年人常见的心理问题及应对 ……………………… 14
　五、社区老年人的心理需求 …………………………………… 25
　六、社区老年人心理健康不良导致的后果 …………………… 28

第二章　社区老年人的社会适应 ……………………………………… 30
　一、社会适应的概念 …………………………………………… 30
　二、社会适应的重要性 ………………………………………… 34
　三、老年人心理不适感的来源 ………………………………… 37
　四、老年人的社会适应问题及应对 …………………………… 44

第三章　社区老年人的认知功能变化 ………………………………… 54
　一、我的记性变差了——老年人认知功能的变化 …………… 55
　二、我的心理会生病——老年人常见的精神疾病 …………… 61
　三、我该怎么办——老年人认知功能变化的调节 …………… 68

第四章 社区老年人的人格特征 ... 74
    一、什么是人格 ... 75
    二、人格理论 ... 79
    三、老年人的人格特征 ... 83
    四、老年人的人格障碍 ... 87
    五、老年人的人格与心理健康 ... 95

第五章 社区老年人的情绪 ... 101
    一、社区老年人的情感需要得到重视 ... 102
    二、容易抑郁怎么办 ... 109
    三、如何提高我的幸福感 ... 116

第六章 社区老年人的人际关系 ... 127
    一、老年人人际关系的类型和特征 ... 128
    二、老年人拥有良好人际关系的原因 ... 132
    三、老年人在人际交往中遇到的障碍 ... 135
    四、老年人的重要人际关系 ... 145
    五、老年人改善人际关系的方法 ... 149

第七章 社区老年人的婚姻家庭 ... 153
    一、老年人的婚姻家庭特征 ... 153
    二、空巢、丧偶和再婚对老年人心理的影响 ... 155
    三、老年人的性生活和心理的关系 ... 166
    四、养老方式和老年人的心理 ... 171

第八章 社区老年人的退休与闲暇 ... 176
    一、退休与老年人的心理变化 ... 177
    二、老年人的退休适应 ... 181
    三、老年人的退休规划 ... 185

四、老年人的闲暇活动和社会参与 190
　　五、老年人的再社会化 194

第九章　社区老年人的临终心理与应对 198
　　一、死亡恐惧心理 199
　　二、老年人的临终心理及应对 204
　　三、树立正确的生死观 213

第十章　社区老年人的心理评估 221
　　一、什么是心理评估 222
　　二、我的智力真的退化了吗——智力评估 228
　　三、他们都说我变了——人格评估 234
　　四、临床常用评定量表 243

第十一章　社区老年人的其他异常心理与行为 257
　　一、过度勤俭节约 257
　　二、乱嚼舌根 261
　　三、成瘾行为 265
　　四、老年性犯罪 269
　　五、幻觉、妄想、骂人成性 273

第十二章　社区老年人的网络使用 276
　　一、社区老年人的网络社交 276
　　二、社区老年人的网络消费 280
　　三、社区老年人的网络成瘾 284
　　四、跨越老年"数字鸿沟"，网络适老化改造 288

参考文献 293

第一章 社区老年人心理健康概述

> **内容简介**
>
> 人口老龄化是社会发展必然带来的新问题,鉴于老年期是人生中与其他时期有着较大区别的时期,要使老年人能够老有所养、老有所医、老有所为、老有所学、老有所乐,需要研究和亟待解决的问题有很多,本书将从老年人的心理健康情况、社会适应、认知功能、人格特征、情绪、人际关系等多方面进行阐述。

一、我国人口老龄化现状以及特点

21世纪可以说是全球老龄化的世纪。人口老龄化是指在一个社会中,老年人口的比重逐渐增加的过程。人口老龄化对社会生活的影响范围越来越广,越来越深,受到全球各国政府的重视。人口老龄化同样也是我国社会发展的一个紧迫问题。较之发达国家,我国的人口老龄化问题更为突出,也日趋严重。

自我国在二十世纪七八十年代实施的计划生育国策以来,我国的人口结构形成了出生率低、死亡率低、增长率低的特点。20世纪90年代初期,中国人口总和生育率就已经降到了2.1的更替水平以下,目前的总和生育率为1.3左右,不仅远低于发展中国家3.05的水平,甚至低于发达国家1.64的水平。在人为控制因素和经济社会发展等因素的双重影响下,生育率和死亡率同时快速下降,中国人口年龄结构逐渐完成了从年轻型向老年型的转变。

中国人口老龄化发展的起步虽然较晚,但发展的进程却相当之快,如果按此速度发展下去,今后我国人口结构将迅速老龄化,并赶超发达国家水平,中国将成为世界上老年人口最多、老龄化发展速度最快的国家之一。

我国人口老龄化进程和经济发展的关系与发达国家有着显著不同。发达国家开始面临人口老龄化问题,是在社会经济发展达到比较高的水平以后。比如我们的邻国日本,其在20世纪70年代初步入老龄化社会,但当时日本人均GDP水平已达到3000美元。而我国的经济发展速度滞后于人口老龄化速度,形成所谓的"未富先老"的现象。

早在2000年,我国步入老龄化社会的时候,人均GDP仅为800美元,远远落后于发达国家。发达国家在步入老龄化社会的时候其经济发展已处于相当高的水平,社会经过长时间的经济发展,积累了大量财富,具备优质的经济结构和强大的经济基础,与之配套的医疗养老体系和社会保障体系已相当健全。而我国步入老龄化社会的时候人均GDP较低,社会经济基础薄弱,不足以应对突显严重的人口老龄化问题,不同于发达国家"先富后老"的情况,有着独特的特点,这一严峻的社会现象和与之形成的一系列问题已成为我国社会研究的重点难题。

二、老年人心理健康的概念以及标准

心理健康的概念是随时代变迁、社会文化因素的影响而不断变化的。1948年联合国世界卫生组织(WHO)对健康的定义是:"不但没有身体的缺陷和疾病,还要有生理、心理和社会适应都完满的状态。"1989年世界卫生组织又对健康做了新的定义,即"健康不仅是没有疾病,而且包括躯体健康、心理健康、社会适应良好和道德健康"。

由此可知,健康不仅仅是指躯体健康,还包括心理、社会适应、道德品质方面的相互依存、相互促进。当人体在这几个方面同时健全,才算得上真正的健康。一般而言,心理健康概念是指:个体的心理活动处于正常状态下,即认知正常,情感协调,意志健全,个性完整和适应良好,能够充分发挥自身的最大潜能,以适应生活、学习、工作和社会环境发展与变化需要。

(一)世界卫生组织对心理健康的定义细则

1.智能良好

智能是人对客观事物的认识能力和运用知识、经验、技能解决问题能力的综合。智能良好综合体现在两个精神和四个能力上:即科学精神、人文精神和发现问题的能力、认识问题的能力、分析问题的能力以及解决问题的能力。心理健康的个体具有良好的智能条件,对待生活中的事情具有良好的解决问题能力。

2.善于协调和控制情绪

情感是人对客观事物认识的内心体验的外在反应。人的情感活动具有倾向性,心理健康的个体对待喜怒哀乐都会有一定程度的表现,更为重要的是需要跟外界环境进行协调,保持心情的开朗乐观,协调并控制好自身的情绪,保持情绪的稳定。

3.具有较强的意志品质

意志就是为达到既定目标,主动克服困难的能力。良好的意志具备以下四个特点。一是目的性,目的要合理;二是要学会调整自己的期望值和心态;三是要培养自己的坚强性和自觉性;四是要培养自己的果断性和自制性。

4.人际关系和谐

建立并维持良好的人际关系,一是要有一个相对稳定的、相对广泛的人际交流圈;二是人际交流要独立思考,个体要保持一个独立完整的人格,不要人云亦云,不要盲从;三是在人际交流当中要注意宽以待人;四是在人际交流中要积极主动,要坦诚。

5.主动适应并改善现实环境

个体生活在社会中,要保证心理的健康需要我们能动地适应和改造现实环境。适应社会是绝对的,改造社会是相对的,重点是适应,只有在适应的基础上才能局部地改造。

6.保持人格的完整和健康

健康的心理要保证人格的完整和健康。人格是人在社会生活当中的总体心理倾向,体现在三个方面:一是构成要素要完整,不能有缺陷;二是人格要统一,不能混乱,生理上的我和心理上的我必须是一个人,不能分离;三是要有一个积极进取的人生观。

7.心理和行为符合年龄特征

个体都有自身的心理年龄和生理年龄的区别。一个心理健康的人,其一般心理特点与所属年龄阶段的共同心理特征是大致相符的。这可从三个方面加以判断:一看心理活动与外界环境之间是否统一,他的言行有没有过于离奇和出格的地方;二看心理活动过程之间是否完整和协调,他的认知过程、情感体验、意志行为是否协调一致;三看心理活动本身是否统一,他的个性心理特征是否具有相对稳定性。生理发育超前、心理发育滞后或心理发育超前、生理发育滞后,应对社会生活变化的能力就差,就需要调整自己。

(二)美国心理学家马斯洛和密特尔曼的心理健康10条标准

1.充分的安全感

安全感是人的基本需要之一,它是指个人对生命财产、名誉地位、职业等方面的安全感。惶惶不可终日的人易发生抑郁、焦虑等心情,并会引起内分泌和消化系统等功能的失调,甚至发生病变。

2.充分了解自己,并对自己的能力作适当的评估

一个人既要了解自己的长处,也要了解自己的短处,以使自己能扬长避短。勉强去做超过自己能力的工作,就会显得力不从心,事倍功半,容易遭遇失败,遇到挫折。

3.生活目标切合实际

只有恰当的自我期望和切合实际的目标,才能取得成绩,从而鼓励自己再接再厉去获得成就感。由于每个人的生理、心理与社会特点不同,对每一理想与抱负的实现都有一定限制。

4.与现实环境保持接触

因为人的精神需要是多层次的,人与外界环境联系并进行社会交往可以获得许多信息,一方面丰富其精神生活,另一方面可以根据外界环境的变化及时调整自己的行为,以更好地适应环境。

5.能保持人格的完整与和谐

一个人的个性是他本人独特风格的表现,个性中的能力、兴趣、性格与气质等各个心理特征必须是和谐而统一的。它们综合成为人的个性。个性心理特征彼此之间有联系,统一于个人的价值观与人生观,从而保持其个性的完整。

6.具有从经验中学习的能力

现代社会的发展速度愈来愈快,日新月异,知识更新快,信息量大,人们已有的知识经验愈来愈陈旧,跟不上形势的需要,为了适应新的形势,就必须不断学习新东西。人的学习能力愈强,则其生活与工作愈得心应手,也愈能取得更多的成功。

7.能保持良好的人际关系

作为一个社会人,整天与他人打交道,建立起各种人际关系,如家庭中的夫妻关系、父(母)子(女)关系;工作单位领导与被领导关系、同事关系;社区中的邻里关系等。诸种人际关系中有正向的积极关系,也有负向的消极关系,而人际关系的协调与否对人的心理健康有很大的影响。

8.适度的情绪表达与控制

人有喜怒哀乐等不同的情绪体验,不愉快的情绪体验必须加以释放,尤其那些悲痛、忧伤的情绪不能强忍,应做适当的表达加以发泄,以求得心理上的平衡。适度的发泄是有利于身心健康的。但发泄消极情绪要有控制,长时期的"痛不欲生",长时期的"怒气冲冲",既影响自己的正常生活,又加剧了人际矛盾,使关系紧张,同样于身心健康无益。

9.在不违背社会规范的条件下,对个人的基本需要做恰当的满足

人的才能与兴趣爱好应该充分发挥出来,这也是人力资源的开发与利用,但不能妨碍他人利益,不能损害团体利益。

10.在集体要求的前提下,较好地发挥自己的个性

个人的需要是多方面的,既有物质的又有精神的。而且个人的需要总是不断增多而永无止境的,人追求需要的满足是激励人们活动的动力。当然人的需要不可能全部满足。而且,要满足自己的需要,必须采取正当、合法的手段,需

要的内容与满足需要的手段不能违背社会道德规范。

(三)我国学者在前人研究的基础上提出的标准

1. 老年心理学家许淑莲提出老年人心理健康的6条标准

(1)热爱生活和工作。日常生活对个体的影响十分重要,个体的心理健康与生活满意度紧密联系。工作是当代社会生活中不可或缺的,它提供给我们人际发展、个人能力展现的平台和机会。为了保证心理健康,我们需要对自己的生活充满热情,保持对生活和工作的热爱,享受它们所带来的积极情绪体验。

(2)心情舒畅、精神愉快。心情是否愉悦在很大程度上代表了个体对于当下生活的体验状态,人的情绪对健康影响极大。愉快喜悦的心情会给人以正面的刺激,有益于健康;而苦恼消极的情绪则会给人以负面影响,诱发各种疾病,使原有的病情加重。所以心情的舒畅、精神的愉悦有助于个体的心理健康。

(3)情绪稳定、适应能力强。情绪是人对客观事物的态度体验,是人的需要得到满足与否的反映。愉快而稳定的情绪是情绪健康的重要标志。能否对自己的能力做出客观正确的判断,能否正确评价客观事物,对自身的情绪有很大的影响。如过高地估计自己的能力,勉强去做超过自己能力的事情,常常会得不到预期结果,而使自己的精神遭受失败的打击;过低地估计自己的能力、自我评价过低、缺乏自信心,常常会产生抑郁情绪;只看到事物的消极面也会产生不愉快甚至抑郁情绪。心理健康的老年人能经常保持愉快、乐观、开朗而又稳定的情绪,并能适度宣泄不愉快的情绪,通过正确评价自身以及客观事物而较快稳定情绪。情绪影响机体的免疫力,在某种程度上情绪可能会导致疾病的发生,同时如果长期保持情绪稳定,也可能会对疾病的治疗产生积极的作用。

社会适应是我们更好应对生活和社会的"必需品",面对新的生活环境和陌生人群,大多数人都会产生一种孤独无助的感觉,这不利于个体的心理健康发展,所以心理健康也要求我们适应能力强。老年人能与外界环境保持接触,虽退休在家,却能不脱离社会,通过与他人的接触交流、通过电视广播网络等媒体了解社会的变革信息,并能坚持学习,从而锻炼记忆和思维能力,丰富精神生活,正确认识社会现状,及时调整自己的行为,使心理行为能顺应社会变革的进步趋势,更好地适应环境,适应新的生活方式。

(4)性格开朗、通情达理。健全的人格特质是健康心理不可或缺的要素。以积极进取的人生观为人格的核心,积极的情绪多于消极的情绪;能够正确评价自己和外界事物,能够听取别人意见,不固执己见,能够控制自己的行为,办事盲目性和冲动性较少;意志坚强,能经得起外界事物的强烈刺激,如在悲痛时能找到发泄的方法,而不至于被悲痛所压倒;在欢乐时能有节制地欢欣鼓舞,而不是得意忘形和过分激动;遇到困难时,能沉着地运用自己的意志和经验去加以克服,而不是一味唉声叹气或怨天尤人;能力、兴趣、性格与气质等各个心理特征和谐统一。

(5)人际关系良好。人际关系的融洽与否,对人的心理健康影响较大。融洽和谐的人际关系表现为:乐于与人交往,能与家人保持情感上的融洽并得到家人发自内心的理解和尊重,又有知己的朋友;在交往中保持独立而完整的人格,有自知之明,不卑不亢;能客观评价他人,取人之长补己之短,宽以待人,友好相处;既乐于帮助他人,也乐于接受他人的帮助。

(6)认知能力正常。认知正常是人正常生活最基本的心理条件,是心理健康的首要标准。老年人认知正常体现在:感觉、知觉正常,判断事物基本准确,不发生错觉;记忆清晰,不发生大的遗忘;思路清楚,不出现逻辑混乱;在平时生活中,有比较丰富的想象力,并善于用想象力为自己设计一个愉快的奋斗目标;具有一般的生活能力。

2.孙颖心提出老年人心理健康的12条标准

(1)感知觉尚好。稍有衰退者可通过戴眼镜、助听器等方法弥补,判断事物不常发生错误。

(2)记忆良好。能轻松记住刚读过的7位数字。

(3)逻辑思维健全。说话不颠三倒四,回答问题条理清晰。

(4)想象力丰富。不拘泥于现有的条条框框,做梦常新奇有趣。

(5)情感反应适度。积极的情绪多于消极情绪,对事物能泰然处之。

(6)意志坚强。办事有始有终,能经得起悲伤和挫折。

(7)态度和蔼可亲。能知足常乐,能制怒。

(8)人际关系良好。乐于助人,也受他人欢迎。

(9)保持学习兴趣。能坚持在某一方面不倦地学习。

(10)有正当的业余爱好。

(11)与多数人的心理活动保持一致。

(12)保持正常的行为。能坚持正常的生活、学习、工作和活动,能有效地适应环境变化。

3.本书综合了国内外对老年人心理健康的评价标准,总结出的老年心理健康参考标准

(1)与年龄相适应的智力水平

智力是指一个人认识客观事物的能力和运用个人已有知识解决实际问题的能力。它是一个综合的心理特征,包括注意力、记忆力、理解力、判断力、想象力等能力。成年人智力总体来看,在60岁以前较稳定,60岁后才有明显减退,而且智力不同方面的减退情况不同,根据作业性质而异。有学者认为智力可分为晶态智力和液态智力,前者与知识、经验的积累有关,主要是后天获得的。成年后,晶态智力并不会明显减退,有的还有所提高,直到70岁后才出现缓慢减退。例如,智力测验中的"知识""词汇"和"理解力"等项目就是如此。而液态智力主要与神经系统的生理结构和功能有关,例如,知觉整合能力、反应速度和思维敏捷度等。成年后,随年龄增大而减退较快,较早出现成绩下降。

一般来讲,人进入老年期后,由于脑神经系统的衰老,记忆力和注意力减退,但如果老年人不断学习、适应社会,其判断力和理解力的衰退速度可以大大放缓,加之老年人积累的经验和智慧,在某些方面还有可能胜过年轻人。老年人的智力与年龄相适应,表现在能完成正常的生活、工作和学习任务,能与周围环境取得平衡、反应适度。接触外界时感受清楚、准确,反应及时恰当,思维符合逻辑,表达条理分明,注意力既能集中也能够转移,想象力比较丰富,处理问题能够随机应变。

(2)稳定的情绪

情绪是指个体对本身需要和客观事物之间关系的短暂而强烈的反应。它是一种主观感受、生理的反应、认知的互动,并表达出一些特定行为。情绪是人所具有的一种心理活动,它是指人对客观事物是否满足需要的态度体验。情绪稳定是老年人心理健康的重要标志。常言道:"笑一笑,十年少;愁一愁,白了头。"前者是

良好情绪对人的积极影响,后者是消极情绪对人的不良后果。我们应对自身和他人情绪进行认识、协调、引导、互动和控制,充分挖掘和培植个体和群体的情绪智商、培养驾驭情绪的能力,从而确保个体和群体均保持良好的情绪状态。

情绪只是反映出我们内在的感受,并没有好坏之分,每种情绪都有它独特的价值,如果仅仅为了某种情绪而忽略其他情绪,我们就无法完整地体验生活。种种的负面工作情绪无论是对个人还是组织而言,危害都是很大的。长期的情绪困扰得不到解决,除了会降低个人的生活质量,还会使个人丧失工作热情,影响个人与周围的人际关系,并且影响个人的生活水平。因此老年人要善于调整自己的情绪,保持心理状态的稳定和愉悦,有利于促进心理健康。

(3)统一协调的行为

心理健康的个体,其行为协调统一,其行为受意识的支配,思想与行为是统一协调的,并有自我控制的能力。如果一个人的行为与思想相互矛盾,注意力不集中,思想混乱,语言支离破碎,做事杂乱无章,就应该进行心理调节。一个心理健康的老人所选择的行为是与社会要求相适应的,他的思想和行为也应该是协调的,做起事来有条不紊、胸有成竹;相反,心理不健康的老人,其行为往往是矛盾的、分裂的,做事没有计划,思想混乱。

(4)完整的人格和健全的意志

健全人格的心理结构从形式上可以认为是知、情、意三者均衡协调活动的结果。健全的人格对心理健康有很好的裨益,如果一个人人格缺失,就会影响自身的行为和认知。没有树立正确的价值观念,就会曲解正确的方向,容易迷失。所以健全的人格有助于形成良好的心理健康,使人全面健康地发展。对于老年人来说,其人格完整性体现在能正确认识自己、评价自己、悦纳自我、能控制自己的情绪和欲望,有责任心、安全感,能自爱、自重、自信、自强。意志力健全的老年人能够较长时间专心于某一事务,能控制自己的行为,努力去达到自己的目标。这种意志特征也是健康心理的表现。

(5)良好的人际关系

老年人的人际交往与心理健康息息相关,人生活在社会中,就要善于与人友好相处,助人为乐,建立良好的人际关系。人的交往活动能反映人的心理健康状态,人与人之间正常的友好交往不仅是维持心理健康的必备条件,也是获得心理健康的重要方法。我们知道,人的许多疾病都是由不协调的人际关系引起的。人与人之间正常、友好的交往,既是维持心理健康必不可少的条件,也是获得心理健康的重要方法。具有同情心和利他行为,善于和别人交往,能尊重和信任他人、平等相待、友好相处、团结合作、尊老爱幼,能正确认识和处理与其他人的关系,从而建立良好的人际关系网。

(6)积极的人生观

人生观处于人的心理现象的更高层次,是个体主导心理活动和行为选择的灵魂和准则。树立正确的人生观,养成积极乐观的人生态度,才能做到在任何情况下都不会丧失信心和追求,不会因身处逆境、遭遇挫折而一蹶不振或导致心理困惑;树立正确的人生观,才能科学地对待社会、人生与生活中的各种矛盾,才能对周围的各种事物、环境有适度的心理反应,防止心理反应失常,促进心理健康,使自己处于一种乐观奋发的精神状态之中,乐观地工作、学习和生活,这有利于提高自己对心理压力和挫折的承受能力,防止心理障碍的发生。

有积极向上的心态和对美好生活的追求,心胸开阔、乐观自信、热情大方、朝气蓬勃、有张有弛、独立自主、敢于创新,有较强的承受力,能较好地自我约束、自我控制、自我监督、自我修正,能面对现实和把握现实,能克服各种困难,成功而有效地应对日常生活、工作和社会交往中的各种紧张状态。

(7)与时俱进,适应社会发展

人生活在纷繁复杂、变化多端的大千世界里,一生中会遇到多种环境及变化。因此,一个人应当具有良好的适应能力。无论现实环境有什么变化,都将能够适应。

人生进入老年期,在认知上出现成熟与衰老并存的特点。感官的弱化和大脑机能的衰退可能导致认知的衰退。因此老年人对新事物的接纳、理解和灵活变通方面可能表现得较为固执。成熟的认知和丰富的经验是老年人的宝贵财富,同时老年人也需要与时俱进,不断适应社会发展,接受新鲜事物。能够正确看待自己和他人、能够正确看待时代变革,是老年人身心健康不可缺少的重要因素。

三、社区老年人的心理健康现状

我国作为世界上老龄人口最多、同时也是老龄化速度最快的国家之一,如何提高老年人的生命质量,成为一个紧迫的社会问题。现代医学研究证明,70%—80%的老年疾病与心理因素有关,随着社会角色和生活方式的改变,老年人的心理健康问题日益严重。通过调研发现,社区中绝大部分老年人存在心理健康问题,老年人在生活方式和社会活动发生改变后,身体及心理上一时难以适应,容易导致情绪不稳定,出现抑郁、偏执等心理问题。以下是影响老年人心理健康的几大主要因素。

1.性别对老年人心理健康状况的影响

众多研究发现,女性老年人的主观幸福感低于男性老年人,抑郁水平和症状高于男性老年人。这可能是由于老年男性和女性处理问题的方式不同。在面对困难时,老年男性往往心胸较老年女性开阔,老年女性比较容易悲观,因而容易出现抑郁、焦虑、偏执等。

但某项研究选取了生活背景相似的男性老年人和女性老年人进行调查,结果发现,在老年大学学员中,原有的心理健康的性别差异模式不存在,相反出现了女性老年人心理健康水平优于男性老年人的结果。该结果进一步支持了老年人心理健康性别差异的"危险因素暴露说"。女性老年人之所以表现出更严重的抑郁水平,是因为她们面临较多的危险因素,如受教育水平较低、收入较低、单身等,而不是性别本身特点导致的高抑郁水平。但无论是何种解释,都可以看到老年人心理健康研究中存在着显著的性别差异。

2.配偶情况对老年人心理健康状况的影响

婚姻状况对老年人心理健康水平的影响是极为显著的,婚姻为促进精神和躯体健康提供了各种有效资源,完整家庭对老人心理健康具有积极意义。对老年人健康状况的调查表明,老年人幸福指数与婚姻状况具有重度相关,婚姻状态良好的老年人,消极心理情绪更容易得到宣泄,生活中更加乐观,也能够实现相互鼓励和安慰,在生活细节方面,能够互相关照。而离异或者丧偶的老年人,往往缺乏安全感和精神寄托,消极情绪较强,对生命的珍爱程度也存在不足。

在实际生活中,老伴在经济支持、日常生活照顾和精神慰藉方面都发挥着无法替代的作用,双方通过相互照顾可以获得一定程度的物质、精神的满足,丧偶会导致老年人生活幸福感降低,心理健康状况恶化。夫妻共同生活几十年,一旦失去老伴、幸存者身心皆会受到重大创伤,精神上的孤独和生活上无人照料导致他们出现抑郁、焦虑和精神病方面问题的概率升高。因此,老年人的晚年婚姻状况对老年人的心理健康状态具有重要影响。

3.文化程度对老年人心理健康状况的影响

调查数据显示,老年人的心理健康状况与其自身文化程度具有较大关联,文化程度越高,心理健康状况越好。文化程度高的老年人其社会接触范围较广,同时在生活中的兴趣和爱好更为广泛,虽然退休后所扮演的社会角色有所改变,但是仍然抱有积极的生活态度,因而这部分老年人的生活质量和心理弹性明显高于文化程度较低者。

根据以往的社会形势来说,老年人文化程度越高,过去从事的职业越偏重于技术型或管理型工作,从事体力劳动的概率越低,受到慢性病影响程度越小;此外,具有较高文化程度的老年人,对社会信息关注程度较高,从很大程度上丰富了老年人的生活爱好,有助于老年人消除精神上的焦虑和抑郁。不仅如此,具有较高文化程度的老年人对现代科技产品的应用能力也普遍较高,能够获得广泛的信息资源。因此,老年人的文化背景对其心理健康状态具有一定的影响。

4.经济水平对老年人心理状况的影响

近年来,随着我国经济建设不断发展,老年人生活水平也逐渐得到改善,但是,老年人因以往从事职业的不同,经济收入水平具有较大差异。同时,家庭子女从业情况和经济收入情况也对老年人的生活水平构成较大影响。由于收入较高者一般文化水平较高或者所处的社会地位较高,生活环境和生活条件较好,心理需求容易得到满足;而收入较低者则在疾病治疗、生活质量方面得不到较好保障,容易出现心理问题。

经济独立是老年人保持良好精神状态的重要条件,有一定经济保障能力的老年人大多拥有较高的家庭地位,且经济上的自立可能换来子女对自己更好的照顾和精神上更多的慰藉,从而心理状态也较好,而缺乏经济收入导致老年人在经济上对子女的依赖易使老人产生自卑和消极情绪,从而损害老年人的心理状态,这也表明经济能力与个人心理健康状况存在显著关联。

5. 身体健康水平对老年人心理健康状况的影响

老年人幸福指数直接关系到老年人心理健康状况,而老年人慢性病患病率会随着年龄的增长逐渐上升,生活自理能力却随着年龄变化而下降。社区老年人心理健康状况随着慢性病和生活自理能力变化而逐渐改变,那些生活不能自理或身体健康水平不高的老年人,由于长时间的疾病困扰,社会参与度不高,怕给家人带来不便和困扰,以及对自己的死亡担忧等种种因素,导致其心理常处于较大的压力之下,容易出现心理方面的问题。

6. 居住方式对老年人心理健康状态的影响

从我国民族传统方面来讲,老年人大多希望能够与子女共同生活,三世同堂或四世同堂中,老年人的幸福指数更高,心理状态更好,思想上更加乐观。但是,随着社会不断发展,传统的居住方式发生了改变,很多老年人后代都是独生子女,子女成家立业后,或者忙于自己的事业,或者长期居住在国外,不能在日常生活中给老年人更多关照,据有关数据统计,我国老年人独自居住的人数占15%,这些老年人普遍缺乏安全感,在遇到生活和情感问题时,往往无法及时与家人沟通,心理处于压抑状态中,严重影响到社区老年人的心理健康状态。研究发现,那些独居和空巢的老年人无论是从身体健康状况还是心理状况上都处于最差,夫妇同住的老年人和跟子女同住的老年人状况则要好很多。

7. 家庭关系对老年人心理健康状况的影响

健全和谐的家庭关系是提高老年人生活质量、促进老年人身心健康的一个重要条件,生活在传统大家庭中的老年人身心健康状况好于生活在核心家庭及独居生活的老年人,独居老人往往缺乏情感交流和诉说心事的对象,有较为强烈的孤独感,加上年龄增大,生活上处于无助状态,更易损害独居老人的心理健康。家庭关系是与老年人社会情感关系密切的重要因素,良好的家庭关系以及代际支持对老年人的心理健康有着积极的影响,和睦的家庭关系能使老人精神愉快,心理状态良好。反之,家庭关系紧张、矛盾激烈的家庭,老年人心理健康状况较差,抑郁症状发生率高。这充分说明家庭关系对老年人心理健康状态的重要性。无论是配偶之间的关系还是与子女之间的关系,家庭关系愈和睦,老年人的精神状况愈好。

8. 社区环境对老年人心理健康状况的影响

社区环境是塑造老年人日常健康生活方式、社会交往活动的重要场所，良好的空间品质和对户外公共空间使用效率对老年人的行为选择乃至身心健康都起着至关重要的作用。年龄的增长意味着老年人逐渐失去行动力以及对周边环境的控制，所以社区区位及周边环境的交通便利程度将直接影响到老年人的户外活动频率和日常生活满意度。此外，社区卫生条件、美观程度、基础设施建设是社区人居环境的基本组成部分，也是居住舒适与否的决定因素。研究表明，增加社区环境基础人居服务设施，有助于鼓励老年人开展户外活动、促进老年人身心健康的目的。

社区环境对老年人心理状况的影响，特别表现在社区文化活动的数量和质量上。文化活动越丰富的社区，老年人特别是独居老年人受到的心理负面影响越弱。反之，社区活动少的地区，独居和空巢老年人的心理状况较差。

综上所述，社区老年人在进入老年期后，受到生理退化、身体变化、社会角色转变、经济波动、独居丧偶等各方面因素的影响，如不加以及时地疏导和处理，有可能累积悲观消极、抑郁偏执、恐惧焦虑等各种不良心理情绪，容易导致不同程度的心理健康问题。

四、社区老年人常见的心理问题及应对

心理叙事一

老陈，退休职工，近两年总感觉精神不济，原来早上总要早起锻炼，近来不愿意参加了，老伴问起就说"想静，不高兴动"，原来精力旺盛，现在总对家人说"我觉得没意思，好像没那么多精神，不想管那么多事"，许多原先的兴趣爱好也逐渐减退了，行动也变得迟缓，喜欢呆坐一角，郁郁寡欢。常常叹息"老了，不中用了"。睡眠也越来越差，一个晚上要醒来多次，醒来之后再入睡就很困难，总感觉疲倦无力。

从上面的情境中,可以看出老陈近来有很多生活习性的转变,如原来早起锻炼且精力旺盛,现在总是觉得没有兴趣、兴趣缺失,行动和思维均有变缓的趋势,且常常心情低落,还伴有失眠症状,这些都是抑郁症的相关特点。

抑郁症主要是受生理和心理社会多因素共同作用的结果。遗传因素在抑郁症中的作用不高,但是老年人机体功能的衰退、储备能力的减退和激素、内分泌的变化,可能会导致抑郁。另外人格过于内向、喜欢独处、固执不合群、少言不善交际者易抑郁,个性过强者也有可能因为过强的个性,当遭遇变故或冲击时的心理弹性较差引发抑郁,所以老年抑郁的发病与人格密切相关。一些生活中的负性事件也是抑郁的刺激源,尤其是那些丧失性的生活事件,如经济困难、离异、退休、丧偶,其中丧偶最易引发抑郁。

心理解读

抑郁症是以持续的情绪低落为特征的心理障碍。表现为疲乏无力、无精打采、失眠早醒、情绪消沉。以前的过失、遭遇的挫折以及眼前的不如意,萦绕心头,纵感到悲观、人生无望。活动的积极性和主动性下降,行动迟缓,遇事依赖性强,有些状态严重的老年人甚至会有厌世自杀的倾向。除此之外,在思维方面,还会有思考问题困难,不能集中注意力,语言交流减少的情况。

老年人容易遇到的情绪低落来源于以下方面:退休之后,生活节律发生重大改变,且自我价值实现的感觉由于结束工作还没有完全得到平衡和恢复。中国目前的家庭结构和社会因素导致老年人与子女多数分开居住,平日较少探望。再加之受传统文化的影响,老一辈人往往较少到处走动,居家时间多于社交,容易受到情绪的影响。

心理叙事二

老王,退休前后开始出现时常性的心跳过速,同时伴有呼吸困难,容易出汗,莫名紧张,总是担心有什么不幸的事发生,做什么事都没有心思,原来喜欢看书下棋现在却坐不住了,妻子出门逛街就担心发生车祸,儿女上下班前后也特别紧张,怕发生意外,孙子上学了总是不放心,一天要去学校几次,从窗外观看孙子上课的情况。

与抑郁症一样,焦虑情绪也是生理、心理、社会多因素共同作用的结果。故事中的老王时常心跳过速同时伴有呼吸困难、多汗,对于特定的人和事物都有莫名的恐慌和紧张感,以致凡事都不放心,需多次检查,这影响了正常生活。焦虑倾向有一部分是由遗传决定的,患有焦虑症的患者,往往家庭中,尤其是父母也有可能易焦虑,患者不但生理上容易焦虑,且从小耳濡目染观察他人惯常的焦虑从而自己也习得了焦虑心态。此外环境中存在的威胁性事件或刺激性事件,容易让人在应激状态下诱发焦虑。

心理解读

焦虑是个体因预感到未来有可能受到威胁而被诱发出的一种复合的负性情绪。它像恐惧那样含有担忧、害怕的倾向,但又不像恐惧往往是有特殊情境或对象,焦虑只是一种对未来不安的预感和被威胁感。患有焦虑症的老年个体常常坐立不宁,心烦意乱,容易激动,惊慌失措,甚至严重的会有一种濒死的感觉。患者对未来可能发生的难以预料的某种危险或不幸事件担心且焦虑。

老年人的焦虑主要来源于以下方面,首先是人到老年,身边的朋友可能生病或离世,对自己走向衰老和死亡产生焦虑。另外退休后收入减少,而看病的医疗费用负担有可能上升,经济压力带来焦虑感。最后,老年人对情感的维系有更多的渴望,如果精神上的需求得不到很好地满足可能引发焦虑的情绪。

心理叙事三

徐阿姨,65岁,退休。一年多以前,徐阿姨的一位数十年的好友因高血压中风住院,瘫痪在床半月后去世,此事对徐阿姨打击极大,她常常为此觉得惶恐不安。某日徐阿姨突然感到有一股气从胸部冲上头顶,顿时觉得头晕目眩,左侧身体发麻活动困难,同时感到胸闷透不过气,徐阿姨认为自己是中风或者心脏病发作了,非常紧张,立即去医院就诊,结果所有检查均未发现异常。徐阿姨不放心,第二天又去另一家大医院检查,仍然未发现有病,反复去了几家大医院就诊,结果都没有检查出任何器质性的病变,但徐阿姨不舒服的感受还是存在,这下她觉得问题更严重更复杂了,又到几家大医院重做了所有检查,仍未发现异常,之后还出现了失眠,心慌等症状。

故事中徐阿姨的行为是很有特点和代表性的,类似这样的老年人对医生描述病症时不厌其烦,不但一一介绍自己的病因、起病形式、部位等,还会找出一些很小的但很有特征的症状给医生看。像徐阿姨这样的老年人,往往对自身变化特别敏感和警觉,那些正常人看来是微不足道的变化,疑病症患者就会将其当作患病的重大依据。他们对物理、生化等一系列检查不相信,医生的保证和检查结果都不能使其消除疑虑。故而故事中,徐阿姨表现出对身体变化异常紧张,且对医生和检查结果持续怀疑,终日奔走在医院看病,严重影响了日常生活。

心理解读

有部分老年人,对自己的健康状况或身体的某种功能过分关注,以致怀疑自己身患某种疾病,但又与实际情况不符,且医生的解释和客观的医疗检查结果不足以消除其固有的成见。

从根源上看,患者可能很早接触过家庭中伤残或慢性病的成员,或亲密的家庭成员在关键时期因病去世,还有一种是在患者的童年时期,父母和家庭成员平常对患者不够关心,但当患者病重时却给予了强烈的关注和爱抚。此外,患者的人格特征往往敏感、多疑、易受暗示、孤僻、死板、谨小慎微,有较强的自恋倾向,过度关心自己的身体,表现出极强的自我中心色彩。当有老友、老同事因病离世时,容易刺激老年人联想起自己的生活,稍有不适就格外关注,变得十分紧张,疑病观念不断被强化和加重。

心理叙事四

秋女士,退休教师,平时对自己要求十分严格,工作力求尽善尽美,为人处世谨慎小心,关注细节。前两年住院做了一个小手术,出院后反复思考自己得病的原因,最终认为与平时不够注意卫生有关,于是开始出现反复洗手的习惯,之后发展到对自己做过的事总是不放心,需要反复确认,比如出门前要检查煤气灶、门窗是否关好多遍,甚至发展到反复多次从外面折返家中确认大门是否关好。

秋女士的职业原因使得秋女士对自我、对他人的要求容易带有部分职业色彩，如对人对事要求较高，而秋女士的人格特质有完美主义倾向、做事过分强调和追求完美，以至于由一个小手术引发出不洁净的错误归因，进而形成了某些强迫行为。强迫的形成与遗传因素、家庭教育和生活经历直接相关。家庭成员中有强迫特质的，其亲属患强迫症的可能性比没有强迫特质的家庭高出很多。幼年时期父母管教过分严苛，不允许子女有自己的想法，追求完美，造成孩子做事过分谨慎，生怕做得不好而被父母惩罚，成年后容易思虑过多并滋生出一些特定的习惯。此外工作生活环境的变动、他人或自我要求过于严格、处境困难等都容易使人谨小慎微、遇事反复思考，从而导致强迫思维或强迫行为。

心理解读

强迫症患者一般具有强迫思维或强迫行为，或两者皆有。强迫思维指的是在该障碍的某些时间段内，感受到反复的、持续性的、侵入性的和不必要的想法、冲动或意向，大多数个体会引起显著的焦虑或痛苦。个体试图忽略或压抑此类想法、冲动或意向，或用其他一些想法或行为来中和它们。强迫行为指的是重复行为（例如，洗手、排序、核对）或精神活动（例如，计数、反复默诵字词）。个体重复行为或精神活动的目的是防止或减少焦虑或痛苦，或防止某些可怕的事件或情况，然而，这些重复行为缺乏现实的连接，或者明显是过度的。

日常生活中，常常可以见到老年人多次检查门窗是否关好，检查煤气灶上的火是否关好，家中日用品必须摆放在规定位置，行为刻板、教条等，这些都是强迫症的表现。

心理叙事五

老于，高级工程师，最近在忙于单位里面新项目的课题，科研上感觉没有年轻时的拼搏和干劲，几次申报项目也都被评审卡住，以至于每天夜晚睡觉时，烦恼和痛苦袭来，白日工作中遇到的情景像放电影一样一幕幕非常清晰地呈现在自己的眼前，虽然老伴挺关心自己，但仍然无济于事，总是睡在床上思前想后，无法自制。好不容易到凌晨一两点睡着后，经常三四点又会醒，醒来后更加无法入睡,只能在床上睁眼苦等到天亮,每晚睡眠时间不超过三四个小时,到了白天便头脑发胀,心慌气短,烦躁易怒,健忘,整天昏昏沉沉,浑身无力。

从老于的故事中,我们发现大多数老年人的失眠往往表现为以下形式,一为难以入睡,二为睡着后易醒且醒来后难以继续入睡,甚至有些老年人如故事中的老于两种情况都有。缺少睡眠不但影响整个人的生理机能,而且对情绪也有负面的影响,由于休息不够,很容易心烦易怒、发脾气等。造成失眠的原因,可能和睡前饮用过多的酒、茶或咖啡等,外出旅游,生活节奏的改变,噪音、炎热或寒冷的环境等相关,由于老年人生理机能的适应力有所下降,可能会因上述原因感到不习惯而无法入睡。焦虑、烦闷、恐惧等负性情绪导致大脑皮层的平衡功能遭到破坏,难以从兴奋状态转入易于入睡状态,也会导致失眠。此外老年群体的失眠症状还有可能是受到疾病和药物的影响,如慢性病引起的疼痛、瘙痒、咳嗽、胸闷、尿频等原因。

心理解读

失眠是老年人群中最常见的睡眠障碍,有70%左右的老年人都存在这样的情况。睡眠时间的长短不能作为判断失眠严重程度的标准,失眠症需要注意的表现通常有:入睡时间久、辗转反侧不能入睡,甚至通宵达旦没有睡意;或者入睡后很快醒来且醒来后难以再次入睡;或者自感睡眠程度不深,总是睡不够,醒后仍感受疲倦或不清醒,白天的时间又觉得头昏脑胀;或睡后容易被惊醒;感到整夜都在做梦而得不到充分休息等。

心理叙事六

文会计,高中文化,退休前一直在某企业做会计,随着企业里越来越多大学生的加入,文会计越来越觉得自己水平不行、读书太少、生怕工作上出错、每一笔账目都要反复核对多次,然而越是这样越是真的出错了,事后她不断地自责,反复声明不是故意的。之后企业破产,文会计提前退休,退休后一直垂头丧气,觉得自己在众人面前抬不起头。

故事中的文会计由于文化不高,在不断地与周围的同事比较后,学历不如人更是像一块心病一样,在账目出错的导火索作用下,诱发了自卑的心理自尊感低,自我评价低,是典型的自卑感的表现。自卑的成因十分复杂,不仅和人的生理特征和气质有关,还与遭受的挫折和心理创伤有关。过度自卑的老年人大多有认知歪曲、爱追求完美、不允许出错等人格特质。

心理解读

自卑是由不适当的自我评价所引起的自我否定、自我拒绝的心理状态,对自己的能力和品格评价过低,看不到自我的价值,总是觉得自己不如别人,甚至低人一等。

不少老年人由于自己的某些愿望未能在退休前实现,或者个人在某些方面有生理缺陷,或者受到某些突发事件的打击,容易悲观失望,感觉人生总有不可逾越的障碍,怀疑自己的能力、学识和经验,觉得自己在许多方面不如别人,产生自卑感,总是喜欢以己之短去比人之长、自怨自艾、失去自信,并不断消极地自我暗示自己不行,使这种自卑感不断被强化。

心理叙事七

曹老师,退休教师,有一子一女均已成家,前两年曹老师与老伴两人退休后享受清闲的二人世界,倒也颇有乐趣,但不久前,曹老师的老伴因病离世,曹老师突然感到空虚、郁郁寡欢。每逢双休日,曹老师的儿子携孙辈们前来看望,热闹了一阵,待他们都离去,家里显得更加冷清。曹老师感情没有依靠,开始消极悲观起来,甚至怀疑养育儿女的价值,到后来干脆闭门不出,只自己待在家看电视,孤独感越来越放大。

故事中的曹老师退休后觉得孤独,是老年群体一个极具代表性的内心状态。孤独感的产生是老年人认为自己被世人拒绝或遗忘从而在心理上与世人隔绝开来的主观心理感受,也是一种消极的人格特征,这种孤独感不是一时的消极体验,而是长期的负面心理特征。故事中的曹老师由于遭遇丧偶的打击,陡然由二人世界变成一个人生活,仍需要一段较长的时间来接受和平复丧偶的伤痛,心理状态的恢复也需要时间来进行疗愈,加上儿女分开居住只有周末时间相处,类似这样的群体很容易因此受到打击和伤害,从而造成老年人患上孤独症。这类老年人通常沉默寡言,自我中心主义,不喜欢也不善于与他人交往,对人往往看不惯,搞不好人际关系,为人敏感多疑,性格内向,实则情感脆弱怕被人孤立,真实的内心往往为此痛苦、压抑,即使如此也不与人交流,总是一个人沉思默想。研究表明,孤独的产生与先天的生理气质有一定的关系,多愁善感、胆小孤僻、性格内向也是导致老年人产生孤独感的原因。

心理解读

随着经济条件的改善,成年子女越来越多地开始另立门户独立生活,中国曾经几代同堂的传统生活模式被完全打破。留守在家的空巢老人加之退休的影响,孤独感油然而生,如果配偶又不在身边或先离世而去,在这些情况的综合影响下,老年人如果缺乏自我调节的能力,非常容易因为空巢而产生严重的孤独感。

关注老年人的心理健康,在人口老龄化的中国社会显得越来越重要,那些心理状态不佳的老人,长此以往极易诱发其他身心疾病,特别针对那些独居或与子女分开居住的老年人,除了老年朋友们需要提高自身的觉察和调整,以便更好地适应人生不同阶段的生活状态,当然也离不开家人与社会的关爱和支持。为此,我们可以从以下方面来应对老年人面临的心理问题。

1.增强心理弹性,培养积极心态

我们常说一个人要"拿得起,放得下",道理大家都懂,但在付诸行动时,"拿得起"容易,"放得下"难,这里所谓的"放得下"是指心理状态,就是遇到"千斤重担压心头"时能把心理上的重压卸下来,使我们能够以较为轻松和积极的心态面对危机。我们每个人本身都具备一定的自我适应和恢复能力,而提升"心理弹性"的最大值,就能更有效地抗压,从而促进我们的心理健康。因此,如何增强我们的心理弹性,培养积极的"阳光心态"显得尤为重要。那么,老年群体该如何做呢?

第一,调整期望值在一个合理的范围。老年群体首先要科学确定期望值,避免因目标期望过高或过低而带来挫折。例如能够了解到自身对儿女、老伴、好友陪伴的需要,也能够进行换位思考,理解到对方的实际困难,像是子女照顾孙辈以及相关教育需要投入大量的时间和精力,每日的陪伴就不是很能得到保证,那么老年朋友们可以降低相应的期望,避免因固守期望,得不到回应而感到郁郁寡欢。

第二,适当地宣泄和放松。放松不仅仅是身体上的放松,还要有精神上的放松。老年朋友们可以通过一些适宜的活动,如深呼吸、伸懒腰、听音乐、按摩、打太极、养花或宠物、安排一些短时间但小频次的旅游等,不仅在其中能够让自己体验到身心俱为放松的感觉,还能发掘自己的特长和兴趣爱好,说不定还能找到自己年轻时想做却没有时间做的事,发展人生的第二春。

第三,拥有多途径的情绪排解方法。当有不良情绪产生时,可以通过说一说、写一写、哭一哭、喊一喊、唱一唱等方法把情绪合理表达出来。除了自我的排解,还可以向外寻求支持——当心理压力过大时,可以向子女、亲戚、朋友、社区的心理医生倾诉和求助,不要一个人埋在肚子里硬撑。因为每个人在生命的不同阶段、不同层面、遇到不同的问题事件时都存在或多或少的心理问题,这是十分正常的,所以不要因为思想负担,如别人会怎么看我啊、我这样是不是很没面子等,缩减自己排除情绪的渠道。

第四,转移目标。当我们遇到不开心的事,被情感一下淹没的时候,常常会一下子解脱不出来,老话叫"钻牛角尖"。老年朋友要培养对此的意识,一旦发现自己被负面情绪"纠缠"住了,要学会提醒自己在当下转移目标,例如可以去听音乐、看书报、看电视剧、做运动、下楼跳个广场舞、找朋友玩棋牌、逗弄宠物、去附近超市来一次小小的生活购物等方式,摆脱烦恼或离开烦恼源。一旦我们将关注点转移到下一件要做的事时,之前带给我们不开心感觉的情绪就已经被冲淡了;当我们把新的活动完成后,带来的满足和成就感会进一步降低之前负面情绪的影响力,所以转移注意力去完成自己喜欢的事情是一个非常实用的方法。

2.来自家庭系统的支持

老龄化、"独一代"、流动时代、"指尖"社会……当这些元素叠加,我们看到的不仅有"空巢老人""异地养老"的辛酸与烦恼,还有现代节奏下两代人相处模式的变化与挑战。或许,我们无力改变"分离两地"的状态,也无必要重拾"几代同堂"的方式,但至少,可以让父母感受子女的存在,获得精神上的慰藉。

作为子女,可以每年组织几次和父母的共同家庭旅行,组织一次老友聚会,周末和逢年过节多带着孩子回家陪伴老人,除了送上物质礼物,更重要的是精神上的支持和陪伴,在日常生活中陪他们聊聊天、做做家务,保持耐心、体谅,这些一点一滴的相处可以让老人感觉十分温馨,从而提高老人心理的愉悦感受。

信息时代,子女还应多利用技术和媒体,和老人一起分享彼此的生活,如教会父母使用智能手机,安装一些常用的聊天视频软件,这样即使没有时间每天去看望父母,也可以通过语音、视频聊天等多种形式,让父母与子女保持精神上的联系,让老年人有更多的渠道去了解子女的生活。

多鼓励老年人走出去,发展自己的兴趣爱好,如年轻时可能喜欢却没有时间接受专门培训的摄影、绘画、书法等个人兴趣爱好,还可以参加广场舞、老年大学、夕阳红旅行团之类的活动,除了可以让老年人的生活安排更加丰富多彩,不至于在家孤独无聊,更重要的一点是可以借此认识更多的同龄的老龄群体,交到一些新朋友,扩大自己的社交关系,朋友的精神支持对老年群体来说也是十分重要的。

3.社区的支持作用

社区首先要保证老年人的基本生活,为老年人提供生活照料相关的服务,如为老年人提供托老、购物、配餐、家电维修、家政服务等一般照料和陪护等服务,为老年人的日常生活带来方便。

老年群体对医疗和法务的需求也是相当大的,社区可以提供社区医疗服务和免费的公益法律咨询,为老年人提供疾病防治、心理咨询、健康教育,以及与法务相关的法律咨询、法律援助,建立相关档案,调解及维护老年人的合法权益,保证老年群体可以愉快地度过晚年。

结合社区的实际情况,组建志愿服务队伍。组织社区工作人员、党员志愿者、群众志愿者、未成年人志愿者成立以社区工作者为主的居家养老志愿者服务队,通过定期走访慰问、电话问候及时了解社区老年人的生活和健康状况,发现有困难的老人及时向社区反映情况,由社区给予其帮助并解决其在生活中碰到的各种困难和需求。

丰富社区老人的业余生活,促进身心健康,增强自我保健意识。社区可通过建立老年大学、老年活动室、老年社团、图书馆免费借阅、举办老年人感兴趣的知识讲座等多种形式的活动,调节和丰富老年人的生活,增强自我价值感,减缓老年人的孤独感,让老年生活多姿多彩。

信息化时代,社区志愿者可以教会老人使用电子产品,以一种便捷快速的方式,与亲人和朋友保持密切的联系,从很大程度来说,这样的联系可以大大地缓解老年人生活的孤独感。老年人也应该做些能力范围内的身体锻炼,社区可为老年人提供活动场所、体育健身设施、健身团队等,使老年人有合适的体育活动和场地,增强老年人的体质、扩充老年人的交往范围。

心灵体验

试试看,来做一次冥想助眠

以下是一段催眠方面的技巧,可以帮助进行身心放松进而入睡,在疲累的时候或入睡遇到困难时,可以尝试做一次冥想助眠,让自己好好休息一下。

首先,摆出一个舒服的姿势,最好是全身平躺在地上或者床上,并在头下垫块枕头,若找不到枕头也可以垫些衣服来代替,让自己感到舒服,并在自己的身体上盖一层薄薄的浴巾或者毯子,由胸部盖到脚掌。

现在检查头部和脊椎是否成一条直线,头部不要弯曲。双脚微微打开与肩同宽,双手背可轻轻地在身旁放松,将两手的掌心微微朝上。不用太刻意。现在请闭上眼睛,做三次深呼吸,一……二……三……好的,再做一次,一……二……三……

你会发现全身的肌肉延伸到脊椎以下部分全部放松,去意识你的呼吸,不要用力地呼吸,只要去感觉到你的呼吸变得缓慢和深沉;在你吸气的时候这气会带到腹部的下方,并且意识到在你每次吸气时你的下腹会微微地鼓起,在呼气的时候所有全部的气完全地呼出,将自己所有的烦恼也一起呼出,并感到全身心非常沉重,下沉到地板里了,感到你自己深深地陷入地板里了,越来越沉,沉入到地板里……你感到很平静,你的全身心正在放松,而在你每次缓慢的呼吸中,你将更加地放松。闭上双眼,你的眼底感到非常的沉重和放松,它能感到舒服的沉重,是那样的放松,你不想再将它打开了。你现在感到平安、祥和以及宁静。当你慢慢地呼吸:吸气……呼气……你的全身心感到非常放松,所有的紧张和压力都消失了,随着你的身体脖子后的肌肉放松而消失了,延伸到你的脊椎下方,将整个胸部的肌肉都放松了,都放松了,紧张和压力都消失不见了,你的全身心都已经放松了,你的手背和双手感到非常放松,轻轻地摆在两旁,而你的双腿延伸到你的脚掌,也感到非常放松,你的双腿和脚掌感到非常沉重和无力;你的全身正渐渐地往下沉,越沉越深,全身心将感到温暖和放松,在你下沉的时候,放松吧!越来越放松。让我们放松来静静感受那股平静、祥和的感觉,并将它深深地留在那里,慢慢进入睡眠。

※ **心灵自测**

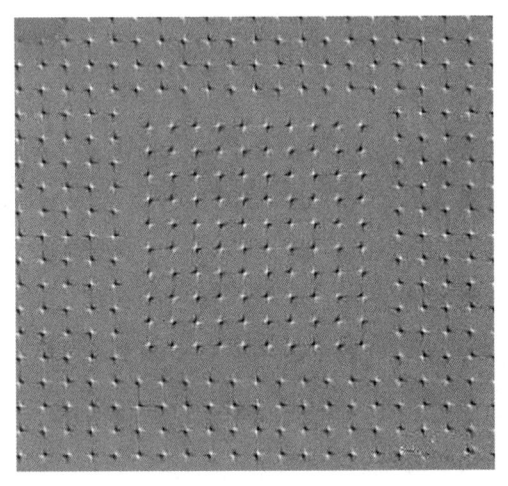

这是一张静止的图片,如果看到图片在动,说明退休后的生活压力较大,内心情绪容易波动,并且心理压力越大,图片动得越快。

五、社区老年人的心理需求

个体的心理需求得到满足时可以降低或解除个体的焦虑和烦恼,增加个体的舒适感及幸福感。人本主义心理学家马斯洛的需要层次理论,将个体的需要从低级到高级分为五个层次,分别是生理的需要、安全的需要、归属和爱的需要、尊重的重要、自我实现的需要。老年群体的个体心理需要也脱离不了这五个层次,同时,个体的心理需要在身心成长的过程中不断发生变化,老年期的需要也有其独特性。

(一)生理的需要、安全的需要

健康需求是满足老年人生理需要和安全需要最基本的表现,老年人需要有定期的健康检查、心理咨询或治疗以及获得保健知识的渠道。研究表明,随着年龄的增加,老年人的心理需要的总体水平、认同需要以及自我实现的需要呈下降趋势,但生理需要与安全需要呈上升趋势。因而在老年个体的所有需要之中,应把生理的需要和安全的需要放在首位。

(二)归属和爱的需要

受我国传统文化的影响,中国社会重视家庭内各成员之间的互依关系,老年人有家庭的关爱,能够有效缓解老人的孤独感。同时,退休的老年人依然渴望得到社会的关爱和认可。

(三)尊重的需要

老年人退休后随着职业角色的丧失和收入的减少,社会权利和社会地位有所下降。同时,子女成家立业,对父母的依赖也逐渐减少,老年人在家庭中的权威地位也随之下降,基于这些因素,老年人渴望得到理解和关怀,有较高的尊重需要。

(四)自我实现的需要

退休后,老年人缺乏事业带来的成就感,只能通过家庭生活和社会参与的活动来补偿对自我实现的需要。受传统文化影响,很多老年人在退休后自愿承担了照顾孙辈和一些家务,也是自我价值的一种实现方式。除了家庭生活之外,老年人退休后如果能积极地继续参加社会活动,也可以提高自我实现的满足感。

社区老年人对社会最迫切的需要体现在以下几个方面。

1.老有所养

老有所养,"养"是人类生存的第一需要,它既是一个生理问题,也是一个心理问题。对社区老年人的赡养除了最基本的物质赡养,还应有精神赡养。此外,我国的高龄多病的空巢老人和孤寡老人有增多的趋势,他们之中有80%以上需要他人的扶助和照顾。如何为社区老人打造一个生活和精神都能有所依靠的养老保障体系是社区工作的重中之重。

2. 老有所医

老有所医,"医"是老年人生存和安全的重要保障。据调查,我国老年人群体中大部分都有不同程度的疾病。在一定程度上,"医"对于老年人的心理健康有着决定性的意义。现在老年人看病难、排队长、医生耐心不足,在看病的过程中,有时不但生理的疾病没有得到有效的医治,又额外增加了心理的负担。

3. 老有所为

老有所为的提出,充分利用了老年人的智慧和资源,不但为社会的进步和发展贡献一分力量,同时也有利于老年人的身心健康,满足了老年人被需要、有用的自我价值感。老年群体通过"老有所为"参与社会,不与社会脱节,可以增强自身活力,有助于提高老年人自身的健康水平。

4. 老有所乐

老有所乐是根据老年人的生理、心理特点,积极开展老年文娱体育活动,丰富老年人的物质文化生活,使老年人幸福、愉快地安度晚年。老有所乐的过程是一个愉悦的过程,"乐"的形式多种多样,不论是哪一种形式的"乐",都需要通过反复练习以达到一种成就感,这种成就感引发的愉悦持久而深沉,可以大大提高老年人的生活乐趣和意义。

5. 老有所教

老有所教不是让老年人发挥余热去教育人的意思,而是让老年人拥有受到适合年龄时代特点的教育的机会。老年教育的内容是多方面的:法律法规、文化知识、艺术、养老保健,还有退休后老人角色的转变等等。

6. 老有所学

老年人根据社会的需要和本人的爱好,学习掌握一些新知识和新技能,既能从中陶冶情操,又能学到新的本领。每个人在年轻的时候都会有各种各样的梦想,由于种种主客观原因未能全部实现,退休以后,生活的条件发生了很大的变化,为很多老年人过去未实现的梦想提供了有利条件。老年人可以在老有所学的过程中,不断丰富和发展、完善自我的知识技能,扩大自己的兴趣爱好,以此增强自己的社会交往能力和处理问题的能力。

六、社区老年人心理健康不良导致的后果

(一)有损身体健康

情绪,可能和我们的生理病痛相关联,长期的不良情绪会损害老年人的身体健康。研究发现,高血压的发病因素74.5%与情绪不良有关。老年人如果经常生气恼怒,容易使血压升高;胃病患者中也有74%是因情绪低迷,闷闷不乐,促使肾上腺激素分泌增多、胃酸增加而造成的。癌症患者中则有62%因长期情绪不安,大脑处于紧张状态,人体免疫功能减弱引起。

由此可见,长期持续的负面情绪会使人体的免疫力降低、免疫系统受损,使得病菌和细胞变异有机可乘,引发多种疾病。不良的负面情绪还可能使大脑神经长期处于过于亢奋的状态,有可能加重心脏负担,导致心绞痛、心肌梗死等疾病。过分的抑郁、焦虑、恐惧、紧张等消极情绪有可能导致神经性头痛、脑出血,甚至也是致癌的影响因素,许多癌症患者在病发前都有过持续的消极情绪。

(二)丧失生活兴趣

生活的幸福感需要有良好的心理状态为基础,心理健康状态不佳会使老年人觉得生活失去意义,与他人交流困难,或者无心参加任何活动,社会适应能力减弱,总感觉生活与自己过不去,体验不到生活的乐趣,在烦恼愁苦中度日,严重者甚至产生厌世轻生的念头。再加之情绪是有感染力的,长期的不良情绪还会影响老伴、儿女或身边其他人,使得周围人也笼罩在负面情绪之下,形成恶性循环。

(三)引发行为偏差

心理的不健康会引发异常的行为,许多研究表明,心理上的不健康会引起意识范围的狭窄、判断能力减弱、思考和心胸狭隘,由此引发异于常人的行为,出现某些在心理正常状态下不会出现的言行举止,更有甚者有可能失去理智和自我控制的能力,走向有损他人或自伤的道路。

(四)影响人际交往

心理健康状态不佳,会大大影响老年人的人际交往状态。大家都喜欢和热情大度的人交朋友,也更愿意和情绪稳定的人相处。如果老年人的心理状态不良,可能对身边的事物和人都看不顺眼,十分挑剔、固执死板,长此以往使身边人都无法忍受,纷纷远离,敬而远之。对老年人来说,这样的疏远更加令人痛苦,令其原本就不良的心理状态雪上加霜。

第二章　社区老年人的社会适应

内容简介

社会适应指的是个体与特定社会环境相互作用而达成协调关系的过程以及这种协调关系所呈现的状态。它包含生活自理适应、家庭关系适应、人际交往适应、生活方式适应等四个方面的内容。人到老年,由于社会角色、生活方式等的改变,心理上会产生一种失落无助感,很多老年人在心理上是很难接受这种转变的,会产生不同程度的不适应问题,影响老年人的身心健康。社会适应良好的老年人则拥有更高的生活质量。因此,社会适应是老年人幸福晚年生活的一个重要保障。本章内容主要介绍了社会适应的主要概念、老年人心理不适感的主要来源以及对老年人社会适应问题的应对,期望可以帮助社区老年人更好地适应生活,拥有较高的生活质量。

一、社会适应的概念

心理叙事

王某,男性,64岁,退休前在某行政单位身居高位,在位时工作认真,勤勤恳恳,廉洁奉公,很受人尊重。现已退休四年,与老伴一起生活。儿女由于在外地工作,每年回来的机会很少。退休后王某的生活内容十分单一,也不愿参与什么活动,每天跟老伴一起买菜做饭,看看电视,其他时间便无所事事。王某退休前擅长书法,经常参加各种书法活动,退休后对书法也提不起兴趣来。

退休四年来，每隔几个月王某都会觉得身体有所不适，要到医院住院，但是检查结果显示，王某身体健健康康地没有任何问题，但是他自己坚持说自己生病了，给儿女打电话让儿女回来看他。

因为其儿女都在外地工作，来回很不方便，但也都很担心王某的身体，所以每次也都安排好工作上的事情之后请假回来看望王某。但是每次住院都检查不出任何毛病，也让儿女觉得很奇怪。有时候王某打完电话后，儿女若是回来得晚了一两天，王某就会很不高兴。

今年过年儿女都回家看他，王某很高兴，身体状况也很好，年后儿女都回各自所在的城市工作了，这才过了一个多月，王某便又觉得身体不适，去医院检查也没什么大碍，但他还是给儿女打电话让他们回来看他，儿女都觉得非常影响工作，但是又不好说些什么。

从上面的案例可以看出，王某的问题主要集中在两个方面，一是个人方面，二是家庭方面。从个人方面来说，王某刚退休不久，同时64岁这个年纪正是刚刚跨入老年阶段，在这一阶段，老年人由于人生角色的急剧转变，心理会产生不适应。王某随着年龄增长，身体机能衰退，经常会觉得自己身体的某些器官不舒服，但是去医院检查也没发现任何毛病。由于王某退休后生活内容单一，除了买菜做饭也没有什么事情可做，因此会经常觉得孤单落寞。从家庭方面来说，由于退休前，王某是一名机关单位的领导，因此在家说话做事稍显独断。退休后，王某与老伴住一起，儿女在外地工作，回家的机会很少，因此交流也很少，王某觉得儿女不关心自己，所以他们产生了很大的隔阂。由于跟儿女缺乏沟通交流，王某觉得自己被冷落了，经常会觉得孤单寂寞。另外退休后，老人总觉得自己在家里说话没什么分量了，不管用了，更加重了自己的无力感。总之，该案例反映了老年人心理发展中所面临的典型问题，即社会适应问题。

心理解读

人到老年，在社会职业、社会角色、人际关系、生活方式、家庭中的位置等方面都发生了重大变化。退休后的活动范围与工作时期相比，大幅减少，其活动中心也从工作单位转变为家庭及小区，社会交往从以同事为主变为以家人、邻居为主，加上生理变化的影响，其心理需求也相应发生变化。对于老年人来说，适应生活的新变化,是老年生活中很重要的一件事情。

社会适应一词已经广泛用于心理学、社会学、行为学等学科。追本溯源,"适应"的概念起源于生物学,它指的是"生物为了生存必须做适度的改变以符合客观的环境"。

将适应应用到社会学领域的是社会学家赫伯特·斯宾塞。他认为:"包括人类在内的每一种有机体总是在既间接又直接地使自己适应于它的生存环境。"他指出,人有自身和社会两个层面的社会适应性。个人的身体被适应于他们所处的生产活动和自然环境,个人的才智被适应于其所处的社会结构。而社会层面,"每一个社会都是在变动着的,包含着个人生活环境的持续变化"。从而个人与社会之间不断反复地从适应到不适应又到适应。在斯宾塞看来,适应是"一个不断被打断又不断趋于完整的过程,适应性总是大致的,而且重新调整总是在不断进行"。

社会学家阿莱克斯·英克尔斯根据社会生活中不同的事实引发的适应问题,将适应分成三种类型,即适应外在环境、适应人类的生物社会性、适应集体生活的情境等。这三类适应分别为人提供基本生存需求、心理文化需求、协调与整合需求等。且集体生活中的协调和整合在人类社会中几乎完全是社会发明的产物。因此,他认为适应是社会延续的必备条件。

当代社会学家安东尼·吉登斯将适应分解成两部分。一部分是人在社会中的定位,一部分是社会对人的影响。他认为:"人的生活需要一定的安全感和信任感,而这些感受得以实现的基本机制是人们生活中习以为常的惯例。"社会实践形成惯例,并且这种惯例在反复的社会实践中形成一种自觉的意识。这种意识形成之后,潜移默化地影响着个人的行为,继而使自己与他人达成一种共识。通过这样的基本机制,人得以适应社会。

孙立平认为在社会学领域适应主要指社会适应,指个人行为与环境取得和谐的关系而产生的心理和行为变化,它是个体与各种环境因素连续而不断改变的相互作用过程,是个体从外界环境中获取所需的各种资源来满足自身生存与发展需要的过程。

关于社会适应,众多的心理学家也有过研究和阐述,由于着眼点的不同,他们的定义也有所不同。如心理学家皮亚杰提出智慧适应理论。他认为,智慧的本质从生物学意义来说也是一种适应。"它既可以是一个过程,也可以是一种状态。有机体是在不断运动变化中与环境取得平衡的,它可以概括为两种作用:同化和顺应。适应状态则是这两种作用之间取得相对平衡的结果。这种平衡不是绝对静止的,某一个水平的平衡会成为另一个水平的平衡运动的开始。"

弗洛伊德认为:"社会适应在于自我调节本我、超我和外界之间的关系,为满足本我的本能要求而发觉和选择机会,但又不违反所要求的准则,而适应良好就是内在的愿望与外在的要求之间的冲突能达到平衡。"斯金纳认为:"社会适应是在特定的情境中建立适应的行为反应的过程,当个体特定的行为模式符合社会情境时则表示该个体适应良好。"班杜拉认为:"社会适应其实就是个体通过观察学习获得适当的行为反应方式的过程。"罗杰斯认为:"社会适应是个人与外在环境达成了一种和谐和默契,从而使个体能够充分挖掘自我潜能,展现自我价值的过程,他强调个体在自我成长中与环境之间的动态平衡关系。"马斯洛强调:"社会适应是一种和谐的状态或关系,他认为当个人与环境间建立了美满关系时,即为适应,而且他把适应良好看作是人最终的自我实现。"班杜拉强调:"社会适应是个体知觉与外界环境的一致性,当两者一致时,则说明适应是良好的。""社会适应就是个体能够对各种问题情境做出有效的或充分的反应。""社会适应就是个体在特定的社会环境下使用适当的方法,达到相关的社会目标,并使自己得到积极的发展。"

仔细考察,各位心理学家对社会适应的概念定义有三个层次。"一是生物层面,表现为生理适应。二是心理层面,表现为内在心理的自我调节。三是社会层面,表现为个人符合社会要求及为自身发展创造条件的适应。"且这三个层次不是相互排斥的关系,而是一种蕴涵关系。"高一层次的适应是低层次适应发展的结果,低层次适应包含在高层次适应之中。"

从上述社会学和心理学角度给社会适应的定义中,可以总结出两点共识:一是,着重强调个人对社会环境的积极适应;二是,个体与社会环境的平衡是社会适应的衡量标准。

综合各方的定义,可以将社会适应的概念定义为"人在与变化中的内外环境交互作用中,主动调整自我,逐步改善自身内部环境,顺应外部环境的变化,最终达到个人与自身内在环境和外在社会环境之间的和谐关系和平衡状态"。

二、社会适应的重要性

在人口老龄化形势日益严峻的今天，提高老年人社会适应能力，推动健康老龄化，逐渐受到家庭、社会和国家的重视。从老年人的日常行为可以感受到，人步入老年后，其社会适应能力会有不同程度的下降，因此社会适应能力是老年人健康状况研究中不可忽视的方面。

对老年个体而言，自身与社会环境的协调程度如何，往往通过自我内部的生理与心理和谐平衡程度来判断。譬如，从外在线索来看，家境贫寒的老人可能比家境富足的老人在社会适应水平上要低，然而，现实中有可能出现家境贫寒的老人比家境富足的老人生活得更加怡然自得。这是因为前者在自我内部的生理与心理各组成之间更趋于和谐平衡。概括而言，老年人社会适应就是老年个体根据外在社会环境的要求，调整自身的心理和行为方式，最后达到内在的和谐平衡，以及个体与外在社会环境的和谐平衡。从具体内容看，老年人社会适应包括四大方面：(1)基本生活适应，即老年人在现实的社会生活中能够自理、存活的程度；(2)人际关系适应，即老年人能够与他人沟通、交流及建立良好关系的程度；(3)精神文化适应，即老年人能够顺应变化中的思想、观念及各种文化现象的程度；(4)个人发展适应，即老年人在现实社会生活中能够发挥自身潜能、扩展自我价值的程度。

老年人是否能够平滑地适应新的社会角色和社会关系，不仅对个人的身心健康有着重要的影响，还对其周围的家庭成员、社区氛围乃至社会风气产生着直接或间接的影响，具体内容如下。

(一)社会适应影响生理健康

心身疾病或称心理生理疾患，是介于躯体疾病与神经病之间的一类疾病。目前，心身疾病有狭义和广义两种理解。狭义的心身疾病是指心理社会因素在发病、发展过程中起重要作用的躯体器质性疾病，例如原发性高血压、溃疡病。心理社会因素在发病、发展过程中起重要作用的躯体功能性障碍，则被称为心身障碍，例如神经性呕吐、偏头痛。广义的心身疾病就是指心理社会因素在发病、发展过程中起重要作用的躯体器质性疾病和躯体功能性障碍。而身心疾病是因人的机体发生了生理变化而引发了个体心理、行为上的变化,例如:老年性痴呆、经期精神紧张、更年期综合征等。

老年人的生理健康水平随着年龄增大会出现不可避免的下降,生理健康问题是老年人生活中最为重要和值得关心的问题之一,而社会适应则是影响老年人身体健康状况的重要因素。一方面,当老年人出现社会适应问题时,由此导致的心理压力,会表现为一过性或者持续性的身体症状、如全身乏力、疲惫、头痛和消化系统紊乱等问题,这些问题虽不致命,但极大地影响了老年人的生活质量,又反过来进一步地降低了老年人的主观幸福感。另一方面,由于身体状况下降,一些重大疾病或难以治愈的慢性病原本就会给老年人带来较大的心理压力,同时影响老年人的社交状况,导致社会适应困难、生活意义感下降等一系列问题。因此,社会适应和老年人的生理健康状况有着重要的双向影响关系。

(二)社会适应影响心理健康

2000年,世界卫生组织(WHO)宣布了人的健康标准,并对健康进行定义:"健康乃是一种在身体上、精神上的完美状态,以及良好的适应力,而不仅仅是没有疾病和衰弱的状态。"这就是人们所指的身心健康,也就是说,一个人在躯体健康、心理健康、社会适应良好和道德健康四方面都健全,才是完全健康的人。概念中,心理健康和社会适应被着重强调出来,有着重要的现实意义。对于老年人,社会适应和心理健康同样重要,同时,社会适应还作为一种常见的影响因素,对老年人的心理健康产生着重大影响。有研究对随迁老人群体的焦虑和抑郁情绪意识水平做了调查,发现随迁老年人会出现各种社会适应问题,在新环境中更容易产生焦虑、抑郁等心理健康问题。除了随迁老年人,对于居住在养老院的老年人来说,社会适应显然是影响其心理健康的重要因素。

(三)社会适应影响家庭和谐

老年人的社会适应问题不仅仅影响个人,更影响着老年人的直系亲属及其他家庭成员。赡养老年人一直是中华民族的传统美德,青年人有责任也有义务赡养自己的父母。但随着社会的变迁,子女异地工作已成为十分普遍的现象,而当下社会养老机构和养老福利体系尚未完善,因此大批的老人加入"空巢"群体,他们无法适应退休以后极度自由的生活,没有将生活的重心调整过来,而是将全部的注意力放在子女身上,具体表现为过度干涉子女的日常生活,或要求异地工作的子女更多地陪伴;另一方面,子女需要同时照顾自己的后代,兼顾生活和工作,面临着巨大的压力,同时可能还需要背负着不能照顾好老年人导致的内疚感和自责感,身体和心理都会承受较大的压力。在缺乏沟通和相互理解的情况下,这样的问题十分容易演变成激烈的矛盾,影响家庭关系和谐。因此,社会适应会影响到老年人的家庭和谐。

(四)社会适应影响社区氛围和社会风气

在老龄化相当普遍的今天,老年人可以说是社区单位——尤其是一些以老房子为主的传统社区单位——重要及主要的组成成员。与年轻人不同,除了家庭之外,与老年人联系最紧密的社交关系不是工作同事,而是社区邻里及社区工作人员。社区是老年人进行日常生活和社交行为的场所,而多名老年人又能够构建一个社区区域的老年人社交生态,对其他居民的生活产生影响。例如,一个良性的老年人社交生态可以为成员提供足够的娱乐放松方式(如下棋、文体活动等),同时还能够以开放的姿态接纳新成员,而不良的老年人社交生态可能表现为稀薄紧张的人际关系,乏善可陈的娱乐活动以及对待新成员的敌意态度。当老年人的社会适应问题扩大到社区范围乃至更大的社会范围时,就会形成不良的老年社交生态,进一步影响其他群体,形成新的连锁社会问题。

总的来说,老年人由于社会角色、生活方式等的改变,心理上会产生一种失落无助感,很多老年人在心理上是很难接受这种转变的,会产生不同程度的不适应问题,从而影响老年人的身心健康。随着年龄的增加,老年人的生理机能不断衰退,出现感知能力退化、反应迟钝、记忆力减退等现象,在他们看来,是变老导致心理层面的不适应、被社会所抛弃,他们害怕衰老,不愿意接受这一现象。若是"空巢"家庭,老年人的生活愈发孤苦,没有子女陪伴,让空巢老人倍感失落,对生活失去希望,老年人向来有"养儿防老"的传统思想,待到真正需要子女照顾时,他们却不在身边,因此产生强烈的心理失落,涌起孤苦伶仃、自卑、自怜等消极情感。这些情感不仅影响老年人的生活质量和心情愉悦程度,更会反过来影响到子女的工作和生活,导致家庭甚至社会的不和谐。

所以,我们应重视老年人的社会适应问题,关注老年人的身心健康,保障老年人的幸福晚年生活。

❋ 心灵小结

1.社会适应对于个人的发展具有极其重要的作用。
2.良好的社会适应是老年人幸福晚年生活的重要保障。
3.家庭和社会应积极关注老年人的社会适应问题,帮助老年人提升晚年生活质量。

三、老年人心理不适感的来源

❂ 心理叙事

张女士是湖南某农村的一名普通工人的妻子,现在已65岁了,育有两子,家中经济来源全靠丈夫工资,虽不富裕,但生活也过得开心、安宁。但一次事故夺去了丈夫的生命,原工作单位给予张女士一笔赔款,如今两位儿子因为工作原因都在外地工作,由于小儿子各方面条件更为优越,张女士的小儿子为了照顾老人,将张女士接到深圳市一起生活。由于张女士长期一个人生活,加上没什么经济来源,以前在农村虽然生活拮据,但也是生活无忧,现在来到深圳,反而缺乏社会中支持网络的支持,再加上自身的情况不符合政府补贴标准,无法获取深圳市政府的相关支持和援助。张女士觉着虽然自己在大城市生活,但还没有在老家生活得自由开心,城市的物价太高了,高昂的消费让张女士有了回老家的念头。

从上面案例可以看出张女士的主要问题源于生活环境的改变导致的不适应。由于经济原因,张女士不能很好地适应新的生活环境,对新的生活产生了排斥。其实张女士可以尝试通过社区服务中心,向相关工作人员叙说自己的情况,争取他们的帮助。工作人员核实情况后,应提供相应的建议和对策,激励张女士逐渐恢复生活的信心和提升生活的相关适应能力,并根据张女士自身的特点制订相应的方案,使张女士尽早走出社会适应困难的处境。

心理解读

一般而言,老年人在步入老年生活之前,都已经有了一定的心理准备,但是,等到真正需要去适应一种新的生活方式的时候,由于社会角色、职业、人际关系、家庭情况等发生了巨大改变,使得各种难以适应的问题开始出现。对老年人来说,这不仅代表着他们会失去一些物质上的东西,也意味着他们失去了从前角色的情感,改变了前半生业已形成的某种行为模式。失落、伤感、寂寞、自卑、不适各种不良的负面情绪接踵而至,因此老年人需要及时进行自我调适从而适应这种转变。这种心理不适感的来源可从四个层面来说明。

(一)个人层面民

从老年人本身来看,晚年时期更看重身体条件和经济条件,这是保证老年人晚年生活幸福的最重要的两个方面,身体条件较好的老年人心态都较乐观,适应能力都较好,个人层面的影响程度要远远大于外在环境的变化。

1.慢性病加重老年人心理的负担

慢性病对老年人的心理状况会带来一定程度的影响,从而影响患病老年人的社会适应状况。家庭发生事故的老年人,由于缺少家人的陪伴,缺少可倾诉的人,容易引发老年人抑郁、焦躁等情绪,长期下来容易引发老年人的多种疾病,最后影响老年人的生命长度。有研究表明,慢性病在一定程度上给了老年人沉重的心理负担,多种慢性病的相互作用大大损害了老年人的身心健康。老年人患病种类越多,生活质量越低,最后导致社会适应能力越差。

身体条件对老年人的社会适应有着重要影响,个人健康程度直接影响老年人的社会适应性,健康状况还会给老年人自身和家庭带来一系列的问题和困难,进而降低老年人的社会适应能力。一般来说,个人健康良好的老年人,在生活幸福程度和社会适应两方面都比较满意,因为身体健康的老年人的活动范围大,精力较好,在生活中可以保持好的精神状态。对身体状况较差且患有慢性病的老年人来说,步入老年之后生活的变动以及患病之后给家庭中造成的困难和负担,使他们不仅承受来自生理的病痛,而且还有来自心理上的负担。老年人的慢性病不仅会损害老年人的健康,也同样会夺去老年人平静快乐的晚年生活。

2.经济收入来源的减少

随着社会的不断变化,老年人的生活成本不断增加而收入却在减少。特别是对于农村老人来说,他们很多已丧失劳动能力,无法通过以往的耕种来获取收入,而且他们很少有养老金和退休金,更多的只能靠自身的积蓄。

对于经济状况较差的老年人来说,他们的社会适应能力较低,经济状况限制了他们的活动范围和活动能力。而有的老人则通过退休金、再就业收入、政府补贴等,经济上完全可以独立,他们可以选择适合自己意愿的生活方式,老年人如果在经济上有了多重保障,可以大大提高他们的社会适应能力。

3.个人生活意义感缺失

老年人的心理不适感来源,同样可以追溯到其个人生活意义感的缺失。在当今高速发展的社会背景下,我们在少年时代用全部的时间学习知识和技能,而在青壮年到中年这漫长的几十年时间里,绝大多数人需要为社会生产而工作,剩下的时间则用于承担家庭和子女生活的各种事务。可以说,"退休"是大多数人第一次接管"自己的时间",第一次面对着时间和精力支配的极大自由。这听起来是一件令人向往的事,但是对于多数老年人来说,这同样是一次面临新的社会环境、社会角色和社会关系的考验。在学习和工作中,虽然面临着较大的外部压力,但因为有着明确的目标和计划,同时对于自己付出的努力有着明确的校标(如成绩、工资、地位等)可以进行衡量,因此大多数人认为自己的生命是有价值和有意义的。而在进入老年生活以后,老年人必须调整自己的生活重心,重新找到生命的意义感,重新建立新的目标和方向。因此,当这种调整出现困难时,老年人就会产生出一系列的社会适应问题,进而影响到个人和家庭成员的身心健康。

有学者认为,不同的个体对于时间的主观体验非常不同,而个体摆脱当前情境的束缚,在心理层面将自我投射到过去或者未来,即是一种"心理时间旅行"。根据调查,与年轻人相比,老年人更多地思考过去,而较少地思考未来,即感到"过去的时光飞逝,而未来时日无多"。同时,当个体要做的事情非常少以及正在做的事让其感到无聊时,个体的心理时间知觉会增长,又会感到"现在度日如年"。这种矛盾的时间知觉更容易产生消极的心理时间观,让个体对当下的生活意义产生怀疑,从而导致社会适应困难,心理健康水平下降,社会参与度下降,不愿意适应当下生活,拒绝建立新的社交关系等一系列问题。

(二)家庭层面

家庭在人们心中充当了避风港的作用,不管在熟悉的环境下和陌生的环境下生活,家庭始终是人们心中的向往,在我们每个人心中都占据了不可或缺的地位。相对于身体健康、经济独立的年轻人而言,老年人需要更多的陪伴时间,对老年人来说,家庭是人生中最重要的部分。家庭可以给予老年人物质以及经济上的支持和精神上的慰藉,家人要帮助老年人提高社会适应能力。

1.家庭成员之间的互动

对于老年人而言,家庭关系是最熟悉最重要的亲情关系,家庭成员之间的良好互动可以帮助老年人尽快调整自己的心态。家庭成员之间的良好互动,不仅让老年人在精神上得到慰藉,同时也能为老年人提供物质方面的保障,帮助老年人提高社会适应性,更好更快地适应现状。事实证明,良好的家庭成员之间的互动,可以让老年人享受晚年生活的乐趣,家庭成员给了老年人积极健康的心态,与子女的交流可以丰富老年人的视野,增加社会见闻。另外,老年人出现不适应问题时子女可以通过及时的帮助,缓解老年人的心理困顿,这种良好的家庭成员之间的互动,使老年人能在轻松快乐的家庭氛围中顺利度过心理不适应阶段。相反,不良的家庭成员互动,增加了老年人的心理负担,影响老年人在社区中的人际关系网络。家庭成员之间沟通的减少,还可能影响老年人与他人打交道的情绪,甚至出现回避与人打交道的情绪,如父子之间的零交流、婆婆和儿媳之间的不理解,这些不良的家庭成员间的互动会在老年人的生理和心理上产生一定的影响。

2.家庭情感慰藉功能的弱化

在快节奏的生活方式下,很多子女对老年人的关爱是物质方面的帮助,往往缺少精神慰藉,尤其是人到老年,老年人社会角色和生活方式的突然改变,带来更多的是老年人心理的担忧。老年人精神需求更多的是来自家庭成员之间的关怀,家庭成员之间的慰藉和支持是他们精神生活的大部分,子女对老年人的关怀和理解是老年人在家庭中的快乐源泉。由于子女工作和家庭的原因,越来越多的子女更多给予老年人物质上的帮助,或者定时给予老年人一笔赡养费,一些经济条件较好的家庭,甚至会送老年人去养老院,老年人在那里得不到应有的晚年生活,家庭之间的互动很少。另一方面,受传统思想和受教育水平限制,老年人和子女大多数都已经分开居住,减少了老年人和子女之间的沟通,有些沟通只是简单含蓄的表达。老年人的某些想法得不到理解和支持,容易造成心理上的困顿,长期以来,老年人必然出现心理上的不适和情绪上的喜怒无常。

3.家庭照料的满足情况

老年人随着年龄的增长身体各器官的衰退,有些甚至由于疾病的影响而瘫痪的老年人,由于生活居住环境和社会关系网络的改变,更需要家人的照顾和安慰。照料不是一味给予老年人物质方面的满足,而要根据需要给予父母适合自身状况的照顾。目前老年人的家庭结构有这几种情况:(1)子女和父母同住,子女和老年人互相照顾,这种情况的家庭一般来说,家庭照料较好,老年人在社区的社会适应性较强。所以,和子女同住的老年人在家庭照顾上是满足状态,子女和父母同住在一起,父母可以得到很好的照顾,父母在社区内便有了一定的安全感和踏实感。反之,子女也可以得到父母的关爱。在这样的照顾下,老年人会以一种积极乐观的心态去适应社区内的生活方式。(2)父母与子女单独居住,父母之间互相的照料不仅仅是感情上的陪伴,更重要的是生活上的扶持,老年人双方生活对彼此生活习惯的熟悉可以使老年人得到很好的照顾。(3)父母一人居住,对于得不到配偶照顾的老年人,其心理上最渴望的是子女的陪伴和照料,当独居老年人的身体患有慢性病时,老年人在社区内的生活会更艰难,不仅加重了老年人生理上的负担,更会对老年人的心理造成打击。长期下去,易形成恶性循环。这种居住模式,是当前许多家庭正在发生的。

(三)社交关系层面

1.旧有社交关系的瓦解

人是社会性的动物,离开群体我们将无法生存。当个体步入老年,其社交关系将经历被动的"瓦解过程"。因为退休,曾经的工作社交关系不复存在;因为子女成年组建新的家庭,曾经的家庭关系发生巨大的变化;因为健康、家庭等各种原因更换居住环境进入养老院、随子女搬迁的老年人,还需要面对旧有邻里关系和地域性社会关系的消失,等等。因此,旧有社交关系的瓦解几乎是每一个老年人都必须面对的社会适应问题。当老年人失去原有的社会关系时,不可避免地会产生无助感、空虚感,进而引发一系列的社会适应问题。

2.新的社交关系重建困难

与失去旧有社交关系相对应,老年人同样需要面对在新环境中建立新的社交关系的挑战。对于老年人来说,只有完成了原有社交关系和新晋社交关系的平稳过渡,能够在很大程度上适应并享受新的社交关系,才能够达到较好的社会适应水平;相反,如果其失去了旧有的关系,却没有重建个人关系网络的能力,老年人将不可避免地遇到孤独感、心理不适感、与时代脱节等种种消极心理感受,导致其生活品质降低,进而引发身心健康危机。

(四)社区层面

1.社区安全卫生情况

社区安全卫生是一个小区最基本的保障,这不仅仅是社区的责任,更关乎整个小区居民的生命财产安全。有的小区因为房价相对较低,租客较多,人员较复杂,不免会发生安全事故。卫生情况直接影响老年人的居住舒适性,社区只有首先把环境卫生的质量提升上去之后,才能创建和谐文明的小区,居民才能有归属感。

2.社区居住的舒适程度

关于居住场所的舒适性,主要涉及住房的安全质量、小区内的基础配套设施、休闲娱乐设施和便民利民等一系列服务。如果房屋质量差,会直接降低老年人在社区内的社会适应程度。社区服务中心是社区居民办理养老金等各类事项的地方,办事效率高的服务中心会获得居民的一致好评,有利于小区的和谐稳定发展。老年人因为身体原因和文化水平的限制,可能更需要社区工作人员的耐心指导和帮助。社区工作人员能够帮助老年人快速处理所办事宜,塑造一个热情有效率的形象,可提高老年人对社区工作人员的信任度。

3.社区业余休闲活动

目前,还有很多社区存在老年人的休闲场所和设施相对缺乏的问题,这导致不少老年人对自己的休闲活动不满意,因为老年人的活动范围主要是在家庭和社区。有的社区组织开展的文化休闲娱乐活动吸引力不够,造成这种局面的主要原因是缺乏资金和社区的支持。一方面,社区内的休闲设施较少,导致利用社区设施进行锻炼的老年人偏少;另一方面,老年人在一起打麻将玩纸牌较多,活动内容单一,老年人之间容易发生争执,形成不友好的氛围。丰富且有意义的休闲文化活动,能够调动老年人参加活动的兴趣,形成良好的氛围,进而调动老年人参与社区管理的意愿。

(五)社会层面

1.人际交往形式的转变

老年人有属于自己的固定的人际交往圈,搬入一个新的社区居住后,社区中的单元楼阻隔了老年人的正常交流,老年人必须面对与以往不一样的沟通交流方式,加上陌生的邻里关系,难免会出现精神世界得不到满足的情况,许多老年人在搬入一个新的社区后,除了和亲戚来往交流外,很少与社区其他人交流。对于退休老人来说,由于社会角色的变化,他们不像从前一样经常参加各种活动,朋友也逐渐变得少起来,生活圈子越来越小,尤其是一些老年人的亲朋好友、配偶去世后,会更觉得凄凉孤独,缺乏陪伴和支持。

与人交流少的老年人会造成人际交往的自我隔离,从而使老年人出现不适应。总之,人际交往对于老年人的社会适应性有着很重要的影响,人际交往好的老年人的社会适应性也比较好。

2.国家的养老政策有待完善

近年来,面对人口老龄化的压力,国家出台了一系列政策,但仍需不断完善,并落到实处,让每位老年人都能享受到国家政策给予他们的福利。只有这样,老年人的晚年生活才能得到更多的保障,享受丰富的物质生活和精神生活。

四、老年人的社会适应问题及应对

心理叙事

宋阿姨七十多岁了,是机关单位的一位退休干部。她年轻时工作雷厉风行,领导和下属都特别肯定她的工作能力。在家时,她把家里收拾得井井有条,为家人创造了一个干净卫生的生活环境。不幸的是,她退休后由于脑梗死,如今瘫痪在床,身体动不了,吃喝拉撒都得有人伺候。她的女儿由于开饭店走不开,不能常回家照顾她和老伴,小儿子和儿媳妇就从外地回来照顾二老。小儿子由于工作原因需要两地来回跑,所以照顾老人的工作主要由小儿媳承担。

小儿媳是外地人,由于饮食习惯的不同,小儿媳做的饭并不合宋阿姨的胃口。宋阿姨不愿让小儿媳觉着她难伺候,所以一直忍着不说,但其实她常常由于吃不好饭而苦恼,心情郁闷,感觉身体更不好了,并时常有不想活的念头,认为瘫痪在床的自己对于家人来说就是一个大麻烦。

从上面案例可以看出,宋阿姨因为身体原因,生活已经不能自理,这对于以前总是事事亲力亲为的她来说,无疑是个巨大的挑战。由于生理疾病感到不适,又加上饮食问题,导致她心情更加苦闷,甚至有不想活的念头。老人由于身体状况发生变化,生活自理就成为首先要解决的问题。这一问题一方面造成了老人内心的自卑、自责,另一方面也由于老人不愿表达自己的想法和不满,久而久之出现更多的心理问题和社会适应性问题。

心理解读

我国进入老龄化社会后,老年人数量日益增多,在他们适应社会的过程中遇到了各种问题,老年人适应社会问题已经成为当前促进老年社会福利改善的一个非常重要的切入点。老年人的社会适应问题主要可以从以下几个方面来考虑。

(一)生活自理能力

生活自理能力,主要是指老年人独立照顾自己的能力,如日常生活中的购物、独自使用电气设备、到社区服务中心办事等行为。相对于一般老年人和身体条件较好的老年人,高龄老年人和身体条件较差的老年人在生活自理方面还涉及吃饭、穿衣等基本能力。

1.身体健康状况直接影响生活自理能力

调查表明,社区中有一些老年人认为自己在生活自理方面没有问题,有些身体条件较好的老年人还表示可以为子女提供一些简单的帮助。这表明老年人在身体条件好的情况下有照顾子女的愿望。但是,高龄老人和身体状况差的老年人和身体健康老年人的情况恰恰相反,由于身体原因,他们腿脚行动不方便,想独自生活很困难。

身体健康的老年人有良好的精神状况和心理状况,他们没有慢性病带来的负担,这些老年人只需要调整好自己的心态,并对未来的生活充满信心。因此,相对来说,健康状况好的老年人比患慢性病的老年人的社会适应性要好。而对于身体状况较差且患有慢性病的老年人来说,一些生活的变动以及患病之后给家庭造成的困难和负担,使他们不仅承受来自生理的病痛,还有来自心理上的压力。老年人的慢性病不仅损害了老年人的健康,也夺去了老年人平静快乐的晚年生活。

2.家庭主导型老年人具有更强的适应性

家庭主导型老年人主要是在家庭中更多地承担照顾子女的责任,他们通常是一家之主。他们文化素质相对较高,在学习适应能力和认知事物的能力方面较同龄人来说是较强的。在步入老年生活后,他们在心理上短时间内更容易接受与年龄相符的健康生活方式,每天会有规律地锻炼身体和选择健康的饮食方式,定时定点跳广场舞。在心态上更积极乐观,合理地安排自己的业余生活,比如参加社区的活动,在适应老年生活时更加得心应手。健康的生活方式和积极乐观的心态使他们能更好更快地适应步入老年后的生活方式。

(二)生活方式

对于一些突然更换了生活环境的老年人来说,对于新生活的适应状况也是他们社会适应的重要方面。对于农迁老人来说,他们在搬迁之后不仅要面对物质生活的变动,可能更要接受放弃之前习惯的生活方式。在吃住行方面,他们失去了赖以生存的田地,居住地从村庄变成了社区,出行也有公交,但新的生活方式也给老年人带来一定的困难。社区内的生活方式相对农村开放式的生活更不容易让老年人适应。另一方面,对于退休老人来说,退休之后,老人无法与之前的同事正常交往,又不知道如何打发时间,生活内容变得单调。每天除了吃饭、睡觉、看看电视之外,不知道能跟谁聊聊天说说话,也不知道能做些什么,每天数着日子过,一天天漫长而无意义。

1.短时间难以适应社区的生活方式

老年人们在社区生活,面对一排排的楼房,以前的邻居走动越来越少,邻居间缺少人情味。对于腿脚不便的老年人来说,爬楼梯成了他们最大的挑战。农村老年人脱离了原有几十年的务农生活,短时间难以适应城市社区的生活方式。由于原有土地的征迁,老年人们很少进行大规模的务农活动,老年人日常生活的主要部分变成了照顾和被照顾,一些老年人因此感到抑郁。社区组织的活动老年人们也很少参加,老年人们表示社区组织的活动缺乏吸引力,宁愿做自己的事情,也不去参加活动。小区之间的楼层阻断了他们原有的社交往来,因此一些适应能力较弱的老年人短时间内很难适应。

2.活动参与程度

大部分的退休老人都把主要的时间集中在家庭和个人的兴趣爱好以及各种文体活动上面,只有少数能够参与到让社会和其他群体能明显感觉到的活动上,例如各种社会公益活动。许多老人认为自己的价值没有能够得到社会应有的承认和尊重,因而不愿参与社会活动,这导致他们的生活一下子变得空虚起来,生活内容极其简单机械。由于没有适应新的生活状态,老人并没有及时充实自己的生活内容,于是会觉得日子十分难熬,难免会有空虚感这种不良情绪的侵袭。

(三)家庭关系

老年人的家庭是他们情感归属的地方,家庭内的子女关系是老年人晚年最重要最亲密的关系。人在步入老年后,在某种程度上更依赖家庭。他们在退休或进入一个新环境生活后,失去了原有的社会支持系统,只能更多依靠家庭提供的物质条件支持和情感慰藉,家庭对于老年人来说,最重要的功能是提供给老年人精神上的满足,而家庭关系的适应状况直接反映了老年人晚年的社会适应状况。好的家庭关系能够帮助老年人尽快适应社区的生活环境。

1.家庭成员间的互动直接影响家庭适应

调查发现,经常联系和回家看望老年人的家庭亲子沟通关系较好,老年人们很少抱怨子女,心态很乐观,对社区生活能够适应。现在,有很多年轻人选择到经济发达的城市工作,他们选择和自己的父母分开居住,导致社区内出现越来越多的"空巢老人"。子女和老年人见面的次数越来越少,沟通交流越来越少,老年人们抱怨子女在外地工作,很少有时间看自己。

和子女沟通较好的父母,在生活上抱怨很少。每个幸福的家庭,都有一个共同点——子女和父母的关系融洽,沟通较多,子女和父母的心态乐观,适应能力很强。而和子女沟通较少的父母,对生活的抱怨较多,心态悲观甚至怨天尤人,适应能力较弱。

2.相处但不同住的家庭适应性强

现在,有很多子女和父母的住房在同一个小区,老年人和子女是单独居住。这种居住情况,给老年人家庭关系带来许多好处,避免了和父母同住的局面,日常吃饭和父母一起,这样不仅能让老年人体验到家庭的温暖,还可以使家庭关系在一定程度上更融洽。

一般而言,子女与父母分开居住,但是同在一个小区,双方的家庭都过得比较满意,更少出现婆婆与媳妇之间的争吵,老年人和子女之间的生活空间更自由,老年人和子女有更多的时间和精力来享受自己的生活。

(四)人际交往

老年人的人际关系适应现状直接反映了老年人目前的生活质量和内心真实想法。老年人在新的环境下生活,一方面内心排斥新的生活,另一方面又渴望与人交流,产生矛盾的心理状态。老年人与其他人的和谐相处,可以丰富老年人的晚年生活,对社区老年人的社会适应有着促进作用。

1.新社会角色

对于退休老人而言,他们离开了以前的岗位,必定会和以前的一些同事或工友失去联系,这很容易使人产生"人走茶凉"的感觉。许多老人在退休后并没有结交到新的朋友,交友范围越来越窄,因而产生强烈的孤独和寂寞感,影响老人的身心健康。

老人退休后,其主要活动范围是在家里,因此跟家人的亲密关系以及家庭环境的和谐可以在很大程度上促进老年人的身心健康。帮助老人处理好人际关系,营造良好的家庭气氛,对离退休老人来说尤为重要。一些老人不善于主动向家人、子女倾诉自己的心理变化,而把自己的烦恼、期望和想法都憋在心里,没有及时寻求家人的理解、支持和安慰,对退休老人加快角色转变、成功扮演好退休后的角色也有不良影响。

2. 邻里之间的联系程度

俗话说,远亲不如近邻,邻居关系的好坏直接影响老年人在小区的生活适应,邻里关系相处得好,与人交流更多,老年人的社会支持网络就相对较好。相对于新社区来说,以往乡村或胡同那种闲散串门式的交流,更方便、简单,也更直接。而在新社区内,人们之间的串门变得不像从前那样直接,虽然每家每户挨得近,但是相互往来变少,一方面是由于老人自己年纪大,上下楼梯不方便;另一方面是不知道以前的邻居住在哪里,找起来很麻烦。

一些腿脚不便的老年人比起新社区生活更怀念以往生活的场景,往往在农村或胡同居住的老年人沟通方式会更加便捷,老年人之间的来往也更频繁。所以高龄老年人比较怀念以前的生活方式。

(五)心理适应

老年人的心理适应程度是一个综合衡量的结果,老年人会根据自身的身体条件和经济能力的不同呈现出不同的结果。心理学家指出,心理适应过程是在一个人长期生活环境内形成的自身的心理系统与外界各种环境因素组成的社会情境系统交互作用的过程。环境改变后,个体本身从一个熟悉的社会系统进入另一个陌生的社会环境,并最终在他们的相互作用中达到心理平衡的状态。面对陌生的环境,每个人都会做出不同的心理应对反应,可能会产生不同的心理适应状态。这种心理适应状况是老年人社会适应的最重要指标。

1. 个体性差异明显

老年人的心理适应状况是社区老年人社会适应的主观表现,对于年龄稍低些的健康的老年人来说,他们比一些高龄老年人和身体残疾老年人心态乐观积极,会积极与人沟通,因此心态良好的老年人具有更强的社会适应性,在心理上愿意参加社区活动,见识和遇见更多的人,人际交往面也更宽。一些孤寡老年人和行动不便的老年人,他们的生活自理能力要困难许多,认为自己给子女和其他人带来麻烦,久而久之,极容易造成抑郁的心理状态,最后造成心理上的疾病,影响自己的社会适应。

不同老年人的心理状态在社会适应上有很大的区别,同样在一个社区的老年人,有的老年人心里开朗乐观,与子女相处融洽。有的老年人由于身体等原因心理素质较差,对现在的生活丧失了信心。所以,老年人的心理素质在社会适应方面显得尤为重要。

2.心理上更趋向于认同以往的生活

对于退休老人来说,许多老人认为自己没了工作,也没了从前相应的权力和社会地位,加上身体情况渐渐不如从前,经常会觉得自己在社会上不像从前那样受人尊重了,在家里说话做事也没有从前有分量了,所以会产生失落感和无力感。而对于农迁老人来说,他们对农村生活比较熟悉,突然改变了赖以生存的农村生活而来到城市社区生活,短时间内心理上难以接受,很多老年人在没有了耕作的土地之后,认为身体素质变弱了。这些老人可能会经常回想过去或辉煌或悠闲的美丽时光,以此来让自己逃避现实,忘记烦恼。尤其是一些丧偶老人,他们会整日沉溺在对过往生活的怀想中无法自拔,有可能伤心过度,严重影响健康。

(六)心理应对

1990年世界卫生组织提出健康老龄化,以应对人口老龄化问题。其核心理念是生理健康、心理健康以及适应社会良好。健康的老龄化被定义为:"从生命全过程的角度,从生命早期开始,对所有影响健康的因素进行综合、系统地干预,营造有利于老年人健康的社会支持和生活环境,以延长健康预期寿命,维护老年人的健康功能,提高老年人的健康水平。"在有关健康老龄化的内容中,第一项就提到了老年人应拥有良好的社会适应能力。老年人口也是社会的重要组成部分,应对老年人这些常见的社会适应问题,更好地保障老年人的身心健康,让老年人度过一个幸福的晚年生活,离不开家庭、社区以及社会的支持。我们可以从各方面、多角度来有效解决老年人的社会适应问题。

1.家庭支持

家庭作为我们的避风港,在我们每个人心中都占据了不可或缺的地位。家庭始终是老年人最主要的支持力量,社区及机构的支持只能起到补充作用,因此,要提高老年人的生活质量,首先就要进一步鼓励家庭支持作用的发挥,才能满足老年人的身心需求。

(1)加强家庭成员之间的沟通

家庭的作用对老年人来说不言而喻,家庭是他们生活中最重要的部分。家庭成员间良好的互动、和睦的相处,可以让老年人享受晚年生活的乐趣。家庭成员可带给老年人积极健康的心态,与子女的及时有效交流可解决老年人出现的不适应问题。同时,老年人和隔代子女接触,还可以有效改善其对生活的乐观程度,为他们的生命带来希望,形成生命意义的良性循环。

(2)寻求专业的生理、心理帮助和照顾

家里有患病的老年人,其家庭成员可通过接受正规的咨询与指导来提高家庭照料水平,为老年人提供更为专业化的照料,以保证老年人获得更高的生活质量。同时,还可以定期请专业的心理咨询工作者为老年人进行心理上的疏导和帮扶,从心理层面提升老年人的健康水准。

(3)利用网络技术实现远程陪伴

家庭成员尤其是子女,对于老人的孝顺,不是仅仅给予他们物质上的帮助,更重要的,是对他们的关怀和陪伴。子女对老人及时的帮助,对老人来说尤为重要。子女要注重对老人心理和情感上的支持,多与老人进行沟通和交流,及时疏导不良情绪,消除老年人的孤独感,营造良好的家庭氛围。对于子女和老年人的异地问题,当下流行的网络视频通信软件很大程度上解决了这一问题,年轻人利用手机就可以实现远程通信,减少老人的孤独感。此外,当今更有物联网技术的革新,使年轻人远程操控家具帮老年人提高生活质量成为可能。"孝心"与时俱进,尽管远程陪伴无法完全解决所有老年人的社会适应问题,但可以在很大程度上缓解老年人的孤独感,使他们体会到子女的关心和照顾。

（4）家庭成员鼓励支持老年人更多参与社交活动

丰富的社交活动能够有效填补老年人的空白时间，大大提升老年人的生活充实感和幸福感，与其因为担心老年人的人身安全而将老年人的活动范围限制在家里，不如让其更多地参加同龄老年人的社交活动，积极培养个人爱好，建立多元的社交圈子。这些都离不开老年人家庭成员的鼓励和支持。当老年人踏出家门，踏出旧有的不良生活环境，其身心健康就会得到良性的促进。良好的心理健康有利于提升老年人的幸福感，使老年人能安度晚年，从而实现健康、积极的老年生活。

2. 社区支持

社区作为老年人日常生活的活动场所，高度重视社区的支持作用。

（1）完善社区老年服务的基础设施建设

让老年人走出家门拥抱生活，就必须拥有能够吸引老年人前来的基础设施。例如设置社区健身中心、社区图书馆等社会服务设施，不仅可以促进老年人身心健康，为其提供良好的活动环境，更能够有效防范老年犯罪、家庭纠纷等社会问题。

（2）定期举办老年社区活动

除了基础设施建设，定期举办老年人可以参与的社区活动也十分重要。社区不仅要多办活动，还要办好活动，增加社区居民了解社区活动的渠道，引导老人参与社区活动，并自行组织策划活动。鼓励老人们参与社区各类事务为大家服务。社区要多多举办提升退休老人参与感和意义感的各类活动，例如简单的体育竞技活动，或是献爱心的文艺活动等。无论是居委会、工作站或是社工服务中心，都应该更多地从精神心理方面关心老年人，丰富老人的生活内容，鼓励他们从家中走出来，多多参与社区活动，交往更多的同龄朋友，互相支持，互相帮助。

（3）鼓励老年人参与社会决策和社会事务

20世纪70年代，两位外国心理学家在一家养老院进行了一项为期近两年的实验，老人被分为实验组和对照组，对于实验组的老人，院长告诉他们："你们可以决定自己房间的摆设，安排自己的时间。如果你们对这里有什么不满意，就应该发挥影响力去改变。我们每周播放两部电影，时间和内容由你们决定，这里有许多事情是你们可以决定的，你们也必须思考这些问题。"院长把何时播放电影和电影的内容决定权交给老人们,并送给每个老人一盆花作为礼物,并告诉他们有责任照顾好这些花。对另外一组老人,院长的讲话内容则相反,他告诉他们:"你们不需要自己安排在养老院的生活,希望你们能在这里生活得很快乐。我们每周会播放两部电影,时间已经安排妥当,你们届时可以前往观看。"同样,送给对照组老人相同的花,但是并不让老人们自己挑选,而是向他们说明护士会帮忙照顾这些花。

实验结果发现,实验组的老人比对照组的老人活得更快乐更积极,且健康状况有所改善。在18个月后,实验组的老人中有15%死亡,而对照组老人的死亡率则高达30%。

著名的养老院实验证明,对于一个被迫失去自我决策权和控制感的人,如果能够给予他一种较强的自我责任感,提高他对生活的控制感,那么其生活质量就会提高,生活态度也会更加积极。仅仅是让老年人可以自由决定自己参与活动的时间、照料一盆植物这样的小事,也可以提升老年人知觉到的控制感,从而提升其整体健康水平。毋庸置疑,当老年人感到自己的生活可以自己控制,认识到自己即使年老也依然能够参与社会事务时,其社会适应水平会得到显著提升。因此,社区应尊重老年人作为社会公民参与社区和社会决策的志愿,鼓励更多的老年人为自己为社区为社会发出自己的声音,并重视其意见和建议,让老年人知觉到更多的可控感,从而建立社区归属感。

(4)引进专业的社会工作者统筹规划社区服务

社区应引进专业的社会工作者,通过社会工作专业服务与社区工作的充分结合,为社区居民提供多样化的服务。专业的社会工作者对提升老年人群体服务水平、解决老年人的需要与问题来说意义重大。他们可通过自身专业的知识与技能,通过个案工作、小组工作、社区工作系统化地开展服务工作,帮助老人适应社区生活。

3. 社会支持

(1)践行社会主义核心价值观,提倡尊老爱幼的传统美德

尊老爱幼是中华民族的传统美德,在社会上,要加大宣传力度,倡导大家发扬传统美德,使大家明白老年人的处境,同时着重宣传老年人的价值,引起大家关注,在社会上营造关心老人、关怀弱势群体的风气。政府应该提倡大家多多关心老年人,发扬尊老爱幼的传统,倡导更多地关注老人的各项公益活动和事

业,并在政策法规上提供保障,在物质和精神上给予老年人更多关怀和支持。此外,还可以创立相关的基金会并有效监督其运作,加大资金投入,为老人的健康发展营造良好的社会环境。在医疗、养老等保障体系上,政府也要加大监管力度,切实为老年人提供更好的服务,保护他们的权益。

(2)完善养老福利的社会政策

应当构建政府对老年人的支持系统。老年人的社会适应问题是同老年人的身体状况、经济状况等因素息息相关的,通过倡导构建政府对老年人的支持系统,在宏观层面上将老年人社会适应问题的解决进行普遍化处理,使这一问题在整个社会中得到普遍的重视,从而有利于这一问题的缓解和解决。

(3)工作单位强调关爱老人的企业文化

各机关、团体、企事业单位都要在企业文化中营造关爱退休老人的氛围,强调"孝"文化,倡导每一位员工关心家中的老人,鼓励员工多多陪伴父母、倾听父母的心声,同时应体谅年轻人,尤其是工作中的女性群体对于同时照顾下一代和赡养老年人的辛苦,在可能的范围内给予一定的物质和精神支持,在单位塑造敬老模范并予以嘉奖和宣传。

(4)发动更多公益慈善组织关注老年群体,加强敬老教育

社会上的各类公益慈善组织应该更多地关注老人这一群体,把关怀老人当作一个工作重点来开展相关工作。此外,无论是小学、中学还是大学,都应该将思想品德教育作为一个教育重点来引导学生继承和发扬中国的优秀传统思想,积极开展各项教育,提倡孝道、发扬爱心。

❋ 心灵小结

在人口老龄化形势日益严峻的今天,老年人这一群体已逐渐引起人们的关注,老年人的心理健康问题已日益成为社会关注的焦点。提高老年人的社会适应能力、推动健康老龄化逐渐得到家庭、社会和国家的重视。社会适应能力是老年人健康状况研究中不可忽视的方面。保障老年人物质生活的同时,提高老年人的生命质量是非常有必要的。

我们要做好相关工作,改善老年人的心理健康,提高老年人的生活质量,为实现积极、健康的老龄化提供理论和方法。

第三章　社区老年人的认知功能变化

内容简介

　　根据世界卫生组织对老龄化社会的定义，65岁以上的人口占全国人口总数的7%以上，即为老龄化社会。2001年中国65岁以上的老龄人口比重首次突破了7%，之后一直处于稳定增长阶段。我国老龄化程度的上升，已经对我国经济和社会发展提出了新的挑战。

　　随着中国老龄化社会的到来，政府、社会、科研机构对老年人群体给予了极大关注，同时普通人对老年人的关注程度也日益加深。我们在日常生活中不仅要关注老年人的身体健康，也要关注其心理状态，身体与心理是相互影响的。但许多老年人缺乏正确的认识，因此，我们提倡要健康老龄化。健康老龄化主要包括三方面的内容：①发生疾病和疾病相关残疾的概率低；②高水平认知功能和躯体功能；③对生活的积极参与（如人际交往和生产活动）。在健康老龄化过程中我们需要特别关注的是，如何正确认识和面对认知过程的变化，以及如何预防此种现象的产生。

　　在日常生活中不难发现，上了年纪的人常常出现精力衰退的现象，如记性变差，说话啰唆重复，等，诸如此类的表现可能是认知功能衰退的结果。除此以外，一些感知觉上的变化，比如看不清东西，对外界反应迟缓等，也是随年龄增加所带来的小麻烦。这些麻烦使老年人感觉与周遭事物相隔离，产生孤独感、失落感等消极情绪。如果不能正确对待，会进一步使老年人产生多疑甚至抑郁等症状。因此，在关注老年人的身心健康时，也不能忽视其认知功能变化所带来的困扰。本章我们将重点讲述老年人的认知功能变化及其相关影响。

一、我的记性变差了——老年人认知功能的变化

心理叙事

年轻时,赵伯伯是个精明能干的小伙子,记性好,手灵巧,喜欢做一些木头摆件,因为这双巧手还俘获了妻子的芳心。退休之后,他还参加了老年大学学习书法和葫芦丝,在班级中名列前茅,好几次社区的活动还邀请他演出。但自从70岁以后,赵伯伯就不再喜欢过生日了,每次过生日都觉得像在提醒自己年纪又大了一岁,离去世又近了一步。最喜欢的葫芦丝也记不住谱子了,和社区里年轻一点的退休伙伴下棋也感到力不从心了,虽然赵伯伯还能照顾自己的日常生活,但总觉得自己年纪大了,不中用了。有时候,赵伯伯想写一下自己年轻时候的事情,却常常出现提笔忘字的情况,于是他就拍着自己的头说自己老了,记性差了。他还会在中午看着看着电视就不自觉地睡着了,有时候会想不起自己有没有吃过饭,也会手里拿着剪刀却还满屋子找剪刀。赵伯伯还发现自己眼花了耳背了,手机报纸上的字太小了,他看的时候太费劲儿,干脆就不再看了,而且往往子女们喊他吃饭,喊许多遍他才能听见。为此,赵伯伯十分苦恼,觉得自己活到老了,却不中用了,成了子女的累赘。

从上面的故事中,我们发现,随着年龄的增长,老年人出现记忆力衰退的现象是不可避免的,与此同时也会伴随着视、听觉功能下降的情况。基于此也会出现一些心理上的变化,产生一些负面情绪。老年人会出现和赵伯伯相似的情况,例如提笔忘字、骑驴找驴等情况是正常的,这是人在老化过程中必然要经历的,大可不必为此懊恼。这些都是正常的生理和心理现象。我们需要做的不是去反对和逃避这种现象,而是正确地了解、面对以及接受这种现象。

不难看出,除了记忆力的变化,老年人的感知觉也会在一定程度上衰退甚至丧失,赵伯伯的耳背便是听觉衰退的体现。感知觉的衰退对个体的生活会产生很大的影响,不仅会导致老年人生活上的不便利,也对其人际关系和个体幸福感产生影响。

认知就是人们获得知识及外界信息,或者应用知识及外界信息的过程,这

是人们最基本的心理过程。具体而言,人们通过感觉、知觉等过程接受外界知识或信息,经过大脑加工,转换成内在的心理活动,进而支配人们的行为,这个信息加工的过程就是认知过程。认知过程包括感觉、知觉、记忆、想象,思维和语言等心理活动。随着年龄的增长,人们会感觉到精力减少、记忆力减退、注意力难以集中等。例如,老年人会忘记出门前有没有关煤气灶,会想不起来某个字怎么写……诸如此类的变化都是老年人认知功能衰退的表现。

事实上,虽然老年人在感知觉和记忆能力等基本认知能力上大体呈下降趋势,且具有不可抗性,但对于诸如思维、推理等高级认知能力而言,是可以干预的,也就是说,对于老年人而言,年龄的增加不一定伴随其高级认知能力的下降。

心理解读

认知,是指人们获得知识或应用知识的过程,这是人最基本的心理过程。它包括感觉、知觉、记忆、思维、想象和语言等。具体来说,人获取或应用知识的过程始于感觉和知觉。感觉是对事物个别属性和特征的认识,如对颜色、明暗、色调、气味、厚度、硬度等的感觉。另一方面,知觉是对事物的整体及其联系和关系的感知——看到红旗、听到嘈杂的人声、触摸柔软的毛衣等等。通过感官知觉获得的知识不会在刺激停止作用后立即消失,它保留在大脑中,需要时可以被提取或复制。这种积累和保存个人经验的心理过程叫作记忆。人们不仅可以直接感知人和具体的事物,也可以使用现有的知识和经验,间接知道一定的事物,揭示事物的本质及其内在联系。例如法律概念的生成、推理与判断,解决各种问题,这就是思考。人们可以用语言来交流思维活动和认知活动的结果,并接受他人的经验,这就是语言活动。人们也有想象活动,这些活动是通过脑海中的具体形象来实现的。脑接受外界输入的信息,经过大脑的加工处理,转换成内在的心理活动,进而支配人的行为,这个过程就是信息加工的过程,也就是认知过程。对于老年人来说,变化最大的是感知觉和记忆,下面,我们就从这两个方面来谈谈其心理变化。

感觉是人们对事物个别属性的反映,比如个体对苹果的颜色、形状、气味等属性的感觉。而知觉是个体对事物整体属性的反映,比如个体对苹果的各种属性加以综合,从而产生知觉——这是一个苹果。感知觉是基本的认知功能,它依赖于个体的生理结构,而个体的生理结构会随着年龄的变化而变化,因此感知觉也会产生相应的改变。一个人在五六十岁以后,视觉、听觉、触觉、味觉、嗅觉等均会随着年龄的增长而产生退行性变化。

光作用于视觉器官,使其感受细胞兴奋,其信息经视觉神经系统加工后便产生视觉。进入老年期,眼睛的晶状体逐渐硬化,变得更加浑浊,屈光率下降,成像清晰度下降进而导致老年人对弱光、强光、颜色辨别的敏感度下降,同时老年人的视觉编码速度也呈下降趋势,与年轻人相比在视觉编码中老年人往往需要更多的时间。在日常生活中,年纪太大,往往需要佩戴老花镜才能看清近处的物体,视觉的退化给老年人的生活会带来诸多不便之处。

老年人在听觉方面也会出现退行性变化,老年人的听觉系统功能从耳蜗末梢到听觉神经均有不同程度的退化。有人将老年人的耳聋分为四种类型:即耳蜗病变型、病变神经型、血管萎缩代谢型以及基底膜僵硬机械型。相比低音,老年人对高音的感觉衰退更加明显。噪音、非良好的人际关系、不良情绪以及营养不良都会导致老年人听力下降的速度变快。在日常生活中,听力下降对于老年人的人际交往有较大的影响,会产生个体之间的沟通困难,会降低相互交流的欲望,从而会对人际关系造成不良的影响。

嗅觉是一种感觉。它由两种感觉系统参与,即嗅神经系统和鼻三叉神经系统。嗅觉和味觉会整合与互相作用。嗅觉是一种远感,是通过长距离感受化学刺激的感觉。相比之下,味觉是一种近感。人到老年后,对甜和咸的味觉最先退化,因此,在日常生活中老年人更偏好甜食和咸食。同时,老年人经常发生各种嗅觉障碍,主要表现为鼻腔堵塞,嗅黏膜不能感受到空气中的气味分子,对较低浓度的味道敏感性降低。

皮肤感觉是指由皮肤感受器官所产生的感觉。皮肤感觉包括触觉、压觉、振动觉、痛觉、冷觉和温度觉。刺激作用于皮肤,未引起皮肤变形时产生是触觉,引起皮肤变形时产生压觉。触觉、压觉均为被动的触觉,触觉和振动觉结合产生的触摸觉则是主动的触觉。相较于年轻人,老年人的皮肤觉存在减弱,容易造成外伤。同时,由于内脏病变的感觉相对于其他感觉较难察觉,加上老年人感觉退化,对于病变和疼痛的感受能力下降,因此,老年人及时就医存在很大困难,相比于发生疾病再去治疗,提前进行预防是很有必要,所以老年人最好定期去医院进行身体检查。

随着年龄增长,生理衰退对老年人的生活造成重大影响,但生活质量并非完全由生理条件所决定,心理状态也有较大影响。个体若以积极的心态面对,采取合理的锻炼方式等可以有效减缓衰老。若个体长时间不能接受自我老化的事实,一直沉浸于自我身体不如之前的想法之中,最后可能陷入抑郁。

记忆是人脑对经历过的事物的识记、保持、再现或再认,它是进行思维、想象等高级心理活动的基础,是人们学习、工作和生活的基本机能。

随着年龄增加,记忆下降属于正常现象,研究表明记忆衰退是具有阶段性的。在50岁时人的记忆开始下降,50至60岁是记忆的平稳期,70岁以后又会有大幅下降。记忆下降体现在以下几方面。第一,再认和回忆。再认是之前出现过的事物再一次出现在个体面前,个体能再次识别的记忆,回忆是之前出现过的事物,个体能在没有线索的情况下记起来。对于老年人来说,再认比回忆的效果要好,造成老年人回忆困难的原因是编码和储存障碍。编码障碍是指老年人不能将新的事物放入记忆,储存障碍是记忆不能很好地保存。第二,初级记忆和次级记忆。初级记忆是指人们对刚刚听过和看到的事物的记忆,次级记忆是指经过一段时间加工的记忆。与青年人相比,老年人的初级记忆没有较大的差别,但次级记忆老年人有明显衰退,例如,告诉老年人,钥匙放在桌子上面,老年人一会儿就忘记了。第三,意义记忆和机械记忆。意义记忆是有一定逻辑且相互关联的记忆,机械记忆是指较为单调且无内在逻辑的记忆,老年人的意义记忆优于机械记忆。

老年人记忆下降的原因如下。首先是由于中枢神经系统的机能老化。随着老年人年龄增加,记忆加工速度减慢。其次,老年人工作记忆的容量变小。工作记忆是暂时存储信息的记忆系统,个体在感知到事物后,首先需要经过工作记忆的加工,而工作记忆容量的减少意味着对信息加工的能力变弱,进而影响记忆。再者,记忆的互相干扰。随着年龄增加,所存储的信息越多,不同信息也会相互影响。最后,注意能力的下降。老年人无法长时间将注意力保持在某样事物上,也无法同时注意多样事物。

心理应对

关注老年人的认知功能变化,需要明确认知功能衰退是个体发展的自然进程,同时知晓虽然基本认知能力的衰退具有不可抗性,但高级认知能力的衰退是具有可干预性的,而且二者均可以通过外界手段加以缓和。老年人应积极地面对年龄所带来的不便,尽早发现认知功能改变可能预示的疾病。

1. 家庭

健康的生活方式是预防老年人认知功能减退的有效手段。芬兰一项针对1260名60到77岁老年人的研究发现,整合身体活动、膳食、血管危险因素和认知功能锻炼的多因素干预手段,可以有效地延缓老年人的认知功能衰退。

适当锻炼不仅可以提高老人的身体健康水平,保持愉悦的心情,而且在运动过程中,通过刺激大脑神经元,可以改善老人的认知功能。因此,长期坚持中等强度体力活动能够保护认知功能。日常生活中的体力活动,特别是快步走、慢跑、舞蹈、游泳等有氧运动,会对老年人的认知功能产生积极的影响。同时,进行高强度的俯卧撑、哑铃、杠铃等阻力运动对老年人记忆能力的提高有明显促进作用。通过诸如瑜伽、太极等锻炼方式,将身体锻炼与心理放松相结合,在进行身体锻炼时,集中注意力,调整呼吸频率,进而增加身体力量及柔韧性、平衡力,也可以有效改善老年人的认知能力。因此,作为家庭成员,在老人身体状况允许的条件下,应当鼓励老人多锻炼,例如跳广场舞、公园散步、市场买菜等。但是过度锻炼对于老年人来说并不是一件好事,会对身体造成负担。

文化活动对于老年人的认知健康有积极影响。随着科技和时代的发展,现在的娱乐活动日渐丰富,越来越多的老年人熟知手机的使用,使用手机对老年人的认知也起到锻炼作用。除了有关于培养幼儿认知能力的软件,也有许多软件可以对老年人的思维能力进行锻炼。在如今科技发达的时代,如果不会使用手机,对于老年人来说会造成的出行困难,个体被外界环境限制行动,也是十分不利于其心理健康的。

膳食结构也与老年人的认知功能关系密切。合理的膳食结构,如低碳水化合物、适量不饱和脂肪酸、膳食纤维和特定营养素的饮食,不仅可以延缓老年人认知功能的衰退,而且还能降低老年人患上认知功能障碍、阿尔茨海默病的风险。而不合理的膳食结构,如高脂肪、高胆固醇、高热量的饮食会加速老年人的认知功能衰退。因此,家庭成员要关注老年人的饮食习惯,做到科学的膳食结构。

老年人也应当积极锻炼自己的认知功能,让大脑"忙"起来。研究表明,认知训练可以提高老年人的认知功能。因此,在有条件的情况下,家人可以带老人参加认知训练(如推理能力训练、记忆能力训练、策略训练等),老年人也可以查阅相关资料进行自我训练。同时,保证充足的睡眠,可消除脑疲劳,保护脑细胞。有专家提出,日常生活中多用左手,可增强人的记忆力。此外,音乐可改善机体状况,促进思维发展,使记忆深化。听轻松愉快的音乐,能使人体内产生一种有益的化学物质——乙酰胆碱,这种物质是细胞间传递信息的主要神经递质,它对改善记忆有明显的促进作用。

心理健康与否与老年人认知功能的衰退也有联系。良好的心理健康状态,可以有效地预防个体衰老,我们常说,"笑一笑,十年少"就是这个道理。对于生活中的负面事件,尽量从好的方面去思考,对于他人也需要抱有宽容的态度。与此同时,负面的心理状态也会对老年人的自我认知产生影响,当老年人过度关注自我记忆的下降,将遗忘事件扩大化,只要出现遗忘的事件,就会思考自己是否患有阿尔茨海默病。当个体过多强调自我遗忘,可能出现自我预言实现效应,进而,因为自我暗示导致记忆能力下降。

最后,日常的社会参与也会影响老年人的认知功能。随着年龄上升,老年人的身体状况下降,除了身体锻炼外,与外界的沟通交流也变少。再加上子女成家立业,常常不在老人身边。此外,年纪增加也意味着许多老朋友开始逐渐离去。所以,老年人的活动范围大幅度减小。因此,鼓励老人多与子女、朋友联系,多参加家庭活动、社区活动、退休后继续工作、经常旅游、积极参加娱乐活动等,都有助于延缓认知功能的衰退。

2.社区

我国人口老龄化程度不断增加,社区老年人的心理健康问题也是人们愈发关注的问题。政府、街道办应发挥主导作用,由村(居)委会联合老年大学、机关工委、妇联、派出所等,充分利用青年志愿者,组织丰富多彩的社区活动,改善老年人生活质量,让老年人积极参与社交活动,并及时掌握老年人的思想和行为倾向,在发现问题之后及时采取措施,妥善处理。

个体进入老年期后，伴随着生理功能的逐渐衰退，老年人在心理上也会出现不同程度、不同症状的心理疾病，其中老年抑郁、老年孤独和老年失智较为多发。老年失智其一部分原因是认知功能的失常。对于老年人的心理健康应秉持预防为主、治疗为辅的观点。在社区中可以采取的心理健康服务如下：开展针对老年群体的心理健康讲座，开展社区老年人心理普查，建立相关心理档案，对存在心理健康问题的老年人进行追踪回访，开通老年人心理问题咨询热线，也可以展开团体和个人心理咨询。全社会应携手共同关爱老年人，建立良好的社会氛围，并做好宣传工作，为老年人创建一个文明、安全与和谐的文化氛围，让老年人充分感受社会的温暖。各社区也要为困难的老年人提供生活上的便利，利用节假日深入关爱他们的生活情况。对于失智预防则从最开始的初级预防对老年人进行教育干预，使其了解造成失智的因素；再到次级预防，对具有失智可能性较大的老年人进行筛选以便早期干预；最后三级预防是针对已产生失智问题的老人进行治疗。

心灵体验

人到老年，可以愈活愈窄，也可以愈活愈宽。愈活愈窄的人，活进他们小小的房间，活进小小的被窝，最后进入小小的棺材或"骨灰匣子"。愈活愈宽的人，可以活向外面的世界，逼着自己走出家、走向社会、走向人群、走向山水，于是将来死了，睡在地下，你可以感觉那是活到了天地之间。自己身子下面睡的不是棺材，是整个地球。

——刘墉

二、我的心理会生病——老年人常见的精神疾病

近年来，随着对老年人心理健康问题的重视，老年人常见的精神疾病也日益成为社会关注的焦点。从病因上来分析，老年人的精神疾病可以分为器质性精神疾病和功能性精神疾病两大类。其中，器质性精神疾病的发病原因就是老

年人认知功能的变化,主要包括阿尔茨海默病、血管性痴呆和帕金森病等。由于它们的发病原因多与认知功能的衰退有关,因此也可以称为老年人认知障碍。另一类功能性精神疾病则包括神经衰弱、老年期抑郁症、老年期神经病、老年期精神分裂症等,其发病原因多与社会心理因素相关,伴有情绪上的失调和心理功能方面的紊乱。

心理叙事

案例一:

原爷爷今年69岁,家境富裕,有一位美丽贤惠的妻子、两位漂亮聪慧的女儿和两位可爱的外孙女。原爷爷原本幸福地和老伴与女儿居住在美国,每天和老伴一起看看书做做家务,早晨下午接孙女上下学,晚上一家人在一起看看电视,聊聊天,给孙女讲讲故事,过着平凡幸福的三代同堂生活。可是三年前原爷爷突然智力、记忆力急速下降,接受了治疗但结果不如人意,原爷爷患上了中度阿尔茨海默病只能靠老伴和保姆的照料生活,生活虽然辛苦可还好有老伴的支持和女儿的陪伴。

可是屋漏偏逢连夜雨,半年前他的老伴在检查中又被发现得了胃癌,已到晚期,老伴要做化疗不能继续照顾他了,而且生命也差不多走到了尽头。他的老伴知道自己没有多少时间陪伴爷爷了,并且了解原爷爷不能在短时间内接受离开自己的生活,于是一个人承受着所有的痛苦,把爷爷送回中国,让他慢慢习惯没有自己的日子,甚至选择让原爷爷遗忘自己。

原爷爷回国后,住进了疗养院。他每天很早就会起床,然后开始胡乱打扫卫生,接着就开始找老伴,一直不停地走来走去,见门就敲,见人就问我媳妇去哪里了?旁人就只能编不同的理由安慰他,让他平静下来。原爷爷每天必做的事就是走啊走,找啊找,好像总是有用不完的精力来寻找老伴。

原爷爷还非常没有安全感,他遛弯的时候必须有人陪着他,如果没有人陪他,他就会大叫,睡觉时也必须有人在他视线内,如果他睁开眼睛没有看见人,那他又会大叫大哭,然后满世界找人,如果他睁眼看见有人在身边他就会又安静地入睡。

案例二：

李大爷今年65岁，被诊断为老年期抑郁症。五年前老伴去世，自此一直过着独居的生活。两年前开始，李大爷逐渐出现兴趣减退、心情低落、情绪暴躁、不愿与人交流、睡眠障碍等症状。三个月前，曾试图跳楼自杀，被邻居及时发现，拦了下来。问其原因，说是春节期间，子女回来住了几天，他们离开后，感到空虚寂寞、失去乐趣，因此想要自杀。之后，子女常回来探望他，陪伴他，也雇了保姆照看他，但李大爷还是会时不时问旁人，"人要怎么死才不会感到太过痛苦"，以及"人死后，是不是就可以和家人团聚了"等关于死亡的问题。

阿尔茨海默病（AD）也被称为老年性痴呆，是一种进行性发展的致死性神经退行性疾病，原爷爷忘记了老伴在美国，开始找老伴，逢人就问其老伴去哪里了，说明其认知和记忆功能不断恶化，日常生活能力逐渐减弱，而其胡乱打扫卫生，是一种行为障碍，也是阿尔茨海默病的临床表现。中度及以上阿尔茨海默病患者不能独立生活，原爷爷没有安全感，需要有人陪着遛弯，睡觉时也必须有人陪在身边就是其无法独立生活的表现。

李大爷的故事是典型的老年期抑郁症，属于老年人常见的功能性精神疾病。抑郁症是当今社会的一大杀手，是排名前三的常见疾病，其发病高峰期在60—70岁。抑郁不仅影响老年人的幸福感，还会使老年人产生自杀的念头及倾向。

心理解读

事实上，阿尔茨海默病是老年人常见的器质性精神疾病之一。据统计，阿尔茨海默病的发病趋势为女性比男性多，且随年龄增加而风险上升，65岁以上人群中，有900万人患有阿尔茨海默病，患病率为4%—6%，而80岁以上老年人痴呆患病率高达20%，其中认知功能下降是导致老年痴呆的主要原因。除了阿尔茨海默病，血管性痴呆和帕金森病也是老年人常见的器质性精神疾病。血管性痴呆，通俗上讲，是由于血管堵塞，内出血造成大脑损伤，从而影响智力以及运动机能。其发病率仅次于阿尔茨海默病。发病平均年龄一般为50至60岁，并且有中年化的趋势。帕金森病平均发病年龄为55岁左右，男性偏多，语言障碍是其常见症状，会出现震颤症状，身体逐渐变得僵硬，无法完成精细动作，表情呆板，行走困难。

轻度认知障碍（MCI）是介于正常认知老化和阿尔茨海默病之间的一种交界性疾病。其核心症状是认知功能下降，但日常生活能力并未受到明显影响。由于轻度认知障碍是一种边缘性疾病，它有可能发展成阿尔茨海默病。轻度认知障碍的老年人存在海马萎缩、内侧颞叶结构改变、脑血管病变、脑活动异常等病理和神经功能异常，轻度认知障碍越严重，这些病理和神经异常与轻度阿尔茨海默病患者的情况相似。研究表明，轻度认知障碍患者患阿尔茨海默病的风险更高。轻度认知障碍患者中，平均每年有10—15%的人会患上阿尔茨海默症。正常老化转变为轻度认知障碍的风险随着年龄的增长而增加。2002年，60岁的人中每年有1%转变为轻度认知障碍，而85岁的人中有11%。如此高的风险提示轻度认知障碍的早期发现和干预对于降低阿尔茨海默病的发病率、保护老年人的身心健康具有重要意义。研究发现，轻度认知障碍不仅会导致更严重的认知障碍，还会导致运动功能下降。轻度认知障碍患者的运动控制和技能学习低于无轻度认知障碍的老年人，患有轻度认知障碍的老年人在精细和复杂的运动技能上表现出更多的损伤。与正常老年人相比，轻度认知障碍老年人的运动协调和去抑制能力较差，不能使用已知的线索来调整动作，当视觉信息与行动计划不一致时，需要更多的时间来重新做出反应。他们在走路时表现出更少的节奏和灵活性，对姿势和平衡的控制力也更弱。开车时表现出较低的驾驶技能，更容易发生车祸。当老年人开始出现认知障碍症状时，即使不严重，也应当关注。认知和运动能力的下降，反过来又会影响运动功能。一项针对轻度认知障碍患者的研究使用了认知和运动（包括有氧运动、力量训练和平衡训练）的多成分组合干预，为期6个月，发现老人的整体认知功能和记忆有所改善，皮层萎缩也有所减少。此外，指导轻度认知障碍患者如何做活动计划、进行信心训练、放松训练和压力管理，使用外部线索来帮助记忆训练和锻炼，经过4周的干预，轻度认知障碍患者的日常生活、情绪和记忆力都有所改善。因此，对于轻度认知障碍患者，"认知+运动"的方法比单纯的认知或运动训练更有效。

目前还没有方法可以治愈或减缓阿尔茨海默病的进展。阿尔茨海默病的研究人员试图提高阿尔茨海默病的早期检测和诊断标准，他们认为，在阿尔茨海默病的早期临床前阶段，神经退行性损伤并不普遍，疾病的治疗甚至预防可能会成功。

帕金森病是一种可引起运动障碍的神经退行性疾病,是阿尔茨海默病之后第二大常见神经退行性疾病。帕金森病影响患者的步态模式,产生运动迟缓、姿势异常和步幅缩短。同时,帕金森病是一种复杂的多系统、慢性和迄今无法治愈的疾病,有明显的未满足的医疗需求。帕金森病的发病率随着人口老龄化而增加,其预期负担将随着人口老龄化而继续上升。

老年期抑郁症属于老年人常见的功能性精神疾病,相比器质性精神疾病大多是由认知功能的损伤所引起的,其更偏向于心理疾病,多是由于社会心理因素引起的,比如亲人的突然离世、生活中的应激体验、长期不良心理状态所导致的心理功能紊乱等。其他较为典型的功能性精神疾病还包括老年期神经衰弱以及老年期精神病。

随着年龄增加,老年人机体功能的衰弱会使其经常感到无能、无力、无用,影响其精神状态的完好性。而精神状态完好性遭到破坏则容易增加患精神疾病,特别是抑郁症的风险。同时,老年人大脑所分泌的神经递质也会与中青年人有所区别,它们的相对减少或增多会导致抑郁情绪的产生,诸如肾上腺激素、甲状腺激素等内分泌激素的减少,就会提高患抑郁症的可能性。此外,人至暮年,通常会对自己的人生进行总结,在回想自己的一生时,如果感到过程是丰富的、结果是圆满的,整体评价是积极的,就会产生相应的幸福感与自豪感,认为自己不虚此生。而如果感到人生有太多不如意的事,评价是消极的,则会产生"少壮不努力,老大徒伤悲"的感觉,后悔自责的情绪就会诱发抑郁的产生。同时,年龄的增长也意味着死亡的逐渐逼近,周遭同龄老朋友的相继离去,死亡的乌云笼罩在头上,又加上难以与他人述说的内心焦虑与恐惧。因此,有的老年人因为害怕受病痛的折磨而抑郁,甚至在自己健康的时候就想结束自己的生命。

心理应对

1.家庭

影响老年人死亡风险的因素可分为人口学特征、社会经济状况、健康状况三个方面。容易紧张和孤独的老人死亡风险更高,而对生活满意度较高的老年人死亡风险较低,机体健康因素对轻度认知障碍老年人死亡风险的影响最为严重，且自理能力较差的老年人有更高的死亡风险。研究表明，一级干预手段——生活方式，对降低轻度认知障碍老年人死亡风险存在一定作用。这意味着可以针对性地去干预老年人的生活方式，从而降低其死亡风险并改善其生命质量。因此，就老年人自身而言，健康的生活方式是死亡风险的保护因素，饮食习惯、吸烟强度、家务参与、文化休闲会显著影响轻度认知障碍老年人的死亡风险。具体而言，老年人自身应当注意均衡饮食、不抽烟、多参与家务活动和文化休闲活动等。而作为家人，也应当引导老年人保持健康的生活方式，从行为层面维护老年人的心理健康。

同时，对老年人心理上的关注必不可少。人到晚年，身体机能逐渐退化，生理上的弱势必然会对心理产生一定的影响。例如，退休赋闲在家后，老人发现自己不再被需要，从而产生落差，感到巨大的失落感。在生病住院后，或者身体状况下降需要被人照顾时，感到自己不中用了，是在为子女添麻烦，成了累赘，因此变得抑郁。因此，家庭成员在关注老年人身体健康的同时，要密切关注老年人的心理健康。

阿尔茨海默病最初往往表现为身体不适，老人看起来还挺"健朗"的，其变化容易被误认为是自然衰老导致的，因此容易被人们所忽视。所以，了解老年人常见精神疾病，及早对相关症状有所察觉并及时采取医治行为是十分重要的。

在日常生活中，生活习惯是十分重要的。个体若拥有不良的生活习惯，可能会提升其患阿尔茨海默病的概率。对于阿尔茨海默病的预防，我们应该提前进行预防，在年轻时就应该养成良好的生活习惯。按时吃饭、按时睡觉、不要过度用脑、合理地安排休息、多锻炼，尽量避免一些慢性疾病的产生，包括高血压、糖尿病、还应控制血脂、避免脑外伤等。重视营养，均衡饮食，多食用三高（高蛋白、高维生素、高纤维素）和三低（低脂肪、低糖、低盐）食品，戒烟、戒酒。一日三餐要做到营养均衡，保障个体摄取应有营养，防止体重超重或体重过轻。每日摄取一定量的坚果也会有利于预防阿尔茨海默病。坚持适度锻炼，进行有氧运动，可以减缓大脑的衰老促进血液循环，有利于大脑有足够的供血量，利于大脑的健康。保持脑细胞代谢旺盛，手指的运动对于大脑来说是一种良性刺激，可以在日常生活中做一些手指操，有利于大脑锻炼。调控情绪，保持良好心态，老年人尽量避免不良心理刺激,学会自我控制和调节情绪。

老年人也拥有良好的创造力。摩西奶奶在80岁时自学绘画,在90岁时成为知名画家,只要开始什么时候都不晚。老年人应该走出家门,多参加社会活动。平时要经常看有益的书籍、报纸、杂志、影视节目,练习书法、学习画画,或与人下棋、听歌曲,还可以学习电脑、学习外语等。

预防帕金森病可以从以下几方面着手。首先,饮食应清淡而营养丰富。帕金森氏病患者多为老年人,其胃肠道表现为:胃肠动力无力、痉挛、便秘等。患者在日常生活中应多吃清淡的食物,多吃水果和蔬菜,以满足糖和蛋白质的供应。应多食用粗纤维食物,粗纤维能缓解便秘症状。另外,香蕉和西瓜有排便的作用,可适当进食。

老年人应积极锻炼身体,提高身体素质,减少帕金森病的发生。帕金森氏病患者可能出现肌肉僵直、静止性震颤、运动迟缓等症状。患者应该多锻炼身体,防止肌肉僵硬。在锻炼时,要注意舒适的环境,放松身心,活动四肢,适当做健康锻炼。患者也可以多走石子路、弯路,锻炼自己的反应能力。

同时,注意远离有害物质,如果暴露在有害物质可能导致帕金森病的发展,研究发现,帕金森病与环境中的一些有毒物质有关,这些有毒物质损害大脑的多巴胺神经元。因此,预防帕金森病应远离有毒物质,如农药、重金属等。学会保护自己,到环境质量较差的地方要戴上口罩。

对功能性精神疾病而言,作为子女,应注意生活中的重大事件对老人可能产生的影响,要多陪陪老人,上了年纪的人,往往感觉自己不再被需要了,因此,让老人感到被需要,感到自己还能为子女儿孙做些事情,这样可以对其身心状况有极大帮助。同时,要让老人意识到自己不是累赘,鼓励其主动告知家人自身的感觉,尤其是身体状况,及早发现,及早干预。

2.社区

随着社会科技水平的进步,火车、飞机、高铁、轻轨相继涌现,交通日益便利,地球成为地球村,这也同时意味着,人们对于工作的选择不再偏居一隅,转换工作地点,习惯性出差成为常态。产生了许多"空巢老人",子女不在身边,以及年龄上升所导致的与周遭事物的距离感,这样的老年人应得到社会的关注,社区便是建立老年人社会支持系统的第一线。

一方面社区应为老年人提供一些力所能及的"小职位",诸如管理社区卫生、社区活动室、车位停放等,让老年人感到自己被需要,有所作为。另一方面,社区应联合老年大学、社会相关慈善团体,主动招募社会上的志愿者,组织社区活动,鼓励老年人走出"小家",进行社交。最后,社区应与医院接洽,定时为老年人进行便利的身体检查,及早发现问题,及早治疗干预。

三、我该怎么办——老年人认知功能变化的调节

人到老年,身体机能的下降伴随着认知功能的变化,其变化总体上表现出退行性趋势,这引发了老年人的担忧,并产生了一定的心理困扰。研究表明,对老年人认知功能的可干预性影响因素进行干预,可以对老年人认知功能下降起到预防作用。同时,老年期是我们每个人必经的人生阶段,因此我们应积极了解老年人可能会产生的认知功能变化,通过了解其变化发生的原因,进而了解如何及早发现并加以干预和应对。本节主要介绍老年人认知功能变化产生的原因及其应对方式。

1. 生物学因素

随着老年人年纪增长,其组织器官功能难免会有所下降,而作为脑组织功能重要指标的认知功能自然会发生相应变化,虽然仍有一些功能如词语能力可随年龄增长而提高,但更多的认知功能呈现出衰退趋势,其中最易受损伤的认知功能损害主要表现在记忆力、注意力、学习能力。老年人认知功能衰退的生物原因可能有以下几点。

首先,老年人大多是脱产者,在离开工作岗位后,其社交范围逐步减小,需要动脑思考的问题也日益减少,更多地处于无所事事的生活状态。在经过最初由退休导致的不适应后,大多数老年人过上了浇浇花、养养鸟、看看电视、玩玩牌的生活。一方面是生理机能的自然下降,另一方面是大脑所接受刺激的减少导致其发生废用性衰退。在这一基础上,认知功能的衰退又对老年人日常生活造成阻碍,他们常常发现自己记不清东西、算不清账、记不住路等等,从而加重了生活能力的衰弱,进一步缩小其社交活动范围,减少外界刺激,长此以往,形成了恶性循环。

其次，年龄的上升还使其身体内部激素分泌发生变化，部分激素上升或下降使其认知功能与青中年期相比产生变化。例如，老年人性激素分泌量减少，不仅会导致情绪失调、焦虑抑郁，还与老年人认知功能下降相关。

最后，白天过度睡眠也会对其认知功能造成不良影响。老年人往往会对自身的睡眠问题过于关注，偶尔失眠便会小题大做，紧张兮兮。事实上，一方面，老年人觉少是正常的，因为从婴儿期到老年期，其睡眠时间是逐渐减少的，婴儿有一半以上时间都在睡觉，而老年人往往只有四五个小时的睡眠时间；另一方面，白天睡眠时间过长也会导致其活动性下降，使其感到疲倦，不愿锻炼、社交等。

2. 疾病因素

老年人的免疫力较低，容易生病，而各种慢性疾病与老年人的认知功能的下降密切相关，例如，脑血管疾病中的脑中风（脑卒中）。脑中风是指脑血管疾病患者，因各种原因引起的脑内动脉狭窄、闭塞或破裂，从而造成急性脑血液循环障碍，其临床表现为一次性或永久性脑功能障碍的症状或体征。而导致脑中风的高危因素包括冠心病、心绞痛、心肌梗死等心脏类疾病，而心脏病也可能间接地导致认知功能下降。

除了脑血管疾病外，糖尿病也会促进微血管病变，导致认知功能的衰退。另外，血脂升高会带来脑动脉硬化，或直接使与认知功能有关的神经元变性，进而影响老年人的认知功能。

3. 人口学因素

研究表明，在影响认知功能的众多因素中，受教育情况为最主要的影响因素，其次为性别、年龄。尽管性别等客观因素是无法改变的，但老年人可以通过提高生活质量、改善生活水平、养成良好的生活习惯来预防认知能力下降。首先，具有一定的经济生活条件可以使大脑在早期获得丰富的营养，得到良好的发育，从而在老年期拥有较多的代偿性资源，缓解认知功能的衰退。其次，良好的经济生活条件往往也意味着其生活比较丰富，在日常生活中可能接受到更多的刺激，使其大脑保持一定的兴奋性和活动性，从而在一定程度上缓解认知功能的衰老。再者，国内外研究表明，受教育程度高的老年人，认知功能相对较好，认知功能退化作用也明显减缓。因此，我们提倡终身教育，促进老年人进入老年大学，在扩大其社交范围的同时，促进老年人学习，充分调动老年人大脑的功能，使大脑新皮质突触密度增加,从而改善老年人的认知功能。另外,有研究发现,体育锻炼程度越高,认知功能损害越小,因此,老年人可以积极参加体育锻炼,保持身体活力。最后,保持积极的生活态度,保持愉悦的心情,多多参与娱乐活动等,均可以保护老年人的认知功能。

此外,研究发现吸烟对认知具有保护作用,吸烟和饮酒等适度的日常行为均能促进老年人的血液循环,增强心肌能力,从而提高老年人的认知能力。但也有研究认为吸烟可能会使认知功能下降或增加患老年性痴呆的可能。总之,吸烟、饮酒对认知水平的影响较为复杂,尚无定论。

4.社会心理因素

社会心理因素对老年人认知功能的影响主要体现在应激和情绪等方面。心情感到郁闷,对老年人的认知能力有不利影响,老年人认知功能对负性情绪的不良影响较为敏感。人近暮年,"丧失性"的体验逐步出现并增多,工作的丧失、部分能力的丧失、社会地位的丧失、人际关系的丧失等很容易使老年人处于消极情绪的阴影中,甚至产生厌世情绪。研究显示,抑郁、精神创伤、婚姻破裂、与子女关系紧张等都会对老年人的认知功能产生不良影响。而独居、分居、离婚、丧偶等情感创伤性事件和情感缺失,甚至会加速老年人的衰老进程。

心理应对

1.膳食营养

生理是心理的物质基础,从食物中均衡吸收营养有助于老年人延缓肌肉衰减、维持活动能力、预防骨质疏松等,从而保持健康的身体,抵抗各类身心疾病,并在一定程度上缓解老年人认知功能的衰退速度,进而降低老年人的死亡风险。

老一辈人往往习惯了省吃俭用,觉得自己年龄大了,没什么用了,想尽可能为儿女减轻负担,因此能省则省,衣服能穿就行,剩菜剩饭也能凑合一顿。然而,时间一长可能会造成营养不良。俗话说药补不如膳补,与其到生病时吃药,不如平时注意保养。影响老年人身心状况的膳食营养有许多,低锌营养会增加阿尔茨海默病的发生,有研究在对12名老年妇女的尸检后发现,死前一年的血清锌浓度与痴呆发生频率呈负相关,而且与7个脑区中的老年斑密度呈负相关。一个健康研究项目对272名匹配的受试者中的极度肉食者和素食者进行了比较,结果表明,肉食者发生AD的危险性为素食者的2倍,其原因可能在于素食者低的饱和脂肪酸和胆固醇消耗以及高的水果和蔬菜摄入。也有研究发现经常吃瘦肉、鱼对老年人的认知功能具有一定的保护作用。而高饱和脂肪及胆固醇的摄入与损伤速度及易感性的高危险性有关。而且,食谱的健康评分越高,越注意饮食,认知功能的损害就越小。高蛋白食物的健康评分是较高的,因为蛋白质具有改善记忆力的功效,这说明机体的营养状况会影响老年人的认知功能。还有研究发现经常食用蔬菜、水果、肉、鱼、蛋、豆制品可延缓认知功能减退,营养素的缺乏可能也是导致认知功能下降的危险因素。

总之,在人们生活水平普遍提高的当今社会,在吃穿用度上有所讲究,是生活条件所允许的。因此,合理的营养搭配,并不是一种铺张浪费。

2.体育锻炼

俗话说"生命在于运动"。体育锻炼对老年人生理、心理及认知功能具有改善效果。有关研究表明,老年人积极参与体育锻炼,首先,可以强身健体,改善其生理功能,从而降低死亡率、减少患慢性疾病风险、缓解年龄相关的生物性改变。例如,有氧运动可增进心肺功能、提高最大摄氧量、降低动脉硬化程度和血压、改善血浆中的脂蛋白;阻力训练可增加肌力和肌耐力;平衡训练可增加姿势稳定性、改善动静态平衡能力并减少跌倒的发生率;伸展和柔韧性训练可增加关节活动度。其次,体育锻炼可以在一定程度上改善其心理健康。例如,规律性的身体活动可以增进整体心理健康状态和安适感;适当的体能活动可有效减少老年人抑郁症的发生率、降低焦虑水平;再次,体育锻炼可以缓解其认知功能的老化,例如,运动可以显著地改善老年人的负向情绪状态。长期规律的体能活动和老年时期拥有较佳的认知功能存在显著的相关性,而且体能活动量高的老年人可减缓老化所造成的认知能力下降;有氧训练可促进跟记忆相关的神经传递物质的合成和分解,从而提升记忆力。

需要注意的是,尽管体育锻炼对老年人有诸多益处,但是,人到老年,身体素质不如从前,不宜做一些需要较大爆发力的运动,而应做一些锻炼耐力的有氧运动。老人最好根据自身情况选择适当的运动方式和运动地点,并控制好自己的运动量。身体不太好的老年人可以选择早晨去附近公园遛遛弯或者跳跳广场舞,总之,要简单地做一些运动,活动活动筋骨。因为我们的身体就像一台机器,长时间不用就会生锈失灵,只有经常运动,才会正常运转。

3.脑力锻炼

脑力锻炼对缓解老年人认知功能退化也极其重要。在我们的大脑中,细胞间的联系需要常常巩固,并建立新的连接,只有这样,人才会变得聪明起来,否则会越来越笨。有人根据研究提出健脑十常法,以让大脑保持健康并充满活力,其中包括:勤学好动;确保充足的睡眠;多读书,多背诵,增加记忆;善于把自己的情绪转换到最佳状态;保持好奇心;经常活动手指;多结交比自己年龄小的朋友使自己紧跟时代潮流,具有青春活力;预防抑郁症,保持心情愉快;减缓动脉硬化,预防糖尿病;经常梳头。也有一些其他具体应对措施。例如,通过家务活动和文化休闲活动使大脑保持长期活跃状态,看电视、下棋等可以预防海马体萎缩,从而刺激认知,有助于老年人的身心健康;同时,增加环境对老年人大脑的刺激也是缓解老年人认知功能衰退的重要方法。这里所指的刺激,并非是重大生活事件所带来的刺激,而是指老年人丰富的生活环境。一方面,我们鼓励身体条件允许的老年人主动迈出家门,扩大社交范围,接受新鲜刺激;另一方面,对于不便于走出家门的老人,我们也应当通过多种手段丰富其所处环境。首先,增加家具及装饰物的色彩,并时常加以改变,让家充满色彩与活力;其次,可以养一些绿植,既可以为家增添几抹绿色与生机,也可以培养老年人的责任心,让他们去照顾植物,并为其生长繁茂而感到自豪;再者,可以养一些小动物,怕麻烦的话可以养小松鼠之类不太需要活动空间的小宠物,既可以增添生气,也可以有所陪伴,减少寂寞感。

4.积极认知

俗话说,"家有一老,胜有一宝",老年人都是"老宝贝",他们的生活阅历丰富,经验充足,虽然时代的更迭使其部分观点变得看似"冥顽不化",但他们也能为儿孙们提供十分具有价值的建议。所以,尊重老人的意见、想法、人生观、价值观,尊重他们的经历,学会倾听他们的故事,从他们年轻时犯过的错误中吸取教训,从他们成功的经验中汲取营养。其次,让老年人感到自己不是累赘,自己还有用,还被他人所需要。身体的老化必然带来许多能力的丧失,但不应让他们将注意力集中在"我不能再做什么"上,而要把注意力放在"我可以做什么"

上。因此,要在老年人身体状况允许的前提下,做一些力所能及的事情,找到老年期的新支点。比如为儿女带孩子,接送孙子孙女上下学,做做饭等。

5.丰富社交

日常生活能力的下降,使老年人日常活动范围逐渐缩小,经视听觉接受的外界信息和肢体本身的感觉、运动信息等均减少,认知能力下降。通过多参加社交活动或旅游等集体活动,扩大交友范围,除了有助于在老年期保持与外界的交流沟通,保持其心情舒畅、愉悦,减少老年人的孤独感外,还可以通过所接触外界事物刺激,保持其大脑的兴奋性,从而缓解其认知功能的老化。老年人丰富社交的途径有很多。一方面,互联网的兴起,5G手机的普及,使我们过上了"天涯若比邻"的生活。如今,许多老年人已经真正适应了互联网时代带来的种种变化,他们可以用电脑打棋牌类游戏,查阅信息,运用微信等聊天软件与老朋友、子女儿孙视频聊天,甚至学会了网上支付。信息技术带来的变化极大地丰富了老年人的社交生活。另一方面,随着国家对老龄化问题的重视程度逐年上升,全国各地纷纷办起了老年大学,各居委会也积极组织社区活动,通过种种措施吸引老年人走出家门,培养新兴趣,结交新朋友。我们已经可以看到各小区活动室里老年人的身影,早晨公园里散步的老人以及广场上跳舞的老人。

心灵体验

莫生气

吴洪宾

人生就像一场戏,因为有缘才相聚。
相扶到老不容易,是否更该去珍惜。
为了小事发脾气,回头想想又何必。
别人生气我不气,气出病来无人替。
我若气死谁如意,况且伤神又费力。
邻居亲朋不要比,儿孙琐事由他去。
吃苦享乐在一起,神仙羡慕好伴侣。

第四章　社区老年人的人格特征

内容简介

　　人格是指在对人、对事、对己等方面的社会适应中个体行为上的内部倾向性和心理特征,也是影响个体心理健康和幸福感水平的重要因素。然而,人们的人格,会随着年龄的改变而改变吗?大多数研究都表明,人格特征在十几年甚至几十年的过程中大致是相对稳定的。人格稳定作为一种心理结构可以追溯到美国心理学之父威廉·詹姆斯,他在1890年说,30岁以后,人格就像"石膏一样固定"。他认为一旦我们到了成年,我们的个性不太可能以任何重大方式改变。但是,老年人作为一个特殊的群体,和我们所认为的成年人已经有很大的不同。他们度过了辛勤工作的几十年时光,进入了退休生活,在经济来源、社会地位、人生任务方面都与一般的成年人有了显著不同,所以老年人的人格特征和一般成年人的人格特征是存在差异的。正确认识老年人的人格特征对于指导老年人的心理健康和幸福感具有重要意义。本章内容主要介绍了主流的人格理论、老年人的人格特征、人格障碍以及针对老年人独特的人格障碍类型如何进行干预,希望对提升社区老年人的心理健康和幸福感有所帮助。

一、什么是人格

🏵 心理叙事

张大爷，75岁，国企退休职工，有两个女儿和一个儿子。自从退休以后，原本话就不多的他平日里更加沉默寡言了。他的三个孩子都已经成家立业，各自住在不同的城市，有过年的时候才会到老人家里去拜年。张大爷平时常常感到孤独，无所事事。职业生涯已经结束，离开了自己的同事圈子，他整天待在家里百无聊赖，常常思念自己的儿女和孙子孙女。儿子给他买的智能手机怎么也不会用，甚至感觉还不如带按键的数字电话好用；再加上自己年过七旬，不比年轻时，虽然没有得大病，但头晕眼花、腰腿酸痛的毛病却是常常有。张大爷不放心自己的身体健康，常常怀疑自己是不是得了什么大病，可到医院检查却又没检查出什么毛病，弄得自己的子女也提心吊胆的。那之后，张大爷还是不放心，平时空闲时间又多，就常常和同小区的李阿姨、王伯伯一起跑去听免费的健康养生讲座。听了几节课后，他感觉那些大师讲得很有道理，之前去医院检查不出来的毛病，那些大师讲得清清楚楚。推荐养生补品的姑娘小伙子又十分热情，张爷爷听着很暖心，心想那药说不定真的非常有效呢，不知不觉就掏了腰包。他把自己退休工资的一半都拿来买了这些养生的药。儿子女儿知道后帮老人分析，告诉他这是上当了，可张大爷就是不相信，说"人家这药治好了很多人，没有疗效会有那么多人买吗？还有康复的人上去分享经验呢"。儿女们没有办法，只能叮嘱他以后要小心。

从上面的故事中我们可以看出，张大爷在退休之后生活重心发生了改变，由原来的工作为主变成了生活为主，但是张大爷的老年生活存在适应不良问题，比如常常感到孤独，思念自己的儿女，过分关注自己的身体健康，甚至形成了疑病症，常常怀疑自己得了重病，内心惶惶不安，非常影响心理健康。步入老年以后，张大爷的认知功能有所下降，表现为对于新事物不能很好地理解和掌握，比如儿子给他买的智能手机他却不会用。过分关注健康再加上认知僵化，导致老人很容易上当受骗。文中的张大爷就因为买保健品被骗了。推销人员抓住了老年人由于"空巢"而内心孤独、空虚的特点,借着讲养生课的幌子让老人去听课,然后大打亲情牌,把老人亲切地称作"爷爷""奶奶",甚至"爸爸""妈妈",老人面对这样的"热情",再加上儿女们常年不在家,倍感孤独与思念,也乐得他们这样称呼。长此以往自然会放松警惕,上当受骗也就在所难免了。老年人又常常有以老为尊的概念,拉不下面子,即便知道自己可能已经被骗,面对子女也不肯承认,这体现出老年人格中可能出现的偏执型人格障碍。

综上所述,老年人的人格相比青中年时期,有不同的特征,比如人到老年容易出现孤独感、空虚感。认知功能下降,可能导致老年人更加偏执、刻板,人格中的外倾性减少,内倾性提高。因此,我们应当掌握老年人的人格特点,理解老年人心理与行为背后的原因,这样才能更有针对性地促进老年人的人格健康发展。

心理解读

老年人退休后的活动范围与工作时期相比大幅减少,其活动中心也从工作单位转变为家庭及小区,社会交往从以同事为主变为以家人、邻居为主,加上生理变化的影响,其心理需求也相应地发生变化。老年人的心理特征表现为心理安全感下降、适应能力减弱、出现失落感、自卑感、孤独感和空虚感等。由于受到生理条件的限制,例如短期记忆能力的衰退和思维能力的退化,老年人对新近事物的接受能力比较低,学习和理解一项新事物需要更长的时间,对社会和生活环境的适应能力减弱,这也容易产生自卑情绪。

理论阐释

1.人格到底是什么?

我们几乎每天都在描述和评估周围人的性格。你可能会说一个朋友"他这个人性格非常开朗",你可能会听说一个妈妈评价儿子"他们父子俩真是一个脾气"。这里所说的性格、脾气其实就是人格的一部分。虽然我们经常谈论人格,但很多人并不确定人格究竟是什么,以及人格如何影响我们的日常生活。

心理学家普遍认为,人格是指一个人的整体心理表征,是一个人在漫长的生命历程中,逐渐形成的较为稳定的心理特质,是具有多层次和复杂心理特征的独特组合,包括完成某些活动的潜在可能性特征,例如心理活动的能力和动机特征,以及对人的态度和行为的特征,自我意识、个性和活动取向等特征,如动机、兴趣、理想和信仰等。这些成分有机地结合起来,调节和控制人的行为。如果这些成分发展良好并相互协调,人格就是健康的,反之就是不健康的,容易产生异常行为。

人格心理学认为,每个人的人格特质既有健全成熟的一面,也有不健全不成熟的一面。人格是可以改变的,经历儿童期、青春期和中年期逐渐形成发展后,到老年期并不是就定型无法改变的。就像中国古书《颜氏家训》所言:"盛已失,尤当晚学,不可自弃"。老年人仍可以在适应变化了的新环境后,通过改变自己的认识和观念结构,以及情感态度,重新塑造自己的人格。

2.人格的特征

人格有着丰富的内涵,人格特征可以概括为四个方面,即人格的独特性、稳定性、统和性和功能性。

(1)独特性

所谓"人心不同,各有其面",人格反映了每个人的个性。我们每一个人都有自己独一无二的特征,就像是一种"指纹",不同的人可能会存在相似性,但每个人的人格都不是完全一样的。我们生活的环境、接受的教育各不相同,促使我们在面对事情时采取不同的行为方式。每个人的能力、兴趣、气质、人生观价值观等都是不同的,这些外部表现在日常生活中随处可见,他们逐渐形成并发展成了人格的独特性。生物因素对人格具有一定影响,但那不是绝对唯一的。"龙生龙,凤生凤,老鼠的儿子会打洞"也不是绝对的。大量研究证实,人格是可以改变的,而不是与生俱来、一成不变的。因此,老年人应该有充分的信心,去塑造自己理想的人格。

(2)稳定性

俗话说,"江山易改,禀性难移",有些个人的"禀性"是不容易改变的,是我们长期生活的环境塑造了独特的个体,所以改变的发生并不是一蹴而就的。人格作为持久而稳定的行为模式,在较大的时间尺度内都不会改变。一个人的人格是"我"的核心部分,试想一下,在没有重大事件发生的前提下,你会觉得今天的"我"和昨天的"我"甚至上个月、一年前的"我"有很大的不同吗?此外,人格不仅有跨时间的一致性,还有跨情境的一致性。一个开朗的善于社交的人在任何场合都会比内向的不善社交的人说话要多,即便偶尔表现得不善言辞也不能说他的人格发生了改变。一个人经常表现出来的、稳定的心理特征和行为模式就是人格特征,相反,偶尔表现出来的不稳定的心理特征和行为模式不能算作人格特征,只能算是行为随环境而改变。个体作为一个"自我"的载体,万变不离其宗,永远展现了一个具体真实的自我,不论年龄、职业、社会经济地位、身体状况、生活环境发生了什么变化,"我"却不会轻易改变。

(3)整体性

把个体比喻为管弦乐团,不同的心理机能就是不同的"乐器",为了协调演奏一首"曲子",它们就得互相合作,相互构成一个整体,这样弹奏出的才是好听的和谐的音乐,而不是杂乱无章的"噪音"。统一是有机的整体化,正是因为个人心理和行为的整体性才能使个体与现实环境保持协调一致,顺利地适应生活,因此整体性又可称为一致性。人格是多种心理机能和行为倾向的统合整体,是各个部分相互联系、协调一致工作的结果。人格包含很多方面,例如性格、气质、认知、态度、动机、价值观等,它们并不是孤立存在的,而是密切联系、有机组织起来的。人的行为不仅仅是某个特定部分运作的结果,而且是和其他部分紧密联系、协调一致活动的结果。

(4)功能性

在困难与挫折情境当中,不同的人会有不同的反应方式,有的人坚韧不拔,有的人懦弱退缩,这就在一定程度上反映了人格的功能特征。每个人的人格由于其功能倾向的不同而有不同的行为反应方式。有些人人格更外倾,这些人就会更善于人际交往、对人更热情、更乐观开朗;有些人的人格中负责任的倾向更多一些,他们就会表现出公正、条理、尽职、成就、自律、谨慎、克制等特点。总之,人格是个体各种稳定特性的统一综合体,人格本质上是在与外界环境的交互当中逐渐形成的,因此必然会表现出适应性和功能性的特点。

二、人格理论

人格的理论有很多,大致可以分成两类,一类是人格结构理论,一类是人格的特质论。不同理论流派对人格某一方面的强调重点不同,莫衷一是,却各有千秋。不同理论之间也能取长补短、相得益彰。

(一)人格结构理论

人格结构理论也称为人格类型理论,将人格划分为不同的结构和层次,这一类型理论产生于二十世纪三四十年代的德国,主要用来描述一类人与另一类人的心理差异,即人格类型上的差异。类型理论主要有三种:单一类型理论、对立类型理论以及精神分析理论。

1.单一类型理论

单一类型理论是根据一群人是否具有某一特殊人格来确定的。最典型的单一类型理论是T型人格理论,由美国心理学家弗兰克·法利提出来的。T型人格是一种好冒险、爱刺激的人格特征。根据冒险行为的性质,T型人格可以分为T+型和T-型。T+表示冒险行为朝向健康、积极、创造性方向,如赛车,探险等。T+型人格根据活动特点又可分为体格T+类型和智力T+类型。体格T+,如运动员。智力T+,如科学家对科学技术的探新。T-类型表示冒险行为朝向破坏性质,如酗酒、吸毒、暴力等。

2.对立类型理论

对立类型理论是依据某一人格特性的两个相反方向来确定的,主要包括A—B型人格和内外向人格。福利曼和罗斯曼描述了A—B型人格类型,人们在研究人格和工作压力的关系时,常用到这种人格类型。A型人格:性格急躁,缺乏耐性,成就欲高,上进心强,有苦干精神,工作投入,有时间紧迫感和竞争意识,动作敏捷,说话快,生活处于紧张状态。A型人格社会适应性差,属于一种不安定性人格。B型人格:性情温和,举止稳当,对工作和生活的满足感强,喜欢慢节奏的生活,可以胜任需要耐心和谨慎思考的工作。

人格心理学家荣格根据心理倾向来划分人格类型,并最先提出了内—外向人格类型学说。内向指把兴趣和关注点指向个人内部主体,外向则是把兴趣和关注点指向外部客体。内向人格的个体倾向于自我剖析,做事谨慎,深思熟虑,交往面窄,有时会出现适应困难;外向人格的个体注重外部探索,情感外露,热情,当机立断,独立自主,善于交往,行动敏捷等。

3.精神分析理论

精神分析的人格理论以弗洛伊德的理论为代表,他的人格理论包括以下基本内容:人格的核心是人内在的心理事件,这些心理事件发动了行为,或构成了行为的意图。人的行为动机来源在于心理能量,这些能量来自先天的驱力和本能。行为的动机通常是无意识的。弗洛伊德人格结构理论的核心观点在于,他认为人格的内涵应该包括三个部分,即:本我、自我和超我,健康的人格一般而言是和谐统一并能够满足个体的基本需要和欲望,且能积极有效地与外界环境展开交往,最终实现个人目标和理想。

本我就是个体的本能,是人格结构的最底层,它反映了个体内心最为真实的部分,然而也是最难以探测到的。本我是由人的无数自然本能组成的,处于潜意识的深层。它根本不顾情况是否可能,一味地要求立即满足欲望的需要,以解除紧张,奉行的是"快乐原则""理想原则"。

自我就是个体在现实当中的我,它是从本我中分化出来的,属于意识的结构部分,是个体在后天与外界环境不断接触当中发展出来的。它起源于个体的本我,并能够将本我与外部世界连接起来。自我遵循的是"现实原则",即通过克制本我当中最为真实的一部分来寻找符合现实的生活方式。但这并不是说自我就抛弃了快乐原则,自我使个体为了适应现实生活,暂时压制了快乐原则,然而,自我的最终目的还是会将个体的行为引到快乐原则。

超我是个体理想化、道德化以及社会化的自我,它是从自我分化出来的,并且在后天发展中形成的过程中受到家庭(父母亲)、学校(老师和同学)以及社会(负责的社会关系)的影响。超我遵循的是"至善原则",即一切行为都是为了遵循社会的文化传统和规范,超我通过限制个体的思想和行为,从而让个体表现出符合其本身好恶标准的个体利他行为、公德心、超越性等行为表现。

(二)人格特质论

如果有人要求你描述一个好朋友的性格,你会怎么说?可能会想到的一些特定的描述性术语,例如"外向""善良"和"均衡",这些词汇都代表了个体的一些特质。那么这个"特质"究竟是什么意思？特质可以被认为是一种相对稳定的特征,导致个体以某种方式采取行为。特质理论表明,个人性格由这些广泛的个性组成。与许多其他人格理论不同(例如精神分析或人本理论),人格的特质理论关注个体之间的差异,主张各种特质的组合和相互作用形成了每个人独有的个性。

1.奥尔波特的特质理论

奥尔波特首次提出了人格特质理论,并把人格特质分成共同特质和个人特质。共同特质是在某一社会文化形态下,大多数人或一个群体所共有的相同的特质。在研究人格的文化差异时,可以比较不同文化中的共同特质。个人特质指的是个体身上所独具的特质,又分为首要特质、中心特质、次要特质。首要特质是一个人最典型、最有概括性的特质；中心特质是构成个体独特性的几个重要的特质,每个人身上大约有5个至10个中心特质；次要特质是个体的一些不太重要的特质,在一般情况下并不表现出来,往往只在特殊的情况下才表现出来。

2.卡特尔的人格特质理论

卡特尔用因素分析的方法对人格特质进行了分析,提出了基于人格特质理论的一个理论模型。模型分成四层,即个别特质和共同特质、表面特质和根源特质、体质特质和环境特质、动力特质、能力特质和气质特质。

表面特质是从外部行为直接可以观察到的特质,根源特质是制约表面特质的潜在基础,是人格的内在因素。从根源特质又可以进一步区分出体质特质和环境特质,体质特质由先天的生物因素决定,如兴奋性、情绪稳定性等；环境特质由后天的环境因素决定,如忧虑性、有恒性等。

动力特质具有动力特征,使个体朝向某一目标,包括生理驱力、态度和情操。能力特质表现在知觉和运动方面的差异,包括流体智力和晶体智力。气质特质是决定一个人情绪反应速度与强度的特质。卡特尔用因素分析的方法提出了16种相互独立作用的根源特质,从而编制了"卡特尔16种人格因素调查表"。他认为在每个人身上都具备这16种特质,只是在不同的人身上的表现有程度上的差异,因此可以据此量表对人格进行量化分析。

3.现代特质理论

艾森克依据因素分析法提出了人格的"三因素模型",这三个因素分别是外倾性、神经质和精神质。外倾性表现为内、外倾向的差异;神经质表现在情绪稳定性上的差异;精神质表现为孤独、冷酷、敌视、怪异等负面人格特征上。这三个因素上的不同程度的表现构成了千姿百态的人格特点。艾森克依据这一模型编制了艾森克人格问卷,这个量表在人格评价中得到了广泛的应用。心理学家戈登·奥尔波特发现,仅一本英语词典就包含了4000多个描述不同人格特质的词汇。他将这些特质分为三个等级:首要特质、中心特质和次要特质。其中首要特质主导着个人的整个生命,很少见,并且往往会在以后的生活中发展。中心特质是构成人格基础的一般特征,虽然不像主要特质那样占主导地位,但却是用来形容另一个人的主要特征,诸如"聪明""诚实""害羞"和"焦虑"之类的术语。次要特质有时与态度或偏好有关,它们通常仅在某些情况下或在特定情况下出现。

4.人格的五因素理论

人格五因素理论又被称为"大五人格"理论,顾名思义,就是把人格特征区分为五个类别,每个人的人格都在这五个特征上有所体现,只不过程度不同。五因素人格模型代表了五种相互作用形成的人格的核心特征。这五个因素分别是:外倾性、宜人性、责任心、神经质和开放性。

大多数理论家和心理学家都认为可以根据人格特征来描述人。然而,理论家们继续讨论构成人格的基本特征的数量。特质理论具有某些人格结构理论所缺乏的客观性(如弗洛伊德的精神分析理论),但人格的特质理论也有一些不足。虽然一个人在某一特定特征的评估上得分较高,但他可能并不总是在任何情况下都这样做;另一个问题是特质理论没有解决个性发展中出现的个体差异的方式或原因。上述每一种人格理论都有其可取之处,从不同的侧重点告诉我们人格到底是什么,有什么特征。

❋ 心灵小结

1.人格是一个人在漫长的生命历程中,逐渐形成发展的相对较稳定的心理特征,是一个人的整体心理表征,人格有着极为丰富的内涵,其主要特征包括:独特性、稳定性、统合性、功能性。

2.人格的理论有很多,大致可以分成两类,一类是人格结构理论,一类是人格特质论。主要有六个理论分类,分别为:精神分析理论、特质理论、生物学理论、行为主义理论、人本主义理论和社会认知理论。其中特质理论是最广为认知、最具代表性的人格理论。

三、老年人的人格特征

心理叙事

住在同一个小区的张大爷、王大爷、李大爷、孙大爷经常在一起下棋、钓鱼、锻炼身体。虽然住在同一个小区,年龄也差不多,但是他们每个人的个性天差地别。有一次张大爷和王大爷在一个亭子里下棋,李大爷和孙大爷在旁边看热闹。眼看两位的棋局陷入了僵持,张大爷一时不知道该怎么下了,这时旁边的李大爷悄悄地给张大爷支招。可是王大爷这下不乐意了,说"老李你怎么这样,旁观可以,不要瞎捣乱,这样才公平!"语气中甚至有一些恼怒。李大爷听他这么一说,也有些不高兴了,说"你是不是怕输了啊,我告诉你啊,如果是我跟你下棋,我分分钟就能赢你,跟我比棋艺,你还是差远了"。孙大爷眼见两人可能吵起架来,赶紧说:"哈哈,下棋嘛,就是图个乐呵,不要本末倒置,把下棋搞成了吵架,还是以和为贵啊。"可是他们哪听孙大爷这个和事佬的话,他没有争强好胜之心,可不代表那二人没有,在他们眼里,下棋就是为了赢的。看二人已经面红耳赤,要吵起来,棋桌上的张大爷站起了身子,摆摆手说:"我说你们别吵了,怎么一个个跟小孩子似的。这个事呢,老李偷摸帮我确实不合适,不过老李这个人就是这样,凡事爱出风头,老王你就别再说他了,咱俩赶明儿再下一场。话说回来,老王,你可真是不简单呐,几天不见我都下不过你了,哈哈!"几个老人都呵呵笑了起来,各自消了气,并约好当天晚些时候一起到公园里锻炼身体。

心理解读

(一)老年人的人格类型

通过以上故事,我们看到,张、李、孙、王几个大爷,每个人都有独特的性格特征,也就是人格特征。李大爷爱夸耀自己,喜欢出风头。王大爷非常重视公平,性子执拗。孙大爷做事以和为贵,并且看得开。张大爷格局比较大,有领袖气质。每个人都有不同的人格特质,这些特征在我们的个性中占主导地位,并且在不同的情况下会表现不同的特征。此外,我们的特质可以随着时间的推移而改变,可以通过我们的经验来塑造。那么,老年人有怎样独特的人格特征呢?老年人都有哪些人格类型呢?根据老年人的个性特点,在这里我们把老年人分为八种类型,分别是完美型、助人型、成就型、自我型、疑惑型、活跃型、领袖型、平和型。

1.完美型老人

完美型老人最明显的特点是追求完美,做事认真细心,自我要求很高。这类老人的道德感很强,为人正直,对社会上不合理、不公平的现象看不惯,经常表现得非常气愤,牢骚满腹。他们生活井井有条,甚至东西的摆放都有固定的位置,不能随意改变,表现出一定的强迫倾向。完美型老人的焦点总是放在"错"上,一方面非常害怕自己犯错,另一方面又经常挑剔别人。

2.助人型老人

助人型老人最大的特点是富有同情心,乐于助人。这类老人以服务别人为快乐的源泉,很热心,总是想帮助他人,但有时会热情过度,喜欢管闲事。助人型老人往往不承认自己需要他人的关爱,不愿意麻烦子女或他人。对于他们来讲,如果能帮助他人,它们就觉得生活很充实、很有意义,心里很踏实,否则就会感觉无聊甚至有度日如年之感。

3.成就型老人

成就型老人的特点是追求成功,重视名利。它们渴望得到别人的称赞,希望在公众场合成为众人的焦点,爱出风头,喜欢夸耀自己,突出自己的"不平凡",热衷于通过各种头衔、奖状和证书来表现自己。成就型老人大多头脑灵活,办事能力强,而且表现得比较积极进取。管理人员和护理人员应该鼓励这类老人在老年社团或老人聚会中担任一定的职务,或者通过组织各种文体娱乐活动发挥他们的特长,如组织能力、社交能力等。也有些成就型老人经常夸耀自己过去的成就,怀旧心理表现得极为明显。很多退休干部就属于成就型,他们在退休之后很容易产生失落感,作为护理人员要有意识地帮助他们较快地完成社会角色类型的转换。老人由于在老年期不大可能再获得新的重大成就和自豪感的满足,只有通过回忆和谈论自己一生中取得的那些成就和荣誉,借此来维护自我的心理平衡。

4. 自我型老人

自我型老人非常关注自我的感受,认为自己与众不同,并常常觉得自己不被别人所理解,很容易将自己封闭起来,却又因为孤立无援而变得抑郁。这类老人的情绪化特征比较明显,情感细腻,能够洞察到别人情绪中细微的变化,看电视时很容易被感动得掉眼泪。它们对美的事物感觉很敏锐,讲究生活品位,如果是老年女性的话,还会通过佩戴一些精致的饰物如发卡、丝巾来凸显自己与他人的不同。自我型老人比较内向、是老年忧郁症的高发群体,因此要多留意这类老人的心事。如发现他们轻轻叹气、说话停顿、独自发呆等,可以和他们聊天交心,了解他们的情绪,及时向他们传达关怀和爱心。

5. 疑惑型老人

疑惑型老人最大的特点是待人忠诚,不喜欢说谎,但内心缺乏安全感,总是生活于某种恐惧或不安之中。他们经常会为各种事情而焦虑,自我保护意识非常强,到处寻找安全感,谨小慎微。这类老人不希望人们注意自己,穿着比较朴素、传统,通常不会标新立异、追求时髦。疑惑型老人因为缺乏自信和安全感,经常表现得"杞人忧天"。

6. 活跃型老人

活跃型老人性格乐观开朗,喜欢追求快乐,逃避痛苦与烦恼。这类老人有点像老顽童,爱吃贪玩注重享受,表现天真、喜欢追求新奇事物、兴趣很多,比如打麻将、跳舞、上网等。他们喜欢轻松自在,会想办法偷懒,不喜欢做事和带小孩儿。而且有些以自我为中心,不太在乎别人的感受,通过组织开展各种游戏娱乐旅游聚会等活动,可以满足活跃型老人爱玩的心理需求,让他们的精力得到合理宣泄。活跃型老人喜欢被称赞,所以要记得多表扬和鼓励他们,他们通常比较喜欢年轻人的活力和激情,喜欢跟年轻人在一起。

7.领袖型老人

领袖型老人经常以强者的形象出现,做事果断,但是喜欢支配他人。这类老人往往很有霸气,喜欢表现自己刚强的一面,自信心十足,说话声音比较大,极好面子,凡事都要证明自己是对的。许多退休老干部也属于这种类型,他们处处要维护自己的尊严,容易发怒和争吵,给人感觉有攻击性。由于领袖型老人有魄力、讲义气,有号召力和组织力,因此群众基础比较好,在组织老年人活动时,如果能注意发挥他们的积极作用,让他们担任领导的角色,领袖型老人通常会比较积极。

8.平和型老人

平和型老人为人非常和善,很少与人发生矛盾,但通常自我要求不高,做事没有计划性,随意性强,而且不大愿意接受新知识。他们喜欢看电视,外表看上去有些慵懒,经常会走神打瞌睡,做事也常有拖延的习惯。他们在做选择时通常优柔寡断,不喜欢表达自己的立场,平和型老人通常惰性比较大,他们喜欢听天由命,甚至对自身的疾病也是听之任之,而且对护理人员有依赖性。

(二)老年期人格

有研究者认为,个体进入老年期后,行为和情绪等性格特点会发生一系列变化,一般有如下性格特征:自我中心性;内向性;保守性;好猜疑,尤其往坏的方面猜;嫉妒心强;办事刻板,比较执拗,灵活性、应变性差;适应能力下降;怨天尤人,爱发牢骚;好管闲事;依赖心强等。另一些学者指出,在人的一生中,性格的连续性大大超过它的不连续性,亦即多数老年人的性格特点仍然是个人青中年期性格的继续。多数心理学家认为,从成年到老年,人的性格既有稳定的一面,又有变异的一面,但稳定大于变异。有研究指出,老年人的性格结构是持续不变的,但随着年龄的增长在对待周围环境的态度和方式上则逐渐表现出由主动转向被动、由朝向外部世界转向朝向内心世界的明显趋势。

老年期人格指的是个体在老年期的人格变化和独特特征。老年人的人格因遭受各种丧失容易产生明显的变化,其明显特点是自尊心强、衰老感强及更加希望做出贡献并传于后世。

一般说来,有信心、情绪稳定、是否善于与人交往等性格特征是稳定不变的,但要求精力充沛的快速活动以及一般的活动性、反应性、自我控制能力等特点,则随年龄增长而表现出降低的倾向。这种变化在高龄(如75岁特别是80岁以上)老人身上更为明显。不过上述情况的个体差异很大,男性与女性亦有所不同。国外一项关于中年以上男女人格测验的材料指出,和男性比较,女性大多数较少保守,较多顺从,心肠比较软,比较天真,比较紧张。研究表明,在既要求速度又要求准确性的活动中,老年人和年轻人相比,他们宁愿速度慢些,也要少犯错误。他们做事讲究准确,比较仔细,重视准确性常常超过速度,因此,人们常认为小心谨慎是老年人特有的性格特征。此外,和青年人相比,老年人固执、刻板是比较普遍的现象,80岁以上其刻板性有明显增加。

❋ 心灵小结

1.老年期人格指个体在老年期的人格变化和特征。根据老年人的个性特点,在这里我们把老年人分为八种类型,分别是完美型、助人型、成就型、自我型、疑惑型、活跃型、领袖型、平和型。

2.由于每个老年人的体质、经历、教育水平、教养程度,以及经济收入、政治待遇等等的不同,尤其是兴趣、能力、气质、性格等方面的差异,导致人格类型的分化。

四、老年人的人格障碍

❂ 心理叙事

李阿姨六十多岁了,是江苏一个制鞋厂的退休工人。早年间她和丈夫一起去厂里打工,一干就是二十多年,后来老了干不动了,就回家养老去了。然而,因为多年在厂里干活，常常接触很多化学制品，李阿姨的肺部受到了损害，经常需要吃药。后来随着退休，症状逐渐减轻，去医院检查后医生也说没什么问题了。但是不知为什么，李阿姨最近老觉得自己的老毛病又犯了，呼吸不舒服，拉着老伴去医院检查，又没有检查出什么病症。可是，越检查不出来，李阿姨越是怀疑自己得了重病，总觉得除了呼吸不舒服外，连自己的胃也难受，脑袋也晕晕的，心想这是不是什么不治之症。她越想越害怕，越害怕越想，最后发展到全身都像得了病，走路都比以前要慢很多。儿女们看到李阿姨这个样子，也是急得不行，带她去医院检查，却又检查不出异常，不知道这到底是怎么回事。李阿姨是真的得了什么不治之症了吗？求医无门之时，他们来到了医院的心理科。经过咨询，心理医生觉得，李阿姨这很可能是疑病症的表现，是老年人人格障碍的一种。经过诊断，他的孩子们这才豁然开朗，接着马上帮她预约心理咨询。

其实，李阿姨所患的疑病症，是人格失调后出现的一种人格障碍。主要是因为退休之后，生活空虚，一下子没有了重心，再加上思念儿女，希望儿女多陪在身边。这时，老人常常以疑病症这种隐秘的方式"索求"关注。当然，这发生在潜意识层面，老人自己常常是认识不到的。故事里李阿姨得到了心理咨询的帮助后，疑病的症状应该会有很大缓解。当然，除了心理咨询之外，最重要的，还是子女的关心与陪伴。

心理解读

为什么老年人会出现人格失调？人格的发展每过渡到一个新的阶段，都要经历一次飞跃与转折，但是对于成熟期之前的人来讲，这种飞跃与转折是一种向着社会高期望与自我实现的目标发展的趋势，而对于老年人来说却是一种衰退的趋势，特别对城市职工来说，这种转折还带有剧烈性和突然性。因此那些离退休的老年人中有一部分就难以维持自己人格的稳定与健康。

一个人从出生到去世，在生物遗传因素与社会因素的相互作用下，人格的发展大致要经历六个时期，即人格开始形成期、人格初步定型期、人格趋向成熟期、人格稳定期、人格更年期、人格再认同期。从人格发展变化的过程，我们可以看到人格的发展变化是一个连续的过程，又有明显的阶段性特点，老年人的人格特征之所以不同于其他年龄阶段的人，是因为影响老年人格的诸因素发生了特定的变化,这一时期的人格暂时失去了成年期的稳定性,出现了不同程度的失调状态。

一是生理上的衰老,大脑细胞日益减少,其功能也日益衰退,对活动调节的功能明显下降,因此又导致心理上的衰老,动作变得缓慢下来,机体代谢慢了,因而也更容易患上某些疾病。

二是心理上的变化,主要表现在认知方面,如感知觉能力逐渐衰退,记忆力开始明显下降,思维保守而缺乏灵活性,好静而不喜欢动,严重的还会发展为阿尔茨海默病。

三是生活的变化,随着进入老年,老年人退休,离开了自己的社会工作岗位,对子女的抚养责任也基本完成,子女大多离开家庭独自生活,老年人失去了自己多年已经习惯了的生活和工作方式,丧失相应的社会和家庭地位。

大多数人在由成年向老年转变的过程中都会出现不同程度的人格失调,其中多数人属于短暂轻度暂时性的失调,即出现非适应性反应,如情绪波动,不安,烦躁,时而有孤独与失落,体验行为上的自控水平也有可能下降。部分人会出现中度失调,如有时情绪抑郁和暴躁冲动,有持续的空虚孤独与自卑体验行为,有时失控。极少数人可能出现重度失调,如出现明显的神经和精神症状,以致明显影响其正常生活。

❋ 理论阐释

(一)什么是人格障碍

人格障碍指人格特征明显偏离正常,使患者形成了一贯的反映个人生活风格和人际关系的异常行为模式。人格障碍本质上也是一种人格,但却是一种异常人格。由于其人格异常而妨碍人际关系甚至给社会带来危害,或者给本人造成精神痛苦,或者二者兼而有之。人格障碍患者显著偏离特定的文化背景和一般认知方式(尤其在待人接物方面),明显影响其社会功能和职业功能,造成对社会环境的适应不良,患者为此感到痛苦,并已具有临床意义。

美国《精神障碍诊断与统计手册第四版》(Diagnostic and Statistical Manual ofMental Disorders,DSM-Ⅳ)将人格障碍定义为一种"明显地偏离了个体所属文化预期的内心体验和行为的持久模式,这种持久的模式是顽固的,且遍及个人情况和社交情况的各方面;这种持久的模式引起具有临床意义的苦恼或者社交、职业或其他重要功能的损害;这种模式是稳定的且由来已久的,至少可以追溯到少年期或成年早期"。从上述有关人格障碍的概念描述可以看出,当个体固有的人格特征过分突出,严重影响到人际关系和社会适应,以致给别人和自己不断造成痛苦和麻烦时,便可称之为人格障碍。

人格障碍的患者通常不能发现自己的行为有问题。医生是根据《精神疾病诊断和统计手册》(DSM)中提供给每个疾病的人格特征(标准)列表来建立某种特定人格障碍的诊断。当患者有以下症状时,心理医生便认为可能是人格障碍:坚持以没有一点或毫无事实根据的方式看待他们自己或别人;描述一种不恰当想法或行为的模式,他们抗拒改变,尽管这种行为有不良后果。为了帮助明确诊断,医生通常会尽量跟患者的朋友和家庭成员谈话。

可以看出,人格障碍是相对正常的人格而言的,是对正常人格的"偏离",而且这种偏离严重影响了患者的正常生活,在社交、职业、心理健康等方面患者存在着明显的不适应和苦恼,严重影响到了和周围人的人际关系和社会生存能力。

(二)老年人格障碍的类型

老年人在日常生活中表现出来的人格障碍,需要认真对待,他们虽然不属于心理疾患,但严重者会导致生活上的困难、给别人造成困扰。比方说,过分的依赖、过分的敌意、过分的纠葛、过分的拘泥于细枝末节,都是人格特质变化和人际沟通过程中出现问题的表现。

1.疑病症

老年疑病症是指以怀疑自身患病为主要特征的一种神经性的人格障碍,也称为疑病性神经官能征。其特点是过度关注自己的身体健康,主要特征包括反复寻求身体检查、诊断、担心某些器官患有其想象的难以治愈的疾病,即便客观的身体检查的结果证实患者没有病变,患者仍然不能相信,或者只是相信几天,然后继续怀疑。医生的再三解释和保证不能使其消除疑虑,甚至患者会认为医生有故意欺骗和隐瞒的行为。老年人由于进入了人生的"夕阳期",更容易想到死亡的来临,再加上老年人身体机能的老化,患病的概率增加,所以老年人确实会比正常人更担心自己的身体健康,然而整天怀疑自己得了某种疾病就是一种病态表现了。患者常常奔走于各大医院反复就诊及进行检查,其不但严重影响了患者正常的社会生活,且造成了医疗资源的巨大浪费。老年疑病症如果不能得到有效的缓解和治疗,从心理上就可能从怀疑自己有病发展为对疾病的恐惧,甚至对死亡的恐惧,即所谓的老年恐惧症,这会严重影响老年人的身心健康。国内报道疑病症的发病率在1.02‰—2.59‰。美国心理学家沙利文认为,疑病心理是由于受到外界的压力,面对自我的"无能",便把心理上的痛苦以生病的形式予以展现。当一个人遇到自己难以接受的挫折,内心的某种诉求得不到满足时,就会不自觉地采取心理防御机制来避免直接面对挫折或达到自己的目的。老年人经常去医院探望病人或参加追悼会,看到别人的疾患与去世,总觉得别人的今天就是自己的明天,常怀疑自己患病,寝食难安。

心理应对

对于老年人疑病症的预防和治疗,心理调节是最重要的。首先,应该运用亲切关怀、同情而又通俗易懂的语言来说明精神与疾病的关系,实事求是地向病人解释病情,使恐惧的心理逐渐弱化,从而解开郁结在心中的疑虑。其次,疑病症的产生与老年人的性格孤僻是息息相关的,因此应该鼓励老年人建立良好的人际关系,多参与社交活动、体育锻炼等,培养老人乐观开朗的情绪,以积极的态度对待生活,只有稳定的情绪才能增进健康。第三,老年疑病症与老年人生活无聊、失意是有关的,正是因为生活无趣、没有重心,所以才把注意力放到了自己身体上。因此可以鼓励老人根据自身的具体条件和兴趣,学习和参加一些文化活动,如阅读、写作、绘画、书法、音乐、舞蹈、园艺、棋类等,不但可以开阔视野、陶冶情操,丰富精神生活,减少孤独、空虚和消沉之感,而且这类活动是一种健脑、健身的手段,有人称之为"文化保健"。

2. 偏执症

偏执型人格障碍是A型人格障碍的一种,此类人格障碍的人常常很敏感并且不相信别人。其症状常表现为:总是保持警惕,认为其他人一直在试图欺骗、伤害或威胁他们。别人无意中的一举一动也可能被患者视为对其的敌意或阴谋。他们经常没有来由地怀疑配偶是不忠的,顽固地认为自己的个人权益正受到侵害。患者常常极度自以为是，并且完全以自我为中心，永远相信自己是对的，听不进去别人的建议。这些普遍毫无根据的信念，以及他们的责备和不信任习惯，会严重影响他们建立亲密关系的能力。他们与周围人的关系一般都是冷漠而遥远的。

思想偏执、观念顽固的老年人一般表现为：片面看待问题，对自己已有的想法自视甚高，把自己所掌握的有限知识和技能认为是"无价之宝"，如未及时防治，可能会发展成为"偏执症"。已经习惯的思想会在偏执的老年人大脑皮层形成"惰性兴奋中心"，当某种思想观念根深蒂固后，他们就会习惯于老章法、老框框，图省事，高估自己，对人要求过度，过分敏感。

老年人之所以会产生偏执，主要有以下几个原因：心理压力过大、过于疲劳、反应迟钝、易发怒；烦恼太多，未能及时排解，因而怨天尤人、满腹牢骚；在漫长的生活经历中，曾经遭受的心理创伤没能得到疗愈。

心理应对

对于偏执型人格障碍的老人，由于其过度自我保护，对其他人总是持怀疑态度。所以与他们交往的时候，可以尝试先附和他们的观点，然后再寻找改变其认知观念的方法。可以采用家庭治疗的方法，家庭疗法由于多人参与，而且有家庭成员的存在，患者容易感到安全和信任，这样有利于患者自己认识到自己认知和行为的不合理之处，增加疗效。

其次，还可以在生活中鼓励患者积极主动地参与社交活动，比如现代老年人喜欢的广场舞、晨练、郊游、聚会等。在与其他老年人相处的过程中，偏执型老人可能会慢慢理解其他人的想法和感受与自己是不同的。同时，在与人交往的过程中，会自然地进行自我暴露，患者在团体当中感受到的友好氛围也有助于其放下戒备的心理，学会信任别人。帮助偏执的老年人的最好办法就是让他们找到一个感兴趣的、愿意长久为之奋斗的生活目标，帮助他们加强学习、提高修养，克服虚荣心，紧跟时代步伐，勇于接受新事物。

3.依赖

依赖型人格障碍是以心理上过分依赖他人为特征的一种人格障碍，核心特点是顺从、无助、无望、自卑，做事总是寻求别人的意见和指导。这种人格的人对亲近与归属有过分的渴求,这种渴求是强迫的、盲目的、非理性的,与真实的感情无关。老年人的子女大多成立了自己的家庭,所以老年人如果没有比较好的社交能力的话,很容易感到孤独,长此以往,容易形成依赖型人格障碍。依赖型人格的老年人宁愿放弃自己的个人趣味、人生观,只要他能找到情感上依赖的对象(一般是子女),时刻得到子女对他的关注就心满意足了。依赖型人格的这种处世方式使得他越来越懒惰、脆弱,缺乏自主性和创造性。由于处处委曲求全,依赖型人格障碍患者会产生越来越多的压抑感,害怕被亲密关系中的他人抛弃,或是被独自留下需要自己照顾自己。

心理应对

治疗依赖型人格障碍的重点是阻止患者的不合理的自我认知,重新塑造他们对自己的看法以及自信心,发展独立、自强的行为模式。可以从以下两个方面进行应对。

改变患者的认知。帮助患者认识到,困难是每一个人都会遇到的,并不是他们没有能力克服困难。能力就是在一次次地克服困难中逐渐形成的。让患者知道依赖行为是一种不健康的心理机制,依赖别人虽然避免了责任,但是也失去了在老年阶段继续成长的机会。依赖子女虽然可以得到子女对他们的照顾和关爱,但是这种"索取"式的爱是病态的。进一步,让老人认识到只要勇敢参与到生活中去,从生活中的小事开始,一点点地独立起来,摆脱对他人的依赖,就能体验到晚年生活的幸福,摆脱焦虑、自卑,让自己的人生更加丰富多彩。

改变患者的生活环境。让老年人在安全的情况下独自生活,自己对自己的行为负责任,学会事事由自己解决。只有认知上的调整并不能让患者改变依赖型的人格,必须落实到行动上。所以必须要在日常生活中让老人一点一滴地身体力行,改变自己。此外,行为上的改变也可以自下而上地对认知产生影响,加快认知的改变,从而摆脱依赖型人格。

4.厌烦

厌烦也可以称为"精神疲劳",是心理疲劳的一种情绪表现,引起老年人厌烦的原因可以分为两类:内在原因和外在原因。一方面,重复、单调、乏味的生活内容可能引起精神状态不佳。如果老年人的生活过于单调乏味,每一天都重复同样的模式、缺乏变化、缺乏兴趣,容易引起厌烦感,比较可行的方法是改变外在客观因素,改换生活起居的内容。另一方面,有一些老年人由于身体的某些器官发生病变,导致对生活缺乏活力,产生无力感,有一些老年人则是因为对周围的环境产生过敏性反应,比如季节变化、照明强弱、通风设备等引起的心理上的疲劳。如果老年人所居住的环境是阴暗潮湿、噪声不绝、不透风,也会心烦意乱、沉闷厌烦、情绪烦躁。

心理应对

从心理健康的角度看,由于大脑缺乏外界的刺激,一些老年人经常处于休息状态,精神贫乏、内心空虚。这些老年人可以试着让内心世界更加丰富多彩,用各种有意义、有意思的事情来充实自己的生活。一个老年人应时时刻刻有期待、有希望、有追求,从而让大脑皮层不断产生兴奋中心,从而避免厌烦感、振作精神。

5.倒退

倒退指的是老年人病态性的"返老还童"现象,不是我们常说的童心未泯、精神状态仍保持天真无邪,而是心理倒退到儿童时代,属于一种无意识的心理防御机制。个体在紧张焦虑的时候,行为会部分或者象征性地倒退到较低水平的幼稚反应模式,目的是逃避需要解决的棘手问题,或是为了获得同情关怀。由于精神衰老而出现的不同程度的人格变异,主要表现为:有些老年人说话唠唠叨叨、幼稚、举止轻率、任性胡来、争吃争喝、喜怒无常、无理取闹,有些老年人则是表现为反应迟钝、稍不称心就乱发脾气。有学者把这一现象称之为"第二次儿童期",也就是说日常生活中常说的"老小孩",心理学家认为老年人出现这种情况主要是因为大脑功能退化以及大脑结构改变,如脑动脉硬化、脑细胞缺氧、脑血流减少以及脑细胞缺乏营养,造成不同程度的脑神经纤维变短和脑体积缩小。此外,倒退现象,也可能是老年人对老年生活、挫折不适应的一种消极表现,属于心理适应障碍。有些老年人由于生活受挫,会在心理上感到不安、会退回到一种比较不成熟的心理水平来保持安全感。

❋ 心理应对

老年人的"返童现象"一般不是故意装出来的,绝大部分是心理活动水平退化、无意识地退回到童年,因此不要责怪或是嫌弃那些出现倒退现象的老年人,应该细致耐心地帮助他们解决心理上的困扰。"倒退现象"既不可耻也不可怕,经过治疗后,完全是可以痊愈的。

❋ 心灵小结

1.在由成年向老年转变的过程中,面对生理上的衰老、心理上的变化以及生活的变化,老年人可能出现不同程度上的人格失调,严重者可能会出现人格障碍。

2.老年人在日常生活中表现出来的人格障碍,需要认真对待,他们虽然不属于心理疾患,但严重者会导致生活上的困难、给别人造成困扰。比方说,过分的依赖、敌意、纠葛、拘泥于细枝末节,都是人格特质变化和人际沟通过程中出现问题的表现。

五、老年人的人格与心理健康

❋ 心理叙事

余奶奶和王大爷住在同一个小区,两个人的性格可以说是天壤之别,余奶奶总是火急火燎,喜欢同时做好几件事情,比如一边织毛衣一边看电视;而王大爷退休之后,就开始种花养鱼,偶尔去公园里找朋友下棋,优哉游哉,做事也不紧不慢。余奶奶虽然已经退休了,但在家里闲不住。在身边的亲戚朋友的介绍下,她找了一份新的工作,除了周末,每天都去上班,总有做不完的事情。一次余奶奶和王大爷一起去社区居委会盖章,盖章的人非常多,一度排起长队。王大爷看人太多,就找了个位置坐下来,慢慢等着;余奶奶则是急忙忙地,想赶紧盖章。忽然,余奶奶跟工作人员起了争执,王大爷上前一问,才知道是余奶奶的电子资料有错,社区的电脑又刚好坏了,余奶奶着急,这才和工作人员发生争执。王大爷前去劝架,反倒碰了一鼻子灰。这时余奶奶急火攻心,眼前一黑晕倒在地,王大爷和工作人员赶紧帮忙送到医院。原来余奶奶有冠心病,平时出门都会带着药,今天出门太急给忘了。

心理解读

从上面的故事中,我们可以看出来余奶奶属于人格分类中的A型人格,性格比较急躁、好争辩,行事匆忙、容易冲动,整天忙碌不停;王大爷则恰恰相反,属于B型人格,做事从容不迫,节奏慢,安于现状,不太着急,不愿与人竞争。

(1)A型人格

美国两位临床医生弗里德曼和罗森曼(Friedmen & Rosenman)在20世纪50年代末期,提出了"A型行为模式"(或称"A型人格""A型性格")。他们通过临床观察发现,冠心病患者的行为特征和正常的健康人有很大差异。A型人格老人一般血液中胆固醇和三酸甘油酯都较高,经常处于情绪紧张状态,遭受刺激后就会心跳加快、呼吸加快、恼怒、狂躁、怨恨等等,使中枢神经处在兴奋的状态,内分泌发生变化,从而使血压升高,人体抵抗力、调节修复能力下降。长期如此,就易患动脉硬化、高血压、冠心病。

(2)B型人格

对老年人来说,B型人格是最理想的人格类型。B型人格的老年人多表现为温和平静、心胸开朗、从容大度、与人为善、不过分逞强好胜、随遇而安。在长寿的老年人中,B型人格约占80%以上。具有较强消极感受的老年人,更容易引发对健康不利的问题。我们日常生活的经验也表明:那些相对敏感、多愁善感的老年人比大大咧咧、粗线条的老年人更容易患上身心疾病。

(3)C型人格

学者们对于癌症倾向的人格描述,比起对A型人格的描述分歧更大。最后,结合各种不同的研究成果,形成了一种比较一致的认识,把其称之为"C型人格"(C型性格、C型行为模式),并将其定为癌症倾向人格特质和应对方式。C型人格的老年人和上述A型人格的老年人相反,主要表现为少言寡语、抑郁内向、逆来顺受、忍气吞声、任人摆布,总体上易对寿命产生负面影响。神经免疫学认为,抑郁心理状态破坏体内的平衡,并干扰免疫监控系统的功能。

癌症的发生和恶化的原因是错综复杂的,除开众所周知的遗传因素外,来自心理方面与社会方面的因素也不能忽略。实际上,癌症发生发展的原因是心理、社会、生物三大因素相互作用的结果。一些研究发现,无助感和失望感这种对压力情绪的认知障碍会导致癌症。因为无助感和失望感是伴有抑郁的情绪状态。其他致癌因素还有"丧失社会支持"因素。如"早年丧父、中年丧妻、晚年丧子"的遭遇,都可能导致癌症或加重癌症。

❋ 心理应对

老年人人格健全与成熟的对策

美国心理健康专家和精神医学家乔治·斯蒂芬森博士(George Stephenson),根据他多年的临床实践得出结论说,保持心理健康的首要任务是预防,而预防就是从理智上找出一些办法来,解除心理上的压力。心理压力会增加人体血液里有害的胆固醇含量,减少有益的胆固醇含量,这样动脉就容易硬化,人就会过早地老化。斯蒂芬森提出了减少心理压力,保持心理健康的几个方法,结合我国社区老年人的现状,可以大致归纳为以下几条。

(1)坦率交谈。老年人可以找自己信任的、谈得来的、头脑冷静的人交谈,或者找有经验的心理医生或能相互交心的亲密知己,将喜怒哀乐尽情倾吐,彼此进行思想交流、感情共鸣,不让内心积存任何消极不利的情绪。此外,还可进行必要的情感疏导,让郁闷早早地发泄出来,不让其积压成病;避免狂怒、狂喜等强烈情绪及由此所引发大脑皮层的高级神经活动兴奋与抑制功能的失调。

(2)暂时逃避。当遭遇紧张的刺激冲击,受到挫折、苦难而陷入自我烦恼的状态时,最有效的办法,是暂时离开厌烦的情景,将注意力转移到其他地方,不久便会恢复平静或填平心灵创伤。当遇到负面事件、陷入消极情绪时,可以尝试把思想情感转移到其他活动上,比如,专心致志地写字、绘画、雕塑、做木工活等等。"忘我"地投入于一件自己可以胜任的事情中,苦闷、烦恼、愤怒、忧愁、焦虑等消极情感就自然而然会被转移替换掉。

（3）对人谦让。不过分热衷于自我表现、出风头、抢镜头,从而导致忙碌不堪。遇事多为别人着想、多为别人服务,有助于消除烦恼。心安理得、心满意足来自做善事,比方说可以参加社区组织的志愿活动,邻里团结互助。

（4）做事善始善终。当面临纷杂问题时,可以尝试先解决其中一个问题,从最容易解决的问题入手。有成功就有信心,成果越多、越大,信心也就会更足、更强。不做力不从心的事,避免连续不断地承担重任、解决难题。性情急躁的老年人处在烦躁心境时,更应注意顾及此点,不逞能好胜、包揽一切,因为其结果往往会使人招架不住。过度操心不仅伤透脑筋,且招来异常紧张、烦躁等负面情绪,严重时会濒临精神崩溃。

（5）对别人要宽宏大量。不过分要求他人必须按照自己的想法行动。批评、责难别人时要做到合情合理,给别人考虑自省的机会。否则,徒增自己烦恼,带来愤怒、焦虑等消极情绪。有时亦可处于被动守势状态,给对方表现自己的机会。如此,可避免因人际关系的紧张而陷入烦恼、苦闷、烦躁等负面情绪。

（6）自己动手。不一味停留在观望阶段,不辩解说自己"忽视了""我正计划""我正打算""我正想要"等等。如今是行动的时代,自己动手做的时代,破除依赖心理、空谈、推诿的作风。制订休闲计划,如果能够制订出一份愉快又切实可行的休养身心的休闲计划,并着手执行,那么心情就会是愉快的、有盼头的。

除了上述几点,老年人在日常生活中还可以考虑以下两点,来减轻心理压力、保持心理健康:一是应善于利用闲暇时间,开展有益于自身的文娱活动。因文娱活动和体育活动相同,可促进大脑的血液循环,有利于排除损伤大脑的二氧化碳。二是要有几样兴趣爱好,因兴趣爱好可增进活力和情趣,使生活充实、生机勃勃。

❋ 心灵小结

老年人的人格有其独特的特点。老年人由于生理上的衰老、心理上的变化、退休后生活的改变等,在人格上也呈现出变化。大多数人在由成年向老年转变的过程中都会出现不同程度的人格失调,其中多数人属于短暂轻度暂时性的失调,即出现适应性反应,如情绪上不安、烦躁,时而感到孤独与失落,体验行为上的自控水平也有可能下降。部分老年人会出现中度失调,如有情绪抑郁和暴躁冲动,有持续的孤独空虚与自卑体验。极少数人可能出现重度失调,如明显的神经和精神症状,已经明显影响其正常生活。这里我们给出一些对老年人保持身心健康的建议。

(一)适应自己的社会新角色,正确对待衰老

退休以后的老年人面临多方面的变化,从以前的关注"事业"转变为关注"家庭",在社会地位、生活环境、经济地位上发生了转变。生活的中心由事业转为家庭,这意味着老年人必须了解自己和环境的改变,努力适应新的人生阶段。因此,老年人要认识到自己社会角色的转变,同时做好心理上的准备,以顺利适应新的社会角色完成。

衰老是一切生命活动的自然规律。每一个生命,乃至每一个事物都要经历消亡的过程。既然这是无法避免的,不妨坦然面对生命中必然到来的衰老。衰老也并非只有消极的意义,老年人虽然身体机能开始衰退,记忆力、认知等能力下降,但是由于他们积累了丰富的人生经验,进而也获得了年轻人不具备的智慧和视野,对人生意义的体悟比年轻人更加丰富。衰老是生命全程中的自然变化,是正常的变化,没必要对疾病过分担忧。保持良好的积极心态和健康的生活方式才有利于幸福地度过晚年。

(二)积极参与社会活动

老年人由于从工作岗位的第一线退了下来,如果在日常生活中没有其他的活动来填补注意力的空缺,很容易感觉到失落、孤独甚至抑郁。所以积极参与有利于身心健康的各种社会活动(如公益事业、体育锻炼)对老年人来说是预防和治疗各种心理障碍的"良药"。老年人积极参与集体活动有助于其感到归属感。而且,在集体活动中老年人也是在实现作为一个人的价值,这种价值的提供会让老年人产生成就感、自豪感,有益于身心健康。孔子曰:"发愤忘食,乐而忘忧,不知老之将至。"说的就是这个道理。这会使老年人焕发出"第二青春",越活越年轻。

(三)学会用正确的心理方法调适自己

心理问题的产生大多来源于认知和情绪的失调。老年人掌握一些排解情

绪的方法对于自己的身心健康是很有帮助的。如采取"合理宣泄法",把自己在生活中遇到的烦恼、委屈、忧虑等向自己信任的家人、朋友倾诉一番,可以释放心理压力。另外,还可以进行自我"安慰",学会悦纳自我,欣赏自己,凡事多看积极的一面。在日常生活中,不要对自己和别人要求太苛刻,否则容易陷入烦恼、焦虑、愤怒的情绪当中。尽量做到宽宏大量、与人为善,这样才能常常保持乐观、开朗、健康的心理状态。

第五章　社区老年人的情绪

内容简介

随着经济社会的快速发展,当下,中国人口老龄化进入了急速发展阶段,老年人的心理问题日益凸显,聚焦于社区老年群体的心理健康事业虽然引起了社会各界的关注,但仍处于相对滞后的状态。老年人的情绪状态严重地影响着其整体健康和生活满意度,当前社区老年人的情绪问题尚未得到大众的应有重视,得到的关注更是欠缺。老年群体随着年龄增加,不仅面临着生理上的躯体疾病,还经历着社会关系网络的变化。在这种变化下,其情绪的稳定性和情绪调节能力都产生了巨大的变化,影响着他们的生活质量。在此,希望本章的内容能够帮助大家正确认识老年人的情绪,并在此基础上促进社区更有针对性地利用资源来帮助老年群体科学应对各种情绪,提高生活满意度,收获健康幸福的人生。

一、社区老年人的情感需要得到重视

🏵 心理叙事

张奶奶是某单位的退休干部,退休后生活失去了重心。一天张奶奶收到一则短信,短信内容为:"恭喜您成为台州市老年协会的形象大使!月薪7000!"。张奶奶起初不以为意,但后来遇到一位自称是老年协会负责人的女子夸赞游说,就信以为真,想着自己可以借此在退休后继续为社会服务,奉献自己的一分力量。为了成为所谓的"形象大使",张奶奶先后缴纳了"手续费""保险费""体检费"等数十万元,而"协会"的负责人却再也联系不上了。

刘爷爷年轻时离婚,自己独自一人把两个孩子抚育成才。现在自己步入老年阶段,子女忙于工作常年不在身边,刘爷爷每天都独自面对着空荡荡的房子,无人做伴,感觉孤独,十分寂寞。后来经过婚姻介绍所认识了一位退休的女干部,两人十分投机,兴趣爱好也相近,刘爷爷决定再婚。这个决定却遭到了子女的坚决反对,经过多方沟通,子女同意刘爷爷再婚,条件是必须先立下遗嘱,刘爷爷对此感到伤心难过。

王奶奶的丈夫早年去世,儿子远在日本,每年只能见上一面,也说不上什么贴心的话。两年多来,王奶奶共花费了近20万元购买保健品,有时明明知道保健品存在问题,却还是继续购买。王奶奶说自己花钱买保健品只是为了避免孤独,虽然自己明知是骗局,但是只有这些销售员在生活中"关心、问候"她,有的销售员比自己的儿子都还要亲,每天都会打电话问候,陪她吃饭,自己购买保健品也是出于无奈。

由以上案例我们可以看出,随着个体步入老年阶段,退休、独居以及缺乏陪伴等现象往往让老年群体感觉生活失去了重心,开始将自己的注意力转移到生活中的其他方面,张奶奶被骗、刘爷爷再婚不易以及王奶奶的孤单,这些都是当代老年人面临的现实问题。在这些问题的背后,我们可以看到在我国传统文化的影响下,当今的老年群体注重血缘关系、亲情,渴望来自子女的关爱,并且内心时时牵挂着子女。阖家团圆、共享天伦之乐是其最大的心愿。但是当今社会,由于工作、生活等原因,子女多数难以陪伴在父母身边,因此造成了当今社会老年群体的亲情需求难以满足。其次,丧偶或者离异的老年人需要爱情的慰藉,需要子女尊重自己再婚的选择。而子女的不理解和干涉往往给老年人带来了痛苦。第三,与亲朋好友之间的情感对于老年群体来说也比以往更加重要。最后,随着老年人的退休,其往往容易产生"自己老了没有能力"的想法,这就是老年人社会情感需求未得到满足的结果之一。而这一类情感需求恰恰是更为高级的需求,退休的老年群体也渴望为社会做贡献,继续发光发热。

综上所述,这些案例都反映出了老年群体的情绪和情感需求,除了物质需求我们还应该重视老年人的情感需求。老年群体的情感需求具体有:亲情需求、友情需求、爱情需求以及社会情感需求等。因此,家庭、社区以及社会都应该针对老年人的特殊情感需求采取积极合理的措施。

心理解读

老年群体的情感需求

需求是指个体生理或者心理上的一种不平衡状态。随着经济的快速发展,我国人民生活水平不断提高,同时我国的社会养老保障体系愈来愈完善,社区老年人不仅追求物质方面的需求,还注重精神需求方面的满足。同时,老年人作为一个特殊的群体,其由于社会角色的改变以及躯体功能下降等诸多问题,精神上的需求更加凸显。老年人的精神需求不仅影响其自身的身心健康,同时还直接关系着家庭的和睦以及社会的和谐,因此,老年人的精神需求理应引起我们的重视。

老年人的精神需求指老年个体在退休之后产生的在人际交往、情感交流、知识获取和自我实现等多方面的心理需求,有助于舒缓自身孤独抑郁的情绪、改变单调的日常生活。当前,我国社会发展现阶段呈现出了多元化、复杂性的情况下,当前老年人的情感需求更是呈现出深刻的社会性和时代性。情感是人对于客观事物是否符合自己需要而产生的态度和体验,是人们在内心活动过程中的心理体验,或者说是人们在心理活动中,对客观事物的态度体验。由于客观事物与人的需要之间关系的不同,人们对于客观事物便有着不同的态度,产生不同的体验,如愉快、满意或者厌恶、愤怒等。老年群体的情感需求普遍且强烈,主要是指通过配偶的关爱、子女儿孙的孝敬、好友的关心以及自身价值的肯定来得到满足。老年个体由于退休等原因退出原有的社会角色,因而由该角色所产生的社会关系都会随之改变,这种情况下必然会增加老年人对子女和配偶的情感需求。并且老年人容易产生自我否定心理,随着其自身年龄的增大,怀疑自身是否还能为社会出一份力,是否被社会所抛弃。

随着老年个体的社会角色变化,其原有的社会关系网络和交际圈也产生了趋于缩小的变化,与外界沟通交流的机会也变得更少,这种情况下,家庭就成了老年群体获取情感的主要来源和场所,获取家人的帮助不仅可以使老年群体获得物质和精神上的支持,还可以使老年群体的孤独情绪得以舒缓。研究发现,当老年个体享受家庭中的子女、老伴以及兄弟姐妹提供的帮助和照料时,其精神需求较低,家庭成员的照料和护理对老年个体的健康起着重要的促进作用。随着社会的发展,很大比重的老年群体没有与子女居住在一起,老人独居或者空巢老人的情况趋于普遍,传统的家庭养老方式已经渐渐转化为社会养老,社区居家养老的模式愈来愈为人们所接受,单一的家庭养老已经不能满足老年人的情感需求。

老年人情感需求的种类如下。

1.渴望亲情的需要

特别是不能自理和半自理的老人,他们不能参加机构的活动,更加需要子女看望,更渴望亲情的关怀。有部分丧偶老人,因为子女不能常看望自己,有求偶的需求。

2.维护自尊心的需要

老年人自尊心往往更强,需要特别呵护否则后果不堪设想。老年人认为,人老了,家庭和社会就不再需要他(她)了,常有被社会排挤在外的感觉,严重者可能会发生自杀等事件。其实,这与老年人自尊心受挫有很大关系。退休后,老年人的生活重心转向家庭,子女应该帮助老人一起重新构建自尊,满足老年人的心理需求。

3.满足好胜心的需要

在日常生活中,经常可以见到这种现象,许多老人"不服老",他们自恃身体还很"壮实",经常把下棋、玩扑克等娱乐活动当作比胜负争高低的活动。好胜心强的老人常常不满足赢一两个回合,输的老人当然也不服输,于是双方都甘愿再"酣战"几个回合。产生这种情况,是老人具有好胜心理的缘故。

4.排除苦闷与自卑的需要

由于退休后,老人的各种生理功能衰退、社会地位的变化、人际关系的变化以及疾病,这些因素使得老人的能力大不如前,身体机能的退化,儿女对自己的态度,都影响着老人的心理状态,常常出现孤独感、自卑、抑郁、烦躁等消极情绪,总的来说就是缺乏自信,因此可以鼓励老人多干些力所能及的事情,多动手、多动脑,多参与服务社会的活动,苦闷和自卑自然就没有了。

心理应对

1.家庭

子女在满足父母物质需求的基础上,还要重视父母的精神需求,父母更多希望的是儿女能够常回家看望,齐聚一堂,一起吃吃饭、看看电视。子女需要合理地安排自己的时间,多花时间陪伴父母,常与父母进行沟通,了解父母的心理状态,清楚父母所需并及时提供帮助,做到精神赡养,从而更好地满足其情感需求。如,下班后抽出时间陪父母散散步,聊一聊他们感兴趣的话题陪他们看看电视,遇事多与父母商量,让他们感受到自己的价值。通过这些关爱的举动与父母在精神上取得沟通,营造两三代人之间的温情。

家庭中的配偶是老年人一生中最为重要的人之一,夫妻之间相互关心,相互陪伴,相互沟通,不仅照顾彼此的日常生活,同时还要在精神方面相互倾听、相互鼓励,促进彼此的精神交流,满足彼此的情感需求。因此我们应该重视老年人的婚姻状况,一方面,对于在婚状态的老年人,应在已有基础上关注其幸福感的高低;另一方面,对于无配偶的老年人,可参加牵线搭桥等活动,多多与同龄人交流和结识,子女对于父母的再婚问题,不可一味反对,应保持理性的态度,避免老年群体因独居生活而缺乏情感交流。

2.社会

首先,为了丰富老年群体的日常生活活动,政府应提供资金支持、物资投入,促进基础设施的完善,同时进行资源的整合,促进信息的融通,带来协同促进作用。

其次,几千年来我国的优秀传统文化都主张百善孝为先。虽然道德约束的作用一直存在着,但是随着时代的发展,道德约束作用在逐渐减弱。在我国这个法治国家中,使老年人得到精神赡养的相关法律法规逐步完善和落实。在道德与法律的共同作用下,可以使老年人的权益得到更好地保障,精神和情感需求得到更好地满足。如日本政府利用"享受减税"来促进子女照顾70岁以上的低收入老人,新加坡政府则通过"向赡养低收入老年人的家庭提供医疗等津贴"来鼓励子女与父母同住。在政府采取相应措施的作用下,我们可以使得"精神赡养"的观念更加深入人民大众的思想中。

第三,当我们提倡鼓励老年人积极参加活动的同时,社会应同时提供可供老年人参与的平台和活动,让老年人在退休后还能够真正地发挥自己的一技之长,为社会的发展进步贡献自己的一分力量;另一方面,还能够使老年人的生活更加充实。比如,组织面向老年人的群体志愿活动,组织老年人作为志愿者的身份来参加活动;对于技术含量较高的岗位,在退休年龄方面可以进行适当的放宽,或者实施退休返聘,更加合理地利用老年人的才智,同时还可以改变社会对老年人的定势思维,促进社会良好风气的形成。

3.社区

随着社区居家养老模式被愈来愈多的人们接受,社区逐渐成为老年群体满足其基本精神需求的场所。因此,社区理应成为各种社会力量的集结地。

首先,社区可以举办一些讲座来宣传精神自养的观点,改变老年群体的定式思维,提升其精神自养的意识以及能力,减少其对家庭的精神和情感依赖;通过培养自己的爱好、做有意义的事情,完成自己从工作状态向退休状态过渡,积极适应退休生活。社区定期举办老年活动,鼓励老年个体参加社会工作、社区活动等,让他们在活动中重获自我。

其次,社区应当建立心理健康疏导机制,通过倾听老年人的想法,以便及时疏导老年人的心理问题。具体而言,可以在社区内成立聊天室,使有倾诉需求的老年人可以通过聊天室这个渠道相互沟通、相互慰藉;与高校合作,组织志愿团队,定期进行志愿者活动,与老年人沟通、关心呵护老年人的生活,让老年人感受他人的关心和关爱,并借此学习了解社会的新事物,为生活增添色彩。

社区可以以区域为单位,建立标准化的社区活动中心,为老年群体提供多元化的服务和多功能的活动。就教育方面而言,为老年群体提供科学的学习环境,使他们紧跟时代的步伐,增强自信心,扩大社会参与度,在学习中进行社交活动,收获友谊,从而满足其情感需求。

心灵体验

社区组织活动帮助老年人调节情绪。

活动主题:邻里守望,关爱老人。

参与人员:社区的热心青年。

活动目的:针对老年人普遍面临的问题,开展志愿者服务活动,真正为老年人提供日常照料、心理抚慰、健康保健等关爱服务。

活动具体安排:将志愿者分组,每组控制在5—6人(具体按照招募情况而定);在入户探访前,对志愿者进行简单的培训,扼要介绍注意事项和探访技巧;分组入户探访,每组大概走访3—4户家庭。

活动内容:①帮助长者料理家务;②免费为长者提供简单的身体检查,现场回答咨询;③与长者进行面对面的交谈,为长者提供心理辅导和情绪管理;④志愿者进行即兴表演。

活动准备工作:①撰写策划书;②活动宣传;③招募志愿者;④联系探访长者;⑤准备活动所需物品。

自我调节情绪的方法

最简单易行的正念即是专注于呼吸的练习。首先关掉电视、手机等可能干扰自己的声源,告知周围的人在接下来的时间内不要打扰自己,找一个舒服的姿势坐好或者躺下,正念常建议人们用打坐的姿势,坐在禅修垫上(见下图),将臀部垫起一个舒服的高度,让头部、颈部、背部成为一条垂直于地面的直线,双手像下面的照片(卡巴金博士)一样安放或以自己舒服的姿势放在腿上或者其他位置都可以,安静下来,把注意力收回到自身,回到当下,回到此刻,体验此刻自己的每一次呼吸,试着把注意力集中在自己的呼吸上,深吸气,然后慢慢呼出,注意空气吸进身体,又离开身体,就这样循环往复,把注意力集中于此,同时带着一种"好奇心",像自己第一次呼吸一样去体验自己的呼吸。也可以每次呼气(只在呼出空气时)的时候心里数一个数(仅一个数)呼出一次气,数一个数字,从一数到四,然后再从一到四周而复始,注意力放在气息的流动上,同时注意把数字数准,一旦数错、数多,说明走神了,这尤其在刚接触正念练习时,是非常常见的,不必因不够专注而自责,再把注意慢慢回到呼吸上来就好,这两种方法,只注意气息和注意气息的同时计数都可以,可以自己体会哪个让自己感觉更好。

在练习中,焦虑的人感觉焦虑也好,抑郁症的人情绪低落也罢,或是感觉身体某些部位有不舒服的感觉,或是觉得烦躁不安,试着去觉察和面对自己的这些感受,觉察它们带给你的感觉,慈悲地去接纳这些感受作为我们自己的一部分,觉察它们,像旁观者一样去观察它们,就像是科学家在进行研究,而不去回避和压抑这些感受,不去评判、不去责备自己。相反,去照料和呵护自己的这些感受。当你觉察这些感受时,往往还会觉察到自己对这些不良情绪或身体不适的抵触和厌恶,觉察到有时对自己的责备,还有觉察到自己会试图去压制这些情绪和不适,觉察到这些情绪引起的身体反应,比如负面情绪常常会引起呼吸的变化,对于所有这一切,只是去觉察和觉知,而不去改变什么,不去回避什么,带着对自己的关爱和照料去体会和感受它们,像一个内心的观察者。你会发现这些感受每时每刻其实都在发生微妙的变化,就像天空中变化的云一样,这些瞬息万变的想法和感受并不代表我们,相比这些云,我们更像是不变的天空。然后慢慢把注意力再转到呼吸上,如果再次出现了某种情绪或想法或是身体的不适,继续去觉察它们,直到觉察不到什么,再慢慢回到自己的呼吸上。

二、容易抑郁怎么办

❧ 心理叙事

刘老太今年72岁,以前精气神还不错的她,近半年来变得不爱运动,动作也变得缓慢僵硬,很少的家务劳动却需很长时间才能完成。她也变得不爱主动讲话,每次都以简短且低弱的言语答复家人。面部表情变化少,有时双眼凝视,对外界动向常常表现得无动于衷,只有在提及她故去的老伴时,她才眼含泪花,讲起"许多事情自己都做不了,想不起怎么做,头脑一片空白"。

经医生诊断,李老太得的是抑郁症中并不少见的迟滞性抑郁,由于行为阻滞,随意运动缺乏和缓慢,躯体及肢体活动减少,其抑郁症状容易被躯体症状所掩盖,更易误诊为帕金森病。老年抑郁症可以单独发生,也可以继发于各种躯体疾病,例如高血压、冠心病、糖尿病和各种癌症等等。一些患者在家庭刺激下诱导发病,也有许多患者发病没有明显病因。老年期是人生的一个特殊时期,由于生理变化,老年人对生活的适应能力减弱,任何状态都容易引起抑郁等心理障碍。有研究表明,60岁以上的老年人患抑郁症的发病率占5.7%,可见患老年抑郁症的不在少数。但老年抑郁症的患者有时患病多年,程度很重甚至数次自杀却没有得到有效治疗。其原因在于社会和医生对该病的识别率低。老年抑郁症患者几乎无一例外地诉说各种身体不适,例如头痛、头晕、食欲减退、体重下降、胸闷、疲惫无力、尿急尿频等等。所有上述单个症状都会误导医生进行大量的内科检查。下面是老年抑郁症的8种症状,以便于家人对该病及早进行识别和防治。

①对日常生活丧失兴趣,无愉快感。
②精力明显减退,无原因地持续疲乏感。
③动作明显缓慢,焦虑不安,易发脾气。
④自我评价过低、自责或有内疚感,严重感到自己犯下了不可饶恕的罪行。
⑤思维迟缓或自觉思维能力明显下降。
⑥反复出现自杀观念或行为。
⑦失眠或睡眠过多。

⑧食欲不振或体重减轻。

预防老年抑郁症要从个人、家庭、社会三方面着手,老年人要丰富自己的日常生活,培养兴趣爱好,多参加文体活动,还要学会倾诉,心里有什么不痛快的事,要向子女或朋友诉说。作为子女,要尽力营造家庭和谐气氛,家庭成员间要多关心、支持,要耐心倾听父母的唠叨,多和父母聊天,给予老人心理上的支持和安慰。老年人容易产生孤独感和无用感,全社会应当重视和尊重老年人,给予他们更多关心和帮助。

心理解读

老年人的情绪特点

抑郁是老年人常见的心理障碍之一,是个体面对不良情绪、压力事件等的应激反应。而情绪是指个体所具有的一种复杂的心理现象,同时包含着情绪行为、情绪体验和情绪唤醒等复杂的成分。在生活中,情绪具有许多功能,如:帮助个体适应环境和进一步发展,同时也是动力的源泉,能够激励人采取行为进行活动,促进个体的活动效率,并组织着其他的心理活动,还能在人与人交往中传递信息,交流思想。情绪影响着我们生活和行为的方方面面,因此我们不得不重视,对于老年群体而言,情绪也不容忽略。

首先,老年人经常会感受到衰老感和怀旧感同现。衰老感是指个体在面临正常生理衰老现象或者退休、丧偶等事件中所产生的"老而无用"的心理感受。衰老感会使老年人产生消极的自我暗示。怀旧感则是指老年人在面对老年期的处境时所产生的对年轻时代或者故人、故物怀念的一种心理体验。其次,老年人还常体验到空虚感和孤独感的共生。空虚感是个体在空闲状态对时间的高估,不知如何打发时间而产生的一种心理体验。老年人在退休之后,自身空闲时间增多,若没有内容来充实生活,则会感受到这种百无聊赖的煎熬。当老年人社会交往需求没有得到满足时就会产生孤独感,并常常给老年人带来寂寞、受冷落以及被抛弃的感觉。第三,抑郁感和焦虑感也是老年群体常常面对的心理问题。抑郁感是指个体面对追求目标受挫而悲观失望时所产生的一种心理体验,焦虑感是指个体在现实生活中客观事物引起的或预计会出现的对自身产生某种威胁时的一种心理体验。

同时，现有研究对于老年人的情绪变化存在不同的观点。一方面，人们常常认为社区老年人在晚年经历着更多的生活负性事件，如：退休、丧偶、身体疾病、独居、经济匮乏等，因此较之普通人来说，老年群体有着更大的可能性产生抑郁、焦虑等负性情绪，而且老年群体因为缺乏家庭成员的关注、情绪表达的缺失等因素容易缺乏社会支持，其负性情绪的产生和影响往往较难且较晚被发现和关注。另一方面，有研究表明，身体状况良好、家庭其乐融融、社交网络良好的老年群体则不易产生负性情绪。

老年群体的认知状态是一个反映老年群体身心健康的重要指标。随着年龄的增加，老年群体的认知功能减退愈来愈影响着老年群体的整体健康，认知功能损害严重的老年个体更容易产生焦虑、抑郁等情绪。社区老年人随着自身年龄的增长，身体机能都逐渐衰退，其认知功能也不可避免有所下降。谭友果等人选取年龄在60岁以上的2000例老人为调查对象，结果显示60至69岁年龄组产生认知功能损害的概率为35.85%，而70至79岁、80岁以上两个年龄组的概率分别为52.94%、67.74%；龙赟等的研究中，社区老年人中有71.46%的认知功能呈现出减退的倾向。在这种情况下，认知功能存在损害的老年个体更容易存在一些抑郁、焦虑等负面情绪，而这些负面情绪也会反过来对认知功能带来不良影响。

这些观点在一定程度上解释了老年群体情绪的多变性，但是也受到了其他研究的反对。尽管老年群体随着年龄的增加，面临越来越多的丧失，但是行为研究表明：老年人的认知功能绝大多数表现为明显的衰退，然而情绪的加工在整个生命进程中表现为相对平稳，情绪的稳定性也保持在一定的水平上，同时他们有着良好的情绪调节能力，能够有效排除掉消极的情绪，能够有选择性地将自身的注意力集中在记忆中的情绪，特别是积极情绪这一部分。个体在逐渐老化的过程中，对于积极情绪的体验频率呈现出上升趋势，相反，消极情绪体验的频率却是逐渐下降的。这与社会情绪选择理论中提出的观点相符合，即个体在面临自己生命即将结束时更注重强化自己在此刻此阶段的情绪感受体验，老年群体的情绪改变是因为老龄化所造成的个体可用资源的减少而产生的适应性行为。动态整合理论提出：年龄老化所引起的认知功能下降使老年群体更加难以接受消极的刺激，因此，老年人愈来愈倾向于注意积极的情绪，而选择性地忽视消极的信息。另外,终生寿命控制理论认为个体在进入老年阶段后对于周围环境和自己目标的控制能力有所下降,因此在情绪控制时,相对于改变环境,老年人更倾向于调整自己的状态来适应当前的环境。

虽然学术界对于老年人情绪稳定性的特点存在着不同的观点,但是面对老年群体的情绪需求,社区可以通过自身资源的整合,来帮助社区老年群体。研究表明,虽然抑郁情绪作为老年群体常会产生的情绪,但老年抑郁的发生率和严重程度,在对社区老年人抑郁情绪采取措施的情况下得到了有效的降低。

心理应对

1. 家庭

随着家庭居住模式的变化,独居老人、空巢老人比比皆是,缺乏配偶的陪伴使得家庭给予老年人的社会支持愈来愈少。为老人提供家庭关怀和照料、使其享受良好的家庭生活关爱、与家人保持和谐的相处方式、为老人提供社会支持等,这些都有利于老年人形成积极健康的心态。老年人本人及其家人都需要正视老年个体在积极情绪上的需求,在问题发生之前预防,及时发现老年人情绪上的波动和变化,问题发生时积极应对,及时采取措施,发挥家庭对于老年人负面情绪的疏导作用,促进老年人的心理健康。

2. 社区

首先,老年人在生活中面对负性事件,若采取沉思与灾难化的策略时,更容易产生焦虑、抑郁等负性情绪。社区在针对老年群体进行心理健康教育时,应帮助老年人在负性事件中看到其积极的意义,促进其采用积极评价的策略,从而有效地从老年个体本身出发预防其负性情绪的产生。

其次,音乐作为一种可以传递信息的方式,通过调节老年群体的生理状态来达到唤起其愉悦感受的效果。音乐治疗的方法包括被动式疗法、主动式疗法和综合性音乐疗法,其中被动式疗法是最为普遍的方法,具体为在音乐治疗师的指导下,通过聆听特定的音乐来调整个体的心理状态。社区可以组织相应的音乐活动,如设立音乐治疗室,同时根据社区老年群体的受教育程度和音乐偏好来选择相应的音乐,主要以轻松欢快、舒缓安静的乐曲为主调。这种活动,一方面不仅可以达到镇定和舒缓的作用,使社区老年群体获得正性的情感体验,减缓负性的情感体验,从而达到优化其心理环境的作用;另一方面,这些活动也可以作为一种社交活动形式,在良好的音乐氛围下,为社区老年群体提供一种更为轻松愉快的交往环境,增强老年个体的人际交往能力和扩大其社交圈,从而进一步分散社区老年群体对负性刺激的注意力。

音乐初体验:

失眠:海顿《小夜曲》、舒曼《梦幻曲》、德彪西《月光》

疲倦:德彪西《大海》、维瓦尔第《春》

烦乱、心悸:贝多芬《第八交响乐》、巴赫《幻想曲和赋格》

情绪消沉:莫扎特《浪漫曲》、贝多芬《G大调小步舞曲》

第三,研究表明,对于老年群体,有运动干预的个体相对没有运动干预的个体,其认知功能和不良情绪都产生了一定的变化,特别是有参与舞蹈活动的个体,其焦虑、抑郁水平都比没有参加舞蹈的个体来得低。这表明广场舞蹈能够对社区老年群体的认知功能和情绪带来积极的影响,具体而言,可以改善并且延缓老年群体的认知衰退和减少负性情绪。因此,社区可以组织相应的活动,并积极带动社区老年群体参与,通过这种运动活动的方式来改善社区老年群体的认知和情绪。

最后,Robert和Butler提出了怀旧疗法,这是一种专门针对老年群体而设计的心理治疗方法,其中包含了个体怀旧疗法和团体怀旧疗法,这种方法可以提高老年群体的生活满意度、生活品质以及对环境的适应能力。在社区中,可以通过借鉴团体怀旧方法来组织团体活动,一方面促进社区老年群体的情绪正向发展,另一方面也符合成本效益最大化的原则。比如,选择安静的活动室作为场地,社区老年人以自由参与、组合的方式形成小组。首先,团体怀旧活动中,应先向参与的老年群体介绍活动过程,促进相互认识、了解彼此。其次,可以通过一些玩具等引导物来让参与者回忆起童年的趣事,主动分享;通过一些老照片来回忆起过去的人、物、事等,回忆起人生中的快乐美好时光,如恋爱、结婚、生子等;还可以利用一些经典电影和音乐来引导社区老年人回忆起年轻时经历过的国家大事或者年轻时的流行趋势等。这些步骤可以有意识地引导社区老年群体进行回忆,在回忆的前提下互相分享、互相倾听,使老年人逐步肯定自我价值,再次感受到生活的美好。在前两步的基础上,所有的个体加深了相互之间的了解,此时可以通过相互交流来获得帮助,来解决彼此之间的苦恼。针对社区老年群体普遍面临的问题,还可以引导他们回忆起自己与子女、爱人、兄弟姐妹以及父母等亲朋好友相处过程中最为珍贵和感动的片段,互相分享经历和美好的亲情、爱情和友情。最后总结团体治疗的效果和所获得的帮助和收获,并一起展望未来的生活。

心灵体验

缓解抑郁情绪的7个方法:

方法1:制订明确的、详细的目标。比如:和老朋友约饭、洗个热水澡、看看报纸。仅仅想着"让自己好起来"可能令人更加惶恐,而给自己一个具体的目标,会让人更有掌控感,更能真正改善情绪。

方法2:管住自己的身体,关注当下。当我们在消极想法里越陷越深无法逃离的时候,不妨试着动一动身体,关注现在你身体的感觉如何?

方法3:冥想可以这样做。关注你的呼吸,关注你的脑袋里浮现出来的念头,想想你面前有一个传送带,当你有念头冒出来的时候,将这个念头打包放在传送带上,让它走掉。下一个念头冒出来时,再打包、放在传送带上,让它走掉,周而复始。

方法4:给自己创造一个情绪上的"安身之处"。在冥想的状态下,回忆或者想象一个让自己感到舒适、安全、快乐的环境,当抑郁来袭时,可以偷偷"跑回去"休息一下,积攒些能量。

方法5:在你没有那么抑郁的时候去运动一下。抑郁的时候,一点也不想动,没关系。不抑郁的时候,运动一下,可以让情绪更稳定。

方法6:偶尔看到抑郁的另一面。抑郁让我感到糟糕,但是也让我更好地理解他人的情绪。

方法7:以感觉安全的方式表达自己的真实感受。关注自己内心真实的感受,有时可能还蛮难为情的,但是会有效缓解消极情绪,所以可以选择感觉安全的人来倾诉。另外,寻求专业心理咨询师的帮助也会有效缓解抑郁情绪。而如果情绪低落、空虚、疲劳、对一切都提不起兴趣而且这些情况持续两周或以上,请一定去医院精神科寻求诊断和专业帮助。

❋ 心灵自测

老年抑郁量表（GDS）

选择最切合您一周来的感受的答案,在每题后(　　)内答"是"或"否"。

您的姓名(　　)性别(　　)出生日期(　　)职业(　　)文化程度(　　)。

1.(　　)你对生活基本上满意吗?

2.(　　)你是否已放弃了许多活动与兴趣?

3.(　　)你是否觉得生活空虚?

4.(　　)你是否感到厌倦?

5.(　　)你觉得未来有希望吗?

6.(　　)你是否因为脑子里一些想法摆脱不掉而烦恼?

7.(　　)你是否大部分时间精力充沛?

8.(　　)你是否害怕会有不幸的事落到你头上?

9.(　　)你是否大部分时间感到幸福?

10.(　　)你是否常感到孤立无援?

11.(　　)你是否经常坐立不安,心烦意乱?

12.(　　)你是否愿意待在家里而不愿去做些新鲜事?

13.(　　)你是否常常担心将来?

14.(　　)你是否觉得记忆力比以前差?

15.(　　)你觉得现在活着很惬意吗?

16.(　　)你是否常感到心情沉重、郁闷?

17.(　　)你是否觉得像现在这样活着毫无意义?

18.(　　)你是否总为过去的事忧愁?

19.(　　)你觉得生活很令人兴奋吗?

20.(　　)你开始一件新的工作很困难吗?

21.(　　)你觉得生活充满活力吗?

22.(　　)你是否觉得你的处境已毫无希望?

23.(　　)你是否觉得大多数人比你强得多?

24.(　)你是否常为些小事伤心?

25.(　)你是否常觉得想哭?

26.(　)你集中精力有困难吗?

27.(　)你早晨起来很快活吗?

28.(　)你希望避开聚会吗?

29.(　)你做决定很容易吗?

30.(　)你的头脑像往常一样清晰吗?

评分标准:

0—10分:可视为正常范围,即无抑郁症

11—20分:显示轻度抑郁

21—30分:为中重度抑郁

1,5,7,9,15,19,21,27,29,30题项回答为"否"记1分,回答为"是"不计分

2,3,4,6,8,10,11,12,13,14,16,17,18,20,22,23,24,25,26,28题项回答为"是"记1分,回答为"否"不计分。

三、如何提高我的幸福感

心理叙事

林爷爷原是报社的编辑,退休后,身体健康,无生活负担,正好家附近的报社缺少有丰富经验的工作人员,林爷爷决定继续工作,遂成为该报社的返聘工作人员。继续工作后,林爷爷每天步行上下班,这成了他的一种运动方式。林爷爷表示,自己退休后待在家里觉得没意思,趁着自己还可以为社会继续做一些事情,所以毫不犹豫地选择工作,自己作为退休老年人有一份工作也是一件很幸福的事情,不仅可以获得一些收入,还可以实现自我价值。林爷爷认为,在当今社会除了经济保障,老年人自我价值的实现也能促进主观幸福感的提高,老年人也越来越注重自己的精神世界和自我价值。

老年人在退休后,经济状况会影响其幸福感,当老年个体再就业是为了解决经济问题时,都会有一定的压抑情绪,而这种情绪会影响到老年人的主观幸福感,而且经济状况不大好的时候,退休老年人参加工作或者社会活动的时候多是为了解决经济问题或者缓解不良的心理压力,极少以实现自我价值为目标。而经济状况较好、有退休保障且能维持正常生活的老年人,其正向情绪更多,会抱着更加轻松和愉快的心态参与工作和活动,更多地追求个人的发展与自我价值的实现,这大大提升了老年人的主观幸福感。不仅经济状况会影响老年人的幸福感,家庭和睦、婚姻状况以及人际关系等都会影响老年人的主观幸福感。

心理解读

主观幸福感的秘密

主观幸福感是指个体按照自己对于幸福所设定的标准且不顾他人评价,对自身生活质量的一种具有整体性和全面性的评价。主观幸福感的基本特点为:(1)稳定性,评估的不是短期而是长期的生活满意度,因此是一个相对稳定的数值;(2)整体性,评估的不仅包括情感反应还包括认知的判断;(3)主观性,是指以个体自身的标准进行评估而不是按照他人的标准。

主观幸福感的维度可分为以下三方面:(1)正向情感体验,如:欢喜、振奋、骄傲和满意等;(2)负性情感体验,如:悲伤、孤独、抑郁和气愤等;(3)生活满意度,如:对于现在、过去以及未来生活的满意度。其中,负性情感体验与正性情感体验是相互独立的,不能根据个体在正性情感体验上的得分推出个体在负性情感体验上的得分。在情感方面平衡能力高的个体,其正性情感体验占据着相对优势,其往往体验到更多的正性情感,相反,平衡能力较低的个体则体验到更多的负性情感。而生活满意度作为主观幸福感的关键指标,是独立于负性情感体验和正性情感体验的另一个维度,是更为有效的肯定性标准。

(一)主观幸福感的理论

1.社会比较理论

社会比较指想到与自我有关系的一个或者多个他人信息的过程。社会比较的过程分为以下三阶段:A.从某人或者某事身上获得相应的社会信息;B.将这些社会信息进行比较,包括自己与他人的相同点和不同点;C.社会比较之后进行反应的产生,包括认知、情感和行为方面的反应。

社会比较又分为向上比较和向下比较,向下比较时,个体往往会认为自己的生活状态优于其他个体,进而产生幸福的感受,提高自身的主观幸福感。当个体进行向上比较时,则会降低自身的主观幸福感。

同时,不同个体具有不同的人格,人格的差异性也会影响社会比较的方式。乐观者往往会倾向于选择与比自己差的个体进行比较,相反,悲观者更多时候则倾向于进行向上比较。

2.目标理论

目标作为情感系统的重要参考指标之一,可以很好地检验个体的行为。目标会使个体感到生活具有意义,目标实现的过程中会帮助个体应对生活中的各种问题。当个体的目标与其内在的需要和动机相适应,并且追求的目标具有可行性的时候,主观幸福感会得到增强。个体主观幸福感的获得来源于其需要是否得到满足,因此个体所设定的目标是否得到满足就是其主观幸福感评判的依据。

同时,个体的目标与其所生活的背景相适应时,主观幸福感就会得到提高。当个体所实现的目标是被其文化或亚文化高度认同、赞许时,其主观幸福感也会提高;文化背景也影响着个体选择目标,也是影响个体主观幸福感的因素之一。

3.期望理论

期望理论认为个体的期望与其实际成就之间存在的差异影响着主观幸福感,当过高的期望与个体实际成就之间的差距过大时,会使个体的信心和勇气受到打击,产生挫败感;而期望值过低时,个体则容易感到厌烦。

一方面,对个体幸福感而言,更为重要的是努力实现期望值的过程而不是最终目标是否达成。具有高期望值的个体,尽管目前的状态与目标状态还相差甚远,也会因为向着目标努力接近的过程而感觉到满足。另一方面,对于主观幸福感来说,个体期望的内容比实现期望的可能性来得更为重要。

4.特质理论

特质理论认为个体天生就会倾向于使用一种积极的性格去感受生活,即通常来说个体都具有天生快乐的品质。而具有积极性格的人都会习惯于用快乐的方式去面对自己所处的生活环境。记忆网络的相关研究证明，人的记忆网络可以分为积极和消极的记忆网络，因此，个体会基于不同类型的记忆网络去对所接收到的刺激事件做出相应的评估并进行反应。

(二)老年人主观幸福感的影响因素

1. 人口统计学因素

人口统计学因素对于老年人的主观幸福感具有影响。性别方面，已有的研究表明，女性的主观幸福感会显著高于男性，其主要原因是：A.社会角色上，女性较男性的情绪体验更加感性；B.女性老年个体对于生活期望较低，因此其随之而来的生活压力也会较小；C.女性群体更加倾向于在生活中向他人倾诉和自我表露，所以女性的主观幸福感会更高。也有研究结果显示，老年群体的主观幸福感在性别方面差异不是十分地显著，然而，不同的身体状况、家庭关系和经济条件等都使得老年群体的主观幸福感差异显著。

而在年龄方面，近十年来国内的研究也出现了很多不一样的结果，马艳、化前珍、范珊红和傅菊芳认为，老年群体的主观幸福感在年龄上差异不显著；曹坚、吴振云和辛晓亚的研究则表明，处于60至69岁年龄段的老年人主观幸福感较低；孙鹊娟的研究结果则显示，70至79岁年龄段的老年人的主观幸福感较高。

另一方面，从老年群体所接受教育的不同程度上来看，较低学历的老年个体其主观幸福感会低于较高学历的老年个体，文化水平越高的老年个体其主观幸福感高于文化水平较低的老年个体。虽然现今医疗水平不断提高，但老年个体在身体机能状态上呈现出不可避免的下降趋势。然而，健康的身体是享受美好生活的前提和基础，因此个体的健康状况与老年个体的主观幸福感是息息相关的，身体状况越好的老年人，其主观幸福感的水平则倾向于更高。胡宏伟、高敏和王剑雄等人在对我国城乡老年人的生活状态的调查中，验证了老年个体的健康状况正向影响着其主观幸福感。亓寿伟和周少甫的研究表明，老年个体的日常身体活动能力和记忆能力等身体健康因素与其主观幸福感呈正相关。

2.家庭生活

家庭生活中影响老年人主观幸福感的因素,主要包括与子女的关系、婚姻状况以及经济收入等。老人是否受到子女的尊敬和爱戴,与其主观幸福感高度相关。子女比较孝顺,能经常关怀支持老人的,老人的主观幸福感较高,即老年人与子女的关系正向影响着其主观幸福感。普遍来说,养老机构的老年群体由于长期缺乏来自亲人的关爱和照顾,更容易感到孤独、抑郁等负性情感,其主观幸福感往往更低。因此,老年个体与子女的关系对于其主观幸福感有着重要意义。婚姻状况对老年人幸福的评价也有着重要影响,我国历来重视家庭的稳定在个人及社会生活中的重要性。研究表明丧偶、离婚或分居的老年人缺乏情感交流、家庭关系紧张或子女不孝者均感到亲情疏远,生活满意度降低。有偶同居、子女孝顺的和睦家庭老年人孤独感、焦虑较少,对生活的满意程度远远高于丧偶、离婚或分居的老年人。而经济收入是影响主观幸福感最为直接的因素,调查结果显示,有工资收入者其生活满意度高于无工资收入者,老年人的生活满意度随着经济收入的增加而增加。从实际出发,较高的经济收入水平不仅可以提供给老年群体以优越的物质生活条件,还可以增强老年个体的信心和自尊心,保障其居住环境和老年人在家庭中所处的地位。换句话说,相比较经济条件较差的老年人,经济条件好的老年人其主观幸福感会更强。收入水平较低的老年个体,其主观幸福感低于收入较高者。

3.心理因素的影响

除了人口学的相关因素,老年群体的主观幸福感还受到心理因素的影响。随着老年个体的年龄不断增长,其主观认知和个体需求会随着心理因素与生理因素的变化而变化,并且老年个体的心理健康与其主观幸福感紧密相关,其中人格对主观幸福感的影响作用较大。有研究结果表明,外向性与幸福感、正性情感及生活质量明显正相关,与自觉健康也显著相关,而神经质恰好相反,神经质与幸福感呈负相关。应对方式也会对老年人的幸福感产生影响,应对方式是评价应激的意义、控制或改变应激情境,缓解由应激引起的情绪反应的认知活动和行为。采取消极应对方式或积极应对方式会直接影响老年人的主观幸福感。研究发现,积极应对与老年人主观幸福感呈显著正相关,而消极应对方式则与主观感受的孤独与不满因子呈显著负相关,说明积极应对方式的使用可以提升主观幸福感的水平,而消极应对方式的使用,则增加老年人的孤独和不满,从而降低老年人的主观幸福感。所以要使老年人主观幸福感水平提升,不仅要帮助老年人学会使用积极的应对方式,同时也要减少其消极应对方式的使用。

同时,社区因素中的社区意识、社区环境、社区组织等因素对于个体的主观幸福感的提升也具有十分显著的作用。当人们面临应激性生活事件时,社区的支持可以有效地阻止或缓解应激反应,从而增加正性情感并抑制负性情感的产生。因此,具有较高社区支持的老年人会有比较高的主观幸福感。社区所提供的服务数量和质量对老年个体的主观幸福感也有显著影响。社区的周边与内部设施更加完备、社区组织活动更加丰富,老年人的主观幸福感倾向愈高。社区管理中的社区基础设施完备程度、社区民主管理和社区生活服务对于老年个体的主观幸福感有着显著正向影响。老年人享受社区提供的文化娱乐活动时,其主观幸福感会得到提高。

心理应对

1.社会

要使老年个体主观幸福感得到提高,首先,老年群体的收入水平理应得到社会的重视,老年个体是否有收入、收入是否能支持其日常生活、是否享有社会保障是当今老年群体幸福感高与低的基础条件之一,因此可以完善退休金的增长机制。第二,政府针对老年群体的特点,提高老年人的主观幸福感,改革和完善现有医疗体系,进一步确保老年人的医疗需求得到满足,具体可以完善医疗保险制度、提供老年人身体康复场所等。在医疗保险服务方面,促进医疗保险种类多样化、积极提供医疗保险,着手解决老年人当前面临的医疗险种少、入保困难的问题。第三,针对老年人的身体健康与生命质量,社会组织、政府等相关单位可开展老年健身、老年健康宣导等活动,积极宣传普及正确的心理健康知识,还可有针对性地提供相应的心理健康测评、义务心理咨询等服务,帮助老年个体提高生活质量,促进其主观幸福感的提高。

2.社区

社区作为老年人日常生活与活动的场所,可以提供给老年群体更多社会支持和关爱,社会支持越多,个体则更容易获取更多的资源,从而提升其主观幸福感。因此,社区具有提升老年群体主观幸福感的优势作用,同时有助于提升老年群体的生活质量。研究表明,与西方国家的老年个体相比较而言,中国老年个体的社会支持来源绝大多数处于更单一的状态。子女是除了配偶之外,提供老年个体最多支持的来源。而在时代的发展步伐下,子女所给予老年个体的支持愈来愈少,在这种现实状况下,社区、社区中的邻居和朋友所提供的社会支持能够有效缓解老年群体缺乏子女支持的不良影响。社区提升老年群体的主观幸福感,可从以下三方面入手。

首先,在社会交往方面,社区可以帮助老年人重塑社会关系网络,借此给社区老年群体提供更多交流的机会,以及更多的社会支持。社区应根据老年群体的个体差异,合理地给予其不同程度的社区护理,优化社区的卫生服务资源,有效地确保其基本生活。同时,为了满足老年群体多元化的需求,社区在已有医疗设备的基础上,应为老年群体提供更为多元化的医疗服务。例如跟随时代的步伐,引入高新医疗设备,有利于随时精确地监测老年群体的身体健康状况;利用互联网时代的快速便捷,使医疗资源互联互通、互用互享,从而为老年群体提供更为优质、多元、智能化和多元化的医疗条件;为保证社区护理的质量和效果,引进和培养专业的护理人员,全面提升护理人员的专业能力和综合素质,为老年群体带来更优质的社区护理,提高其主观幸福感。

其次,促进老年群体的人际交往以及自我实现,有助于其主观幸福感的提升。当前我国大多数社区的设施不齐全,以至于老年群体的社交生活较为单调,故社区应组织更加丰富、多元的社交活动,有助于促进老年个体的积极老龄化,提高其主观幸福感。正念减压法、阅读疗法等都可以使养老机构的老年群体生活质量得到改善、主观幸福感得到提高。社区组织的太极、下棋、阅读等活动,都有助于增加老年个体的社会交往频率,从而提高其生活质量。将团体心理辅导运用于社区的老年群体中,有助于提高其主观幸福感。具体可运用绘画疗法、情景剧、音乐疗法和游戏治疗等艺术疗法。基于家庭为单位进行的艺术治疗达到的效果更为显著。

第三方面,社区老年人加强身体锻炼可以促进其自尊水平的上升,身体自尊又正向影响着老年个体的主观幸福感。针对老年人的体育锻炼,社区应尽快建立和完善老年群体的体育锻炼机制,将多样化的体育锻炼形式落实到社区之中,从而提高老年群体的身体健康水平,进而提高其生活质量。具体而言,首先,社区需加强宣传引导,让老年群体认识到适当的科学运动有助于提高生活质量;第二,可创办社区体育锻炼辅导处,为老年个体提供科学、有效的身体锻炼指导原则,根据老年个体的实际情况,提供锻炼方式,如:健步走、慢跑、太极等,在保证趣味性的同时,也实现了保健性;第三,在老年群体锻炼的同时,难免发生一些运动损伤,因此社区需提供及时且有力的医疗服务;第四,为社区老年群体提供科学的营养指导,防止偏激的认知和不良习惯给身体营养摄入和补充带来不良的影响,促进老年群体的运动消耗和营养摄入之间的平衡。

心灵体验

提高幸福感的小技巧:

(1)每天睡前写下你今天心怀感激的事物

写日记始终关系着更好的自我感知和大量的积极情绪。每一天的末尾,专注于写下一天中你所感触的事物能够放大这种益处,提升整体快乐的感觉。

(2)与家人、朋友分享你的快乐

将你每日感到的喜悦与人分享能够提升你幸福的潜力,当然也能够加强与家人、朋友的联系。分享是双方的事,所以,鼓励你的家人、朋友也来分享他们的喜悦吧。

(3)用蓝色将自己包围

停止忧郁的最好办法之一就是将自己全身都围绕在蓝色之中。蓝色被证实能够提高反应时间和意识,同时达到平静和放松的状态。

(4)将冥想加入你的日程

研究表明冥想能够重建练习者的大脑,永久降低压力水平而提高满足感。

(5)不吝啬把钱花在别人身上

只是因为有钱而计算着钱,绝对不会让你感到一丝一毫的开心。但将钱花在别人身上,比如送给对方礼物、食物或者请别人看电影等,能够增加积极情绪并提升幸福感。

(6)制订一个健身计划,哪怕只是快速健身

锻炼能够增强幸福感并且减少压力,即使是快速的锻炼也有这样的益处。即便视觉上没什么变化,锻炼也被证实能够提升一个人的形象。

(7)比上不足,比下有余

如果老瞅着那些高高在上的人,就会感觉自己的人生很没劲,感觉自己混得太差,然后就会产生沮丧感。这时最好换一下视角,看下那些不如自己的人,与他们相比,自己的人生是丰富多彩的,然后就会获得一种满足感。

(8)睡得饱饱才幸福

充足的睡眠能够增强对抗消极情绪的抵抗力,并使得身体能够释放出抗压神经递质。但也不要走极端,过度的睡眠反而会导致抑郁。

(9)奖励自己去户外

限制待在户外的时间,比如三十分钟的户外散步,能够提升你的快乐水平和幸福感,还能促进你身体产生维生素D,帮助你抵御骨质疏松。

(10)为自己制订可实现的目标

制订并且实现目标是最基本的改善你每天心情的方法。目标不能,也不应该太过雄心壮志或者太过宏大。简单的计划和小目标是通往成就感和快乐的钥匙。你甚至可以一石二鸟,比如设定"每天冥想十分钟"的目标。

(11)微笑吧

微笑不能带你走出忧愁,但是能够在你心情一般的时候选择向快乐倾斜。给予别人微笑也可能收获一个微笑,从而开启幸福的循环。

(12)听你最喜欢的歌

听欢乐的歌曲能够帮助赶走忧伤。这个诀窍在于要怀有让音乐改善心情的目的积极地听歌,当音乐只是背景的时候,它对于你的心情没有任何帮助。

❋ 心灵自测

我们想问一些关于"你的日子过得怎么样"的问题。在最近几个月里,你是否有下面所描述的感受?如果符合你的情况,答"1=是",如不符合答"2=否",如感到不清楚答"3=不知道"。请将所选数字写在题号后(　　)内。

1.(　　)你处于巅峰状态吗？

2.(　　)你情绪很好吗？

3.(　　)你对自己的生活特别满意吗？

4.(　　)你感到很走运吗？

5.(　　)你烦恼吗？

6.(　　)你非常孤独或与人疏远吗？

7.(　　)你忧虑或非常不愉快吗？

8.(　　)你会因为不知道将会发生什么事情而担心吗？

9.(　　)你为自己目前的生活状态感到哀怨吗？

10.(　　)总的来说,生活处境变得使你满意吗？

11.(　　)这段时间是你一生中最难受的时期吗？

12.(　　)你像年轻时一样高兴吗？

13.(　　)你所做的大多数事情都单调或令你厌烦吗？

14.(　　)过去你感兴趣做的事情,现在仍然乐在其中吗？

15.(　　)当你回顾一生时,感到相当满意吗？

16.(　　)随着年龄的增加,一切事情更加糟糕吗？

17.(　　)你感到很孤独吗？

18.(　　)今年一些小事使你烦恼吗？

19.(　　)如果你能随便选择自己的住处的话,你愿意选择哪里？

20.(　　)有时你感到活着没意思？

21.(　　)你现在和年轻时一样快乐吗？

22.(　　)大多数时候你感到生活是艰苦的？

23.(　　)你对你当前的生活满意吗？

24.(　　)和同龄人相比,你的健康状况与他们差不多,甚至更好些？

纽芬兰纪念大学幸福度量表(MUNSH)由24个条目组成,10个条目反映正性和负性情感,其中5个条目反映正性情感(PA),5个条目反映负性情感(NA);14个条目反映正性和负性体验,其中7个条目反映正性体验(PE),另7个条目反映负性体验(NE)。总的幸福度=PA−NA+PE−NE。

评分：对每项回答"是"，记2分，答"不知道"，记1分，答"否"，记0分。第19项回答"现在住地"，记2分，"别的住地"，记0分。第23项答"满意"，记2分，"不满意"，记0分。总分=PA-NA+PE-NE，得分范围-24-+24。为了便于计算，常加上常数24，记分范围0-48。PA：正性情感，NA：负性情感，PE：一般正性体验，NE：一般负性体验。

第六章　社区老年人的人际关系

内容简介

人际关系这个词最早由美国人事管理协会于20世纪初率先提出，1933年由美国哈佛大学教授梅约创立。人际关系是指人与人之间通过直接交往形成的相互之间的情感联系，包括亲属关系、朋友关系、学友（同学）关系、师生关系、雇佣关系、战友关系、同事及领导与被领导关系等。人际关系是在彼此交往过程中建立和发展起来的，表现为人与人相互交往过程中心理关系的亲密性、融洽性和协调性的程度。

每个人都生活在特定的社会群体之中，无法脱离社会或群体而独自生活。对于离退休的老人来讲，社会交往更是其获取信息、交流感情、增进友谊、丰富晚年生活的重要途径。如何协调老年人的人际关系，直接影响到老年人的身心健康、心理气氛和行为表现，影响到老年人能否顺利适应退休后的生活。拥有良好人际关系的老年人会保持愉快的心情、拥有更强的社会适应能力，从而维持良好的心理健康状态；相反，不良的人际关系则会导致老年人心情低落、产生无助感，进而影响心理健康甚至产生心理和生理疾病。调查研究表明，家庭和谐、心情愉快的老人，患病率为1.4%；而家庭不和，子女不孝等情况下，老人患病率高达40%。

因此，本章内容主要介绍了老年人人际关系的特征和类型，以及典型的人际交往障碍，并为老年人如何建立和保持良好的人际关系提供具体建议。

一、老年人人际关系的类型和特征

心理叙事

当被问及退休后的愿景时,六十岁的张大爷最希望能够与老伴平平安安、高高兴兴地度过未来的生活。在他的观念中,"家和万事兴"比什么都令人期待和满足。自己的大儿子和小女儿已成家,连孙子孙女都能满地乱跑了,他希望子女们在工作的同时能抽出时间回来看看老两口,同享天伦之乐。张大爷平时对书法颇有研究,自己和工作单位几个同样爱好书法的同事们组建了一个书法爱好者协会,他们有机会就聚在一起切磋技艺、探讨书法之道。他相信坚持学习书法能够让自己修身养性、平心静气,有助于身心健康。

当前,我国已处于全面建成小康社会、加快推进社会主义现代化的新阶段,人们的物质生活水平和精神生活水平较以往有了很大提高。老年人是我国社会的重要群体,在基本的生理需求和安全需求得到满足后,会进一步争取社交需求、尊重需求及自我实现需求的满足。目前,社交需求已成为当前我国老年人的主要需求之一。人际关系理论认为,人是社会性动物,与他人进行满足自己需求的交往是人类社会活动的重要方面。社会情绪选择理论认为,每个人的一生都伴随着与社会、他人之间的互动和交流,特别是伴随着年龄的增长,人们更加地重视和关注社交情感,也更倾向于紧密的社会交往关系。在倡导积极老龄化的时代,老年群体期望维持紧密和稳定的社会关系,实现社会参与,对家人、朋友、邻里以及其他社会关联群体都有着较强的社交需求。

老年人的人际关系网络通常涵盖四个方面:家庭(配偶关系)、子女、邻里以及大团体(主要指退休前原工作单位)。对于老年人来说,家庭内部的交流需求更为突出,希望夫妻恩爱白头偕老;对子女的要求更多地偏向要求他们在工作之余有更多的时间陪伴自己,并且随着时代的发展,老年人更加追求精神方面的慰藉,而非物质生活的充足;由于身体机能衰退和认知能力下降,大部分老年人更愿意与邻近的同龄人来往交流,更重视社区内的互动和往来,认为"远亲不如近邻";在大团体方面,老年人希望退休前的工作单位能多组织活动,能够创造更多机会将熟悉的同事朋友召集在一起进行团体活动,例如旅游、聚餐、聚会等,以此丰富自己的晚年生活。

心理解读

(一)老年人的人际交往类型

1. 业缘关系

业缘关系是指以人们广泛的社会分工为基础而形成的复杂社会关系,简单来说,它是由职业或行业的活动需要而结成的人际关系。老年人倾向于依赖他们在退休前的工作单位或组织所结识到的关系较好的同事和朋友进行社交活动。由于工作单位是人们最常接触的环境,这个环境下的人们因为熟悉而产生喜欢,彼此间具有更加亲密的人际关系;此外,因为长时间在相似的工作环境下,彼此的工作阅历及社会经验也趋于相似,在面对同样的情景或问题时可能会存在更多相同的看法和观念,也会有更多的共同语言。

2. 地缘关系

地缘关系是指人类社会的区位结构关系或空间与地理位置关系。人类要生存就必须占有一定的空间或位置,由此形成了人们之间的地缘关系。大多数老年人在退休后的生活环境都比较固定,每天接触的人也大致类似,诸如同乡、街坊邻里,他们都与老年人构成了或亲密或疏远的地缘关系。特别是大部分老年人普遍存在较为根深蒂固的乡土观念,会对来往较为密切的同乡好友产生更为依赖的情感。

3. 血缘关系

血缘关系是指以血统的或生理的联系为基础而形成的社会关系,是人类最早形成的社会联系。比较重要的血缘关系有:种族、氏族、宗族、家族、家庭。在不同的时代、不同的社会制度下,血缘关系所联系的紧密程度及其地位、作用是不相同的。对于老年人来说,家庭是人际关系的重要组成部分,也与我国养老模式以家庭为单位,重视亲情的传统密切相关。父母子女和兄弟姐妹普遍被摆在老年人人际关系的重要位置,"养儿防老"这一传统的生育观念凸显了子女对老年人的重要性。

4.趣缘关系

趣缘关系是因人们的兴趣、志趣相同而结成的一种人际关系,是为了满足人们的精神需要而结成的社会关系,是社会发展的产物。老年人在退休后拥有充足的时间,而且他们通常更愿意将这些时间花费在娱乐休闲活动上,如下棋等等。在这些兴趣活动中,老年人更容易寻找到与自己志趣相投的玩伴甚至人生伴侣,更容易与那些满足自身精神需要的人们发展出良好的趣缘关系。

5.亲密关系

伴侣对老年人来说具有重要意义,伴侣是否健在影响着老年人的寿命长短,那些伴侣健在的老年人在自我报告的健康状况上得分更高、生活满意度得分也更高,同时消极情绪更少。老年人已经度过了人生的大部分时间,并且大多数老年人都和自己伴侣度过了很长的时光,彼此之间非常了解,并且占据重要的分量。根据社会情绪选择理论,老年人比年轻人的社交更加狭窄,更倾向于亲密关系,故伴侣对老年人的生活起着非常重要的作用。

(二)老年人人际关系的特征

1.以工作单位为中心向以家庭为中心转变

在离退休以前,由于工作的需要以及工作的关系,人们绝大部分的交往对象都是以工作单位为中心形成的,比如上下级关系、同事关系、与本单位业务有关的朋友关系等。这些交往占据了人际交往的绝大部分时间,至于与家庭、邻居以及同学、同乡等的交往,则在整个交往活动中占据次要位置。在离退休以后,这种人际关系发生了重大变化,由以工作单位为中心向以家庭为中心转变,这使人际关系的侧重点发生了变化。这种变化是由人们社会角色的变化引起的。在离退休以前,人们生活的"舞台"主要是工作单位,所"扮演"的角色是领导、职员、专家、学者、干部、工人等。而在离退休以后,人们生活的"舞台"主要是家庭,所"扮演"的角色则是丈夫、妻子、父母(公婆)、祖父母(外公婆)等。社会角色的变化,决定着围绕这一角色的人际关系的变化。

总之,家庭人际关系在离退休前是次要的人际关系,因为人们大部分的时间和精力都放在工作上。而离退休以后,由于人们大部分时间是在家庭中度过的,所以家庭人际关系就成为人们人际关系的中心,同时邻里关系也逐渐显示出重要的地位。当然这并不是说离退休前的一切人际关系都不存在了,只是说其地位和重要性发生了变化。

2.由工作驱动型向享乐驱动型转变

人们之所以要建立一定的人际关系,除了满足人类基本的社会交往需求之外,还有利益的驱动,也就是说人类的交往并不是无目的的。在离退休之前,人们社会交往的目的主要是为了工作,或者说围绕着工作来建立和处理人际关系,比如说为了工作搞好上下级、同事之间的关系,为了工作搞好有关业务部门的关系,为了工作又拣起多年没有联系的同学、同乡之间的关系等等。上面这些人际关系,可以被称为工作驱动型。但离退休以后,工作没有了,人们的主要任务是安度晚年。在这个基础上建立起来的人际关系,就不再是工作驱动型,而是享乐驱动型。因为这时人们建立人际关系的目的并不是为了工作,而是为了享乐。搞好夫妻关系是为了生活有情趣;搞好父子关系是为了老有所养;搞好祖孙关系是为了尽享天伦之乐;搞好邻里关系是为了增加安全感;与朋友的交往是为了获得心理上的安慰,快乐地度过闲暇时光;等等。也就是说这些人际关系的建立都是享乐驱动的。当然我们不否认,有些老年人是在为家庭付出,比如贴补儿女们的生活,看管孙子、孙女等,但是只要这些是建立在和谐的家庭人际关系基础上的,那么对老年人来说就是一种享乐。

总之,根据社会情绪选择理论,在年轻时,人们最重要的任务就是为工作而努力拼搏,尤其是人到中年期,大部分都处于"上有老、下有小"的状况下。在这一阶段人们的生活以工作为中心,交友在更多情境下是为了助益工作,无论是升职还是加薪,抑或是为了谋求其他利益,交友都是获得财富的重要路径,大部分都是处于"知识目标"导向的人际交往。退休后,老年人不再需要将生活目标定义为事业有成,他们的生活开始向享乐发展,生活中志趣相同的玩伴也逐渐增多,大部分都处于以"情感目标"为导向的人际交往。

3.由对象的多变性向对象的稳定性转变

在离退休之前,人们交往的对象是多变的,因为人们的工作是不固定的,特别是在当代社会中,随着工作单位的变化,人们交往的对象也会发生整体性的变化;工作性质的变化,人们的交往对象会发生部分变化;业务范围的扩大,人们交往对象的范围也会相应地扩大。由于离退休前的人际关系是以工作单位为中心的,是工作驱动型的,那么它的对象就只能是多变的、不固定的。离退休以后的人际关系转向以家庭为中心,而家庭是相对稳定的,那么由此决定的人际关系也是相对固定的、稳定的。此外,由于离退休以后人际关系范围的缩小,也使得老年人在选择交往对象时比以前更为慎重,内容更为深刻。因为老年人经历丰富,又有人际交往的经验和教训,所以他们在选择交往对象时,更注重质量,更要求彼此相容,有共同的志趣、爱好,这样他们的交往对象稳定性就很强。

总之,年轻时由于工作可能不会处于相对稳定的状态,围绕工作而开展的人际交往也并不固定,交往对象较老年时期更多且与交往对象的人际关系状态变化较大。退休后,老年人的生活重心更多偏向满足自我,对交往对象的要求更多的是为了找到与自己有更多共同语言、共同兴趣的玩伴,因此大部分老年人的交友观重在关注交友质量,而非交友数量,且更加重视同亲密朋友、伴侣的交往,对熟人等社交对象则没有那么积极。

❈ 心灵小结

1. 老年人在退休后,人际关系趋向家庭内部的交流,对家庭以外的关系维护逐渐让位于对亲人的依赖。

2. 老年人的人际关系共有五种类型:业缘关系、地缘关系、血缘关系、趣缘关系和亲密关系。其中血缘关系和亲密关系在人际关系中处于重要地位。

3. 随着退休后生活状态的变化,老年人人际交往由以工作为中心转变为以家庭为中心,交往目标也从工作时带有功利性质,变为以自我满足为目的,同时交往对象也从"保量"变为"保质",且大部分人际关系处于稳定的状态。

二、老年人拥有良好人际关系的原因

❀ 心理叙事

人们常说"最美不过夕阳红",许多老人没有因为衰老或退休等原因导致幸福感和心理健康水平下降。张大爷之前在法院工作,已经退休五年了,这五年,他种花养鱼,自制家具,和老伴每天坚持锻炼,每年都准时参加战友聚会,去了很多退休前因为工作繁忙想去而不能去的地方,他觉得退休之后才开始了完全属于自己的生活,每天都在和自己想相处的人相处。

心理解读

老年人拥有良好人际关系的原因主要有以下几点。

1. 年龄特征

人的人际关系因年龄不同而不同。发生人际冲突时,各年龄阶段的成年人与老年人所采取的行为明显不同。研究发现,相比年轻人,老年人更可能采用回避策略以熄灭潜在的人际冲突,而不是让冲突升级,他们也不太可能采用有潜在危害的直接策略。有研究者在一个关于日常经验的全国性研究中发现,无论对亲密的社会伙伴还是棘手的社会伙伴,老年人均采取回避策略,而年轻人则更多地采取激进的对抗策略。

配偶的年龄通常是相近的,在接触频率、亲密程度及感受到的日常压力方面,婚姻关系也不同于其他人际关系,对人的影响也更为深刻。此外,虽然老年人和中年人对其配偶行为的客观评价无年龄差异,但老年人对其配偶行为的看法没有中年人那么消极。老年人对配偶这一重要社会伙伴较为积极的评价,无疑有助其产生积极的人际体验。

2. 情绪幸福感

社会伙伴对彼此的情绪状态都很敏感。抑郁者往往激起社会伙伴对其的消极反应,而愤怒者则往往激起社会伙伴对其的愤怒反应。同样的,有较高情绪幸福感的老年人,也会激起社会伙伴对他们的积极反应。

3. 冲突升级

研究表明,当与老年母亲相处时,女儿通常会默认母亲的言行。研究者先让每个女儿都描述一次她们对母亲生气的情形(母亲不在场),然后,让母女共同讨论他们对对方生气的情形。当与母亲在一起时,超过1/3的女儿说她们想不起这样的情形(尽管在单独询问时,她们报告了这样的情形)。也就是说,即使母女关系再好,在与母亲共同受访时,中年女儿会降低或否认她们曾经对母亲的愤怒;但无论单独受访还是与女儿共同受访,母亲的表达都是直截了当的。而且,这种互动模式不仅仅限于亲密的人之间。不论与老年人是亲戚、朋友还是熟人,成年人的规范信念,都使他们倾向于在与老年人发生冲突时,大事化小,小事化了。因此,个体(无论其年龄如何)与年轻社会伙伴间发生冲突的可能性更大,但会避免与老年社会伙伴的冲突升级。因此,人们对社会伙伴的行为反应,既取决于自己的年龄,也取决于对方的年龄。研究者先编了几个小故事让被试阅读,然后让被试预测故事中被冒犯者的反应。其中,有些被试拿到的是故事版本中的冒犯者是老年人,另一些被试所读的故事中,冒犯者是年轻人。结果表明,当冒犯者是老年人时,被试预期,因为冒犯者上了年纪,被冒犯者会避免与其发生冲突。但当冒犯者是年轻人时,被试则预期,被冒犯者会因冒犯者的年龄特征(年轻)而采取激进的对抗策略。

4. 未来时间洞察力

未来时间洞察力是人们对自己的未来时间及在这段时间内可能发生的事件的认知、体验和行为倾向的一种稳定的人格特质。支持社会情绪选择理论的研究发现,人们的行为因未来时间洞察力的变化而变化:当人们认为自己时日无多,他们对社会伙伴的积极情绪会最大化。同样地,当人们觉察到留给社会伙伴的时间不多时,他们也会尽量避免与对方发生冲突。因此,虽然一些老年人也会在交往中制造不快,但未来时间洞察力使人们往往会宽恕难以相处的老年人,尽量避免与其发生冲突。研究发现,当被试觉察到留给自己或违反了社会期望的伙伴的时间不多时,更有可能宽恕对方。相比年轻人,被试会更容易宽恕犯了同样社会罪责的老年人。研究者让一些被试想象曾经冒犯过他们的老年社会伙伴即将退休去夏威夷安度晚年,被试会怎样对待他们。在时间被限定的情况下,无论昔日的冒犯者如今年老年轻,被试都会选择回避策略。但当研究者询问另一些被试,如果冒犯者只是暂时离开(去度假),被试会怎样对待他们时,被试表示,他们更可能会对年轻冒犯者采取激进的对抗方式,但会尽量避免与老年冒犯者发生冲突。这一研究表明,与老年人交往的时间有限,而与年轻人相处的时间则来日方长,可能是人们对年轻人和老年人的对待不同的原因之一。因此,遇到曾经冒犯过自己但来日不多的老年人时,人们会对其予以尊重,而不是与其斗争。因此,未来时间洞察力确实能调和其他年龄阶段的人与老年人之间的冲突。对每个社会伙伴来说,这种宽恕都有助于促进良好人际关系。通过对老年人的宽恕,社会伙伴能调节自己的情绪,不再与老年人发生冲突,并维持与老年人的良好关系。这样的回避行为既可能是为了自我保护,也是为了保护社会伙伴。但是,如果人们从来不表达他们的不良感情,这种回避行为也许会引发负面后果。

5.消极刻板印象

对老年人的消极刻板印象,或许有助于积极的社会交流。在一项研究中,研究人员先让被试读一个故事,故事中的主人公拿了一顶帽子但没有付款就离开了。然后研究人员询问被试,如果遇到这种情况,他们会怎么做。研究结果表明,相比做了同样事情的年轻人,被试认为老年人的罪责更轻,因此对他们的惩罚也更少。被试对老年人的这种宽容,是由于对老年人忘性大的刻板印象。研究也发现,当人们评价慢性子的工人时,他们对老年雇员的评价更好,因为他们将老年雇员的迟缓行为归因于无法控制的老化后果,而对年轻工人的评价则更严格。此外,认为老年人倔强且无法改变,是人们不与老年人对抗的另外一个原因。因此,即使对老化的刻板印象是消极的,在特定的情境中,反而能促使人们优待老年人。

6.行动预期

在与老年人交往的过程中,人们可能会因对老年人行为的预期,调节自己的情绪以使老年人受益。与老年人关系紧张时,社会伙伴可能抑制自己的情绪,因为他们认为,老年人可能会采取回避型的策略。而与年轻社会伙伴间的关系紧张时,人们会采取对抗的行为,因为人们认为,对方也会采取对抗的方式。因此,社会情绪调控是每个伙伴对对方下一步行动预期的结果。

三、老年人在人际交往中遇到的障碍

老年人在进行社会交往和沟通时,其心理特征较年轻时可能会发生某些变化,这些变化可能是健康的、积极的、正确的,也有可能是不健康的、消极的、错误的,即老年人人际交往中既存在健康的心理特征,也可能"误入歧途",存在一些障碍。

(一)老年人的自私心理及表现

老年人的自私,和通常一个人在思想本质上的自私不同,是人在老年期的一种心理变态。

有的人原先慷慨大方,上了年纪却变得十分吝啬,样样都分"我的""你的",甚至对自己的妻儿也会如此,处处以关心自己的利益为重;有的人过分重视自己的自我感觉和情绪变化,对其他家庭成员却漠不关心。还有部分老年人认为自己在年轻时辛苦打拼养活家庭,将大部分的物质资源花费在对子女的教育和养育上,如今自己已然完成对子女的培养重任,子女也已步入社会并取得了一定的成就,因此应当对自己年轻时的辛劳付出感恩回报,在物质生活方面自己可以肆意索取且子女都必须为自己达成。

心理叙事

周伯(化名)原先慷慨大方,虽然身为局长,每月收入却都上交"家政",从不与妻子计较金钱。可退休不到几年,就像换了个人一样,经常因为钱与妻子吵架,尤其是近半年来,他干脆每月只交100元生活费,还经常找妻子算账。儿女们以为他是缺钱用,每人给他500元,他却照吵不误。因而妻子嫌他,儿女们怨他,整日里一家人横眉冷对,少言寡语,气氛尴尬。

周伯在退休前身居高位,有稳定的收入来源且工资较高,因而可能不会与妻子过多计较;但退休后"今时不同往日",由于退休金与正常工资相差较大,收入明显减少,累积财富的减少确实会给老年人带来不同程度的安全感缺失。周伯也可能感受到了如今相对"拮据"的生活,因此在支出方面变得精打细算。同时,周伯退休前忙于工作,可能在财富管理方面没有时间也没有精力与妻子探讨出一个合理的管理方案,久而久之就习惯于每月收入都上交"家政",而退休后有了充足的时间和精力,但缺乏与家人的有效沟通,加之收入减少后会变得对金钱较为敏感,因而会经常与妻子和儿女计较。

心理解读

现在社会普遍存在这样一种观念:对年幼孩子的自私行为或做的错事,人们往往会以"年龄小不懂事"为理由原谅他们,但对于老年人的某些自私行为或过失,不少做晚辈的却常常不能予以谅解,甚至歧视、辱骂老人。这样对待老年人是不公平的、考虑欠妥的。在人的一生中,大脑功能有一个从幼稚到成熟、老化,最后死亡的过程,人格发展也有一个从本我到自我、再到超我的过程。幼年时期,人格处于"本我"阶段,遵循快乐至上的原则,还没有形成道德观念和逻辑思维;随着年龄的增长,人们才逐渐分得清自己的和别人的,懂得了只拿自己的东西而不拿不属于自己的东西,进入"自我"阶段;最后才逐渐形成明确的道德观念,能鉴别是非、善恶、美丑,知道关心别人、帮助别人,进入"超我"阶段,成为一个成熟的"社会人"。然而随着年龄的增长、大脑老化后,人格又会向"自我"和"本我"逆向退化,人也就会出现一些幼稚的、类似孩子的行为。因此从生理上讲,"年幼无知"和"老糊涂"都是大脑功能不健全引起的。所以,我们应该耐心地对待老人出现的自私行为,让老人得到应有的尊重、关心、爱护、帮助和照顾。相反,不良的人际关系和过大的心理压力,都会加速老人大脑的老化,甚至导致老年性痴呆等老年期精神障碍。

处理应对

妻子与儿女应当及时与周伯沟通,不能理所当然地认为他是因为"缺钱用"而大吵大闹就多给他钱以求息事宁人,这种"想当然"的解决方案是不能解决问题的。家人应与周伯交流彼此之间的想法,了解周伯的内心所想,比如家里的钱应当如何进行管理,为什么最近对自己的收入比较在意,为什么经常找妻子算账,等等。另外,在沟通时需要注意自身的态度和措辞,不能将之前嫌弃、烦怨的态度带到谈话上,说话时的语气应当是商量的而不是抱怨的。

(二)老年人的贪婪心理及表现

老年人贪婪心理的形成主要是错误的价值观,认为社会是为自己而存在的,天下之物皆为自己所有。有贪婪心理的老年人在要求无法得到满足时,可能为了满足自己的私欲而丧失理智,不顾社会道德法规的约束和舆论的谴责。贪婪大多与意志薄弱相关,在金钱和物质面前不能控制自己的行为,有时候知道贪财不好,但在诱惑面前依然会把理智抛之脑后。贪婪心理有时还会和侥幸心理相伴而行,老年人自以为占得了眼前的小便宜,殊不知背后将会有更大的陷阱。

心理叙事

郭大爷(化名)家中并不富裕,身体也不好,老伴儿靠拾荒来补贴家用。前几年因为家中的老房拆迁得到了一笔13万元的拆迁款,生活才慢慢地好起来。郭大爷是一个相当固执的老人,家里人也都拗不过他。一次偶然的机会,郭大爷经熟人介绍,参加了一次"老年保健讲座",但其实这就是一场"保健品骗局"。商家大多数卖的产品都是一些三无而且没有任何效果的药品,如"让人活到120岁的酒""一根价值2300元但却只卖98元的智能拐杖""免费送几千块的长寿被褥和枕头"等等。在短短的几年间,郭大爷将积攒的全部积蓄都花在这些所谓的"包治百病的神丹妙药"上,但最终带给家人的只是一堆垃圾。

老年人通常惧怕灾病和死亡,往往愿意为了延年益寿而付出一切。同时,大部分老年人存在"钱是省出来的"观念,对于家境贫困的老年人来说,能够占得一些小便宜无疑可以节省生活成本,省去不必要的开支,将钱用在更需要的地方或留给子女。商家正是抓住郭大爷这类人的心思,在宣传时着重强调"延年益寿"和"便宜实惠"的卖点,让郭大爷以为自己买来了健康和长寿的同时,还节约了一大笔钱。郭大爷第一次买了产品后,这样的观念就在他心里埋下了一颗种子,买得越多,他就认为自己越健康,省下的钱越多。于是,在贪婪心理和侥幸心理的驱动下,郭大爷掉进了商家的诈骗陷阱。

心理解读

目前我国即将进入老年大国的行列,老龄化问题突出,许多不法商家正是看中了老年人"爱占小便宜、容易被忽悠"的特点,层出不穷的"老年保健品"就是惯用的伎俩。而老年人的确对商家宣传的戒备心不够、洞察力不强,相关部门对这类无良商家的监管不够到位,才致使"老年人医骗"的案件近年来屡见不鲜。

处理解决

家庭方面。从老年人自身来说,提高防骗意识和洞察能力,避免贪婪心理和侥幸心理作祟,是从源头上解决这类问题的治本之策。家人要向老年人反复强调这类"三无保健品"的危害,强调这类商家的"别有用心",不可为了延年益寿而追求"歪门斜路"。若真的想健康长寿,便需要老年人放松心态,保持平和乐观的人生态度,养成良好的饮食习惯和作息习惯,勤于锻炼身体,增强体质,积极参加丰富多彩的娱乐生活,切不可贪图眼前的利益,为小事斤斤计较,如此才能拥有健康美好的老年生活。

社区方面。家庭是老年人的小家,社区是老年人的大家。社区应当积极开展宣传防止"医骗入侵"的相关知识普及,配合各个家庭共同告诫老年人控制贪婪心理,谨防"医骗上门",危害人财安全。一旦发现社区内发生老年人陷入骗局的案例,在与家人协商介入的同时,应立刻向有关部门汇报,及时发现并制止类似商家的不良行为。

(三)老年人的自我封闭心理及表现

自我封闭是指个人将自己与外界隔绝开来,很少或根本没有社交活动,除了必要的工作、学习、购物以外,大部分时间都将自己关在家里,不与他人来往。自我封闭者都很孤独,没有朋友,甚至害怕社交活动,因而是一种环境不适的病态心理现象。老年人有因"空巢"(指子女成家在外居住)和配偶去世而引起的自我封闭心态。有些老年人在总结人生时妄自菲薄,形成了自卑、孤僻的性格,不愿意跟人交往,甚至同自己的家人都不愿意多说话。这些都属于典型的自我封闭心理表现。自我封闭同样会对老年人的生理健康产生不利影响,自我封闭会加重老年人的心理负担,从而加速机体细胞的死亡。

心理叙事

今年60岁的姚女士是一位独居老人,十年前丈夫因车祸去世后便一直和女儿生活,现在女儿在外地工作,独留姚女士一人在家生活。平时的生活就是两点一线:去超市买菜,在家做饭。除了买菜做饭以外就是在家看电视,听广播。偶尔在路上碰到熟人也只是打个招呼就匆忙离开,并不愿意进行深入的交流。姚女士说,她已经把自己的后事都想好了,不想给任何人包括自己的女儿添麻烦。最难过的时候就是生病,在家躺着,深感生活好像没有了任何意义。

心理解读

老人会因为配偶去世、子女成家在外居住等而感到内心空虚、寂寞甚至痛苦、彷徨。尽管物质条件已经较为富裕,但缺乏配偶、子女的陪伴,对老人而言仍不算是完美的老年生活。对于姚女士而言,丈夫因意外而去世,对她来说已然是天大的打击,足以令她崩溃,但为了孩子的未来着想,她不得不忍着悲痛,将女儿抚养成人。女儿在外地工作后,因丈夫去世而还未消化的悲痛,加上唯一的女儿离家,空虚感顿时席卷而来,使姚女士陷入一种抑郁的精神状态,深感老无所依,进而逐渐封闭自己,拒绝与外界过多接触。

处理应对

家庭方面。子女在外地工作不能回家陪伴父母的,应当多通过媒体等途径,例如定期给父母写信、打电话、视频通话、寄一些当地的特产回家等等,让父母感受到亲人的陪伴,以此来缓解无人在身边的孤单寂寞。如果条件允许,最好定期回家看望父母,毕竟陪伴才是真正让父母感到安心的最好方法。

社会方面。失独老人需要社会关爱,让他们感觉社会并没有抛弃他们,对他们来说,心理的安慰比物质援助更重要。当前社会养老的各种现实情况,往往是基层的工作人员最先接触到的。

保险业可以设立失独险等有针对性的保险,为失独老人提供一定的保障。另外,政府可以大力扶持公益组织,为民间的各类公益组织提供补贴和帮助,来弥补政府力量的不足。

(四)老年人的虚荣心理及表现

虚荣心理产生的重要原因是传统的维护面子观念,追求功名利禄是虚荣心理产生的主要根源,戏剧化人格倾向是虚荣心理产生的基础。有的老年人存在过分自尊倾向,特别爱面子,贪图追求表面光彩,走向虚荣。存在虚荣心理的老年人不能正确评价自己,将以前的荣耀当作炫耀的资本;过于喜爱在吃、穿、住、行等方面进行攀比,同时不考虑自身及子女的经济条件,对自己缺乏客观的认知;在知识学识上不懂装懂,认为自己的想法永远是正确的,因此不能很好地接受他人对自己的建议和批评。

心理叙事

电视剧《都挺好》的热播让我们记住了"日常作妖"的父亲苏大强(倪大红饰演),在妻子赵美兰病逝后,苏大强开始每日想着如何搜刮子女,如何为自己争取更大的利益。原来的老宅破旧不堪,于是他开始想着如何让子女出钱为自己换一套新的房子。独居的老人两室一厅已然足够,但他却一定要三室一厅;为了这套房子,大儿子在他的软磨硬泡下无奈变卖了老宅,还出资20万,差点与自己的妻子离婚,他却向自己的好友老聂说,是子女太孝顺了,为了让他过上好日子非要给自己买三室一厅的大房子;为了这套房子,他把二儿子一家闹得鸡飞狗跳,最后夫妻离婚不欢而散,但他却毫无愧疚之心,只想着快点买房子摆脱怨恨自己的二儿子,就连替二儿子登门致歉也因为不会说话被赶了出来。

心理解读

苏大强上述一系列"作妖"行为都是虚荣心理的表现,两室一厅不足以成为他对外炫耀或满足自身私欲的资本,于是在不考虑自己是否真的需要的情况下,为了一套三室一厅的房子,使得二儿子和妻子之间的矛盾激化,甚至拳脚相加,最终导致两人分道扬镳,也差点将大儿子的美满家庭送入坟墓。老房子的家具都是前两年新买的,但他认为这会让他回忆起妻子在世时对自己的指责、咒骂和欺压,硬是要买一套全新的家具。但他没有想过,这会让大儿子的经济状况雪上加霜,也丝毫没有顾及大儿子的妻子女儿离开大儿子后过的是怎样的日子。为了塑造自己儿女孝顺且个个事业有成的形象,他向老聂吹嘘并邀请他参观自己的新房子的同时还不忘夸奖自己的子女。

不可否认,电视剧对苏大强的心理和行为做了戏剧化和夸张处理,但正所谓"艺术来源于生活",生活中有的父母为了一己私欲和"面子",让多少儿女在背后受尽了苦楚。调查显示,认为"父母自私、爱慕虚荣"的观点在单亲家庭和重男轻女家庭中受到更多子女的赞同。

处理应对

老年人应学会与子女换位思考,对于老年人来说,偶尔炫耀一下自己的生活或许在情理之中,但过分且不计成本地炫耀就需要及时制止。自己打拼了一辈子固然不容易,但子女作为"上有老下有小"的群体,势必也要付出时间、精力和财富来平衡工作和生活。老年人需要意识到,人的欲望是无限的,但物质基础是有限的,不论做任何事都需要量力而行,不计成本地索取或许能够满足一时的虚荣,但长此以往必然会对正常生活秩序造成破坏。

子女作为主要的经济支柱,需要控制家庭中的收支平衡,在对父母孝顺的同时,更要考虑实际的生活情况,不能一味"愚孝",不能认为只要顺从老人的任何要求,讨老人欢心就是孝顺,不能一味放纵。子女应与父母深入沟通,了解他们切实所需的东西,在自己的经济能力以内为父母买到最优的商品。同时,如果发现父母存在虚荣心理,也应当及时了解父母背后的诉求是什么,部分老人炫耀是为了减轻内心的不安全感,例如子女对自己缺乏关心,对自己态度冷漠。因此,最核心的解决办法是找到老人真正需要的是什么,才有可能避免虚荣心理带来的一系列不利影响。

(五)老年人的嫉妒心理及表现

心理叙事

嫉妒心使七旬老人成了"纵火犯":75岁的刘某和附近的居民共同承包了林地,平时大家相安无事,当地林业稳定发展,为各家各户都带来了不菲的收入。但在最近的一个月内,当地多次发生火灾,或树林无端遭人损毁。经过多方调查和取证发现,均为刘某一人所为。刘某和附近居民平时并无过节,他之所以屡屡纵火蓄意损毁树木,原因竟是嫉妒。附近的住户均是在市场内经商多年的业户,除靠承包林地之外还做起了小本买卖,每户都"家资不菲",而刘某破坏的原因只有一个——"他们家里比我家有钱!"据刘某交代,多年前他也尝试做过小卖部的生意,但由于经营不善,两年后就放弃了,只专心做林地生意。

心理解读

在这起案例中,刘某因为自家经营林地的收入比不上既经营林地又做小本买卖的邻居,嫉妒他人的财富更多,起了报复之心。他通过损毁树木和纵火,来破坏别人正常的收入来源,以此求得自己内心的平衡。但他在破坏的同时没有考虑到,邻居之所以会比自己收入更多,是因为他们在经营林地之外付出了更多的时间和精力来经营其他产业,付出越多,收获越大,劳动越多,收入越多。刘某只看到了他人的财富比自己多,忽略了自己的付出,尽管尝试过小卖部生意,但由于自身局限和经营不善,才没能为自己带来额外的财富。同时,由于村与村、户与户之间联系紧密,常常是"一家挣钱,全村皆知",挣钱多者,自然是常常受到他人的追捧、称赞和讨教,这种崇拜他人的情绪也影响到了刘某,使他的嫉妒之心更重,面对他人家门前"门庭若市"而自家门口"门可罗雀"的对比反差,刘某内心嫉妒的无名之火便越发旺盛,最终导致他做出纵火损毁的行为。由于这一时的嫉妒,刘某这种损人不利己的行为不仅破坏了别人的收入来源,还要为这种不理智的行为付出代价,面临法律的制裁。

为什么老年人会出现类似的嫉妒心理和行为呢?

(1)屡遭挫折,心有不甘。不少老年人在青壮年时期热切追求个人事业的成功,强烈期待有朝一日出人头地,并为此做了长期艰苦的努力。但由于智力、个性以及社会机遇等方面的原因可能并未实现,而同龄人却拥有功成名就、春风得意的人生。因此,在将自己与他人对比后,嫉妒心越发不可收拾。研究发现,在青壮年期好胜性格突出的人,进入老年期后嫉妒心理强化的倾向也越明显。

(2)占有欲继续膨胀。一些老年人在青壮时期表现出众,事业家庭双丰收,常受人称羡。尽管已进入老年期,但已经拥有的一切还不能满足其日益膨胀的欲望，同时又担心有失去的风险。这种情况在较高社会阶层的老人中比较常见。

（3）社会上对老年人歧视、冷遇厌弃的不良风气。这种风气不但会使老年人加深心理脱离意识、陷入难以自拔的哀伤，而且还会激起老年人强烈的怨愤。社会对老年人的不公正态度是诱发老年人嫉妒心理的重要客观因素。

（4）部分退休后的老年人尽管拥有可保衣食无虞的退休金，也有儿女给予物质生活上的保障，但本人收入较退休前已然减少，生活水平降低，再加上部分人可能过去的积蓄也并不充裕，进而逐渐丧失了对生活的安全感。而且，他们会将自己与比自己经济地位优越、举止阔绰、心情欢畅的同龄人对比，这更容易增强失落感和危机感，最终诱发不同程度的嫉妒心理。

（5）社会对某些功成名就、享有盛名的老年人给予过分的阿谀颂扬，一方面会使受追捧者在鲜花掌声的包围中丧失理智，导致占有欲恶性膨胀，攀比观不断激化，进而产生嫉妒心理。另一方面也会使其他老年人目睹身受而感到愤愤不平，嫉妒心理也悄然而生。

处理应对

当老年人内心深处产生嫉妒心理并表现出来时，家人首先要帮助老年人承认、直面自己的嫉妒情绪，要帮助老人试着分析自己妒忌他人的原因。如案例中所描述的，每个成功案例的背后都凝结着辛勤的汗水和聪明才智，并非"天上掉馅饼"。因此，对于他人的"强势"，先不要盲目嫉妒，而要理性分析，找出他人成功的内因和外因，然后再分析自己拥有的优势和劣势，找到差距，取人之长补己之短，或许自己也能达到甚至超过他人的成就，即化"嫉妒为竞争"。若老人妄图采取类似纵火的报复性行为时，家人需要立刻制止。但方法又不可太过直接，最好的办法是让老人进行换位思考：若我受到他人嫉妒而无端遭到他人伤害、报复时，心里会是什么感受？我会是何种心态？从而帮助老人淡化嫉妒情绪，放弃报复行为。家人也可帮助老人寻找其他活动转移注意力，缓和情绪，从而有效阻止嫉妒心的发展。

❋ 心灵小结

1.老年人退休后可能在人际交往中存在障碍,出现不健康的心理特征,这既是正常现象,也需要及时发现和采取科学的应对措施。

2.老人在人际交往过程中可能出现的典型障碍及表现有:自私心理、贪婪心理、自我封闭、爱慕虚荣和嫉妒心理。

3.从老人最亲近的两种关系——家庭和社区入手,既要帮助老人走出人际关系的误区,也要注意方式方法,切忌产生新的冲突或激化矛盾,带来更大的麻烦。

四、老年人的重要人际关系

(一)夫妻和睦是首要

⚙ 心理叙事

老陈夫妇今年是第三年被大家评为厂里的"退休职工模范夫妻",对于这个荣誉称号,老陈两口笑着摆摆手:"正常过日子而已,谢谢大家的赞许。"当被问到有什么诀窍可以让两人相濡以沫,这么多年依然恩爱如初时,老陈表示,相互的尊重和理解是第一位的。两人并不为"男主外,女主内"的传统思想所束缚,扫地、做饭、刷碗等等家务活从来都是两人一起完成。老陈说,一起干活也是增进感情的一种方式,两人一起做饭吃饭洗碗,饭后一起出去散步遛弯,说说所见所闻所感,是一天当中最幸福的事情。

❀ 心理解读

老年夫妻情感深,似乎不受文化与职业的制约。人到老年,朝夕相处的不是别人,正是配偶。如果夫妻不和,经常吵架,对老人的心情和健康影响很大。因此,老年人要有意识地去处理好夫妻关系。

首先，老年夫妻要本着互相恩爱、互相信任、互相尊重、互相谅解的原则和睦相处。家庭的建立是从以男女之间爱情为基础确立的夫妻关系开始的。要维持良好的家庭关系就要巩固和发展夫妻间的爱情。这对于年轻夫妻固然重要，而老年夫妻也同样需要。俗话说"少年夫妻老来伴"。老年人为社会、为家庭奔波了大半生，退休回家安度晚年时，夫妻间的互相恩爱就更加重要。如果认为已经是老夫老妻了，不注意调适夫妻关系，就容易造成夫妻关系的不和谐，甚至破裂。

其次，老年人可以适当学习了解心理学和老年生理学。了解一些老年人的心理特点和生理变化，这对调节夫妻关系极为重要。人到了一定年龄就进入生理更年期，由于一时不适应生理上的变化，有些人特别是女性难免心情烦躁、忧郁、多疑、脾气大。这时采取正确对策，对她宽容大度，体贴关心，从精神到行动帮助她顺利度过更年期，一切就会恢复正常。如果老人不懂生理特点，配偶一旦出现反常的表现，就认为她变了，产生这样或那样的想法，结果矛盾越来越大，以至影响夫妻关系。离退休干部在离开工作岗位以后，在心理上也有一个"更年期"，他们的思想情绪言行也常会出现反常。如果老伴不了解这是这个阶段必然出现的正常现象，对他不理解，甚至争吵，势必越闹越糟。所以，老年夫妻学习生理常识和心理常识，是很有必要的。

最后，也是最重要的，是要积极地调适夫妻关系，不断增强双方的感情。通常来说，在现阶段进入老年期的夫妻，在以往的家庭生活中，操持家务、侍奉老人、抚育子女，妻子比丈夫付出的辛苦要多得多。当这些负担减轻以后，尤其是在退休以后，夫妻双方应试图建立一种新型的夫妻关系。做丈夫的要对妻子多加体贴和关怀，回报妻子多年来为家庭付出的辛劳，主动承担自己力所能及的家务劳动。即使表示愿意从头学起，对妻子来说也是一种莫大的安慰。反之不理解妻子的这种心理要求，也不主动承担一些家务，或以不会为理由仍旧"饭来张口，衣来伸手"，时间久了会影响夫妻感情。

(二)子女陪伴少不了

◆ 心理叙事

每到周末，小王两口子都会带着四岁大的女儿回到父母家，和老人们度过美好的周末时光。小王的父母是四川人，平时饭菜里少不了辣椒，小王的媳妇每次回去都会提前采买好最新鲜的海椒，还有风味极佳的烧酒，为一大家子人做上一桌色香味俱全的地道川菜。一家人吃吃喝喝有说有笑，乖巧机灵的女儿每次都能让两位老人笑得红了脸庞。小王夫妇在城里工作，女儿对爷爷奶奶的乡下生活颇为好奇，每次回家都会缠着爷爷奶奶教她做农活做手工，小王也会教两位老人使用智能手机，这样老人们足不出户也能浏览天下新闻。近段时间老人们学会了使用微信视频通话的功能，想孩子们的时候，一家人就来个视频通话，聊聊近况，既开心又满足。

心理解读

据调查，我国老年人在两代关系上大多数是和谐又亲密的。子女对父母态度好，家庭气氛就融洽；对父母态度一般，家庭气氛也就一般。在环境不佳的老人中，两代关系不好的最多。两代老人与子女同居的家庭多数很和谐，但也有部分家庭矛盾重重、争吵不休。有些老人对子女非常失望，似乎自己对教育子女无能为力，有孺子不可教的心理，希望国家对青年一代加强尊老的道德教育。父母在对子女的要求上需要放宽条件，要求子女一直像小时候那样离不开自己，是不现实的。

婆媳关系与岳婿关系处理得好坏，直接影响家庭的和睦。人们常说："婆媳和，全家乐。"造成婆媳、岳婿间发生冲突的原因很多，如价值观念、生活习惯、为人处世态度等的不同，家庭琐事、经济问题等等。还有一个原因是比较微妙的，这就是婆媳（岳婿）并没有血缘关系，却要以血缘关系相认，在感情上没有直接联系而是通过中介（儿子或女儿）联系起来。父母对儿媳或女婿应该有对子女一样的感情。但事实上，媳婿并不是自己从小抚养大，要做到这一点是比较困难的。这个矛盾如何解决？根据部分老人的经验，为了继续爱自己的子女就必须爱媳婿，自己应注意调节情感，彼此忍让、互相体谅，这样才能提高老人对生活的满意程度和对老年期的适应能力。

(三)与朋友一起乐逍遥

心理叙事

孙大娘今年66岁了,自从退休后总觉得生活没了工作一下子变得单调无趣。她平时喜欢自己研究菜谱,给家人做好吃的饭菜。一次偶然的机会,她接触到了一家专门为老年人开设的厨艺培训班,于是立刻去报了名。两三年下来,她在厨艺班里不仅系统地学到了很多菜式的做法,更交到了一群知心好友。他们经常外出旅游采风,寻找制作美食的灵感。不仅如此,他们还准备写书,将平时的一些心得和做菜技巧整理成册。孙大娘因为进步最快厨艺最好,平时为人热情随和,被大家一致推举为总策划人,负责创作和出版的所有事宜。现在,孙大娘全身心都扑到了这上面来,没事就爱和大家一起讨论,日子一天天过得既充实又愉快。

心理解读

老年人与同龄人的交往更多的是一种非正式的交往,希望得到的更多是一种情感上的满足,所以老年人在与他人交往时首先应当对自己有所了解,知道自己的喜好、特点以及缺点,然后在交往中寻找自己适合的交往风格、交往对象,克服自己的缺点,达到让自己身心愉悦的交往目的。老人在人际关系中的交友技巧有两种。

首先是求同。老年人在交往中可以刻意寻找有相似点的人,如地缘相似(同乡、同校、同厂等)、血缘相似(同姓、同宗等)、角色相似(同专业、同工种等)、阅历相似(生活道路、工作经历等)、情趣相似(志向、爱好等)和心理相似(气质、能力、个性等)。通过接触寻找各种相似点,在交往中双方才会产生共同兴趣、有共同话题。

其次是存异。年龄不同而兴趣相投的朋友之间结成"忘年交",对老年人保持心理年轻化有特殊作用,老年人似乎可以感到自己生命的延续,自己的兴趣可以不断延伸。少年朋友纯真童趣、青年朋友朝气蓬勃、老年朋友沉稳练达,结成忘年交可以互补互助,共同为老年人良好的人际交往和心理健康添砖加瓦。

❋ 心灵小结

1.夫妻关系是老年人最主要的人际关系。双方尊重理解、互相扶持,是建立和保持和睦的夫妻关系的重要原则。

2.老年时期,子女大部分已然成家立业,老年人在给予子女充分的独立空间、尊重年轻人生活方式的同时,也需要与子女保持及时有效的沟通,珍惜与家人的团聚,方能"家和万事兴"。

3.同伴是抚慰老年人生活的一剂良药,拓展自己满意的朋友圈,拥有贴心的知心好友,也可以帮助老年人找到更有价值的生活方向。

五、老年人改善人际关系的方法

(一)老年人应以平和的心态待人

过去,在漫长的职业生涯和琐碎的日常生活中,老人们或多或少都会与人产生某种不快,形成心理上的隔阂,为此可能彼此之间长时间不来往,见面时形同陌路。老人们应该不计前嫌,忘却人世间的恩怨情仇,以平和的心态对待对方,"相逢一笑泯恩仇"。从某种意义上说,善待别人就是善待自己。另一种情形是,回想退休以前,大家彼此差不多,有些人可能还是自己的下属。如今地位不同了,可能有的人不像以前那样尊重自己,心理上的落差使得老人不愿与对方接触。这是一种明显的心理障碍。俗语说,多个朋友多条路,多个冤家多堵墙,如果人们豁达大度,没有冤家只有朋友,那这个人的心里只会充满了阳光。事实上,一个心胸开阔包容心强的人,是不大计较人世间恩恩怨怨的。这是心理健康的一大标志,是保持乐观开朗性格的重要前提。在人际沟通中,有些信息可能从平常较少来往和见面的人那里更容易获取。社会交往不设限,无疑可以获得更为广泛的社会信息和更为有益的社会性刺激。当然,防人之心也不可没有。凭借着老年人的丰富的社会经验和智慧,只要处事理智,是容易辨出真伪来的。

(二)扩大人际交往的对象

老年人既可与老伙计们交往,与自己的亲人和左邻右舍保持接触,也可广结社会上的朋友,甚至年轻人。要放下架子,忘却年龄和辈分,与青年朋友保持平等接触,进行真诚沟通。老少间如果真能结成忘年之交,将使老年人从年轻人身上感受到青春的气息,获取更多的有益成分,唤醒自己的年轻心态,促进老年人的身心健康。广泛接触,广交朋友,可以扩大老年人的信息通道,扩大老年人的信息量,丰富老年人的精神生活,提高生活质量,达到健康长寿。

(三)加大人际交往的深度

研究发现,人际交往是遵循交互原则的。通常,人与人之间的亲密与疏远、爱与恨都是相互的,人人都希望与他人关系保持某种适当性和合理性,以保持自己的心理平衡。老年人在与他人的交往中,如能做到真诚、热心,就能赢得别人真心待你,与你肝胆相照。让对方愉悦的同时,也必然引发自己的积极心理反应,使老年人沉浸于积极的情感状态,促进老年人的身心健康。因此,老年人在与他人的交往当中,应尽可能敞开心扉,揭去面纱,真诚对待他人。

(四)广开人际交往的渠道

如今,人际交往的渠道除了传统的信函和面对面交流外,还有电话、无线通信、网络等现代交流渠道。尤其是网络,通过它,老人们可以与分别多年的好友进行远距离的即时对话,与儿时的伙伴共同回忆悠悠往事,与远在异国他乡的儿孙进行"面对面"的亲情交流。通过"网络聊天室""老年论坛"等老年窗口,可以找到老朋友,结识新朋友,或高谈阔论,或发泄胸中愤懑。在虚拟的网络世界里,老人们可以隐去自己的身份、年龄和性别,与社会各个阶层、各个年龄段、各种类别的人进行交流讨论。由于现代人的生活节奏不断加快,处在职业岗位的人或者身处异国他乡,或者琐事缠身,常常没有空闲时间来到朋友或亲人身边,进行面对面的直接交流。而借助现代通信工具进行人际沟通,将在一定程度上弥补人际间由于长时间隔绝带来的不利影响。

(五)积极参与各种社会活动

社会活动是人际交往的重要方式。老年人应积极参与社区、村镇和街道组织的各种老年活动,并力所能及地加入各种老年群众性组织中去,同时,也可参与其他社会活动,发挥自己的余热,在为社会做贡献的同时强健自己的身心。只要是有益的活动,老年人就应该尽可能地参加,哪怕是自己过去未曾接触过的活动。研究发现,老年人依然具有学习能力,同样可以接受新鲜事物。所以,老年人应该克服畏难情绪,大胆参加各种社会活动。应该指出的是,由于各地经济、社会和文化条件差别较大,老年文化建设存在着较大的地域差距。政府部门应该关注老龄事业,统筹协调好各地区、各方面的资源,加大老年文化设施的投入,积极开展扶老、助老工程建设。

(六)重视年轻时的健康储蓄

这可以说是保证老年期心理健康的一级措施。所谓健康储蓄,是指增进人类健康的投资行为,形象地说,就是要在生命的银行中多攒点"钱",以备后用。现在,人们颇为关注物质的储蓄,而对"健康储蓄"还没有给予足够的重视。其实,后者的重要性一点也不亚于前者,甚至更甚于前者。如果青壮年时期不能奠定很好的健康基础,那么年老体衰时,纵使衣食无忧,经济良好,也会因为身体的原因而降低生活质量,从而会严重影响心理健康。

(七)充分关注健康老人的能力发挥

首先,必须摒弃的一个错误观点就是老年人无所奉献。虽然人们常说老年人是社会的宝贵财富,但我们的社会常常没有充分发挥老年人的作用,退休后高工看大门、教授带孙子的现象比比皆是。这一方面浪费了宝贵的财富,另一方面使他们产生了一种被社会遗弃的失落感。重视老年人的作用意味着:(1)充分认识到老年人在发展中的作用;(2)确保老年人能够参加志愿活动;(3)支持老年人对社会做贡献;(4)为老年人提供终身学习机会。这些对于促进老年人的心理健康会起到积极的作用,社会不仅要尊重老人,给老年人提供良好的医疗服务和生活保障,在创造良好养老环境的同时,充分考虑到健康老人的能力发挥问题。

(八)弘扬中华民族敬老养老的传统美德

社会的进步包含物质文明和精神文明,在物质文明高度发达的今天,全社会都要进一步加强社会主义精神文明建设,弘扬中华民族敬老养老的传统美德,进一步唤起子女对父母的亲情,营造温暖的家庭环境,同时增强对家庭养老的社会监督,对违反伦理道德、不赡养老人的行为,以社会道德的力量进行教育、批评乃至谴责,必要时运用法律武器维护老年人的合法权益。

(九)老年人应重新认识自己的价值,适应衰老这一客观规律

衰老是不可能抗拒的自然规律,大可不必为此忧心忡忡,老年人应认识自身的优势和对社会发展的作用,从而寻找适合自我发展的可行性道路,以积极乐观的态度面对衰老,采取健康的生活方式,维护自身健康,从而不断提高生活质量,拥有一个完整意义上的健康老年生活。(1)正确认识自身的衰老过程。人们要经历若干个发展时期,即出生、生长发育期、成熟期、壮年期、老年期、衰老、死亡。衰老是人们生命过程中的一个特殊阶段,衰老是必然的、普遍发生的,任何个体都将不可避免地走向衰老和死亡。应正确认识生命,培养良好的心态。(2)处理好各种家庭关系。作为子女要尊敬老人,照顾和赡养老人,正确认识老年人在社会上和家庭中的地位和作用;作为老年人要理解年轻人的特点,要爱护、体谅子女,在可能的条件下,给予经济上、社会生活上的帮助和指导。(3)培养健康的兴趣和爱好。老年人要通过各种方式走向社会,保持与他人的交往,从社会生活中寻找精神寄托和生活动力。有规律的身体锻炼不仅可以改善情绪,而且能够减轻、消除某些心理疾病。所以我们应鼓励老年人参与到身体锻炼中去,以良好的精神状态,安度幸福、快乐的老年时光。

第七章　社区老年人的婚姻家庭

内容简介

在我国,家庭对于老年人的作用和意义非常重要,婚姻与家庭是人们在晚年获得各种支持的重要载体,例如,家庭中子女的关心和沟通可以减少老人的负面情感,如空虚和孤独感。而在婚姻中,配偶之间的相互支持可以有效满足双方的生理和精神需求,使老年生活幸福充实。老年人所处的婚姻家庭状态对其健康水平、经济来源、照料方式、生活方式和生活满意度等方面都会产生重要影响。不同婚姻家庭状态下老年人的需求和面临的问题也不尽相同。如果我们能了解其中常见的问题并掌握正确的应对方法,就能更好地对老年人在婚姻家庭中遇到的问题进行帮助,从而提高老年人的生活满意度和幸福指数。

一、老年人的婚姻家庭特征

中国社会的老龄化日益严重,老年人比重逐渐增长,但老年人的婚姻家庭状况受到的关注却不足。实际上,随着退休,老年人的活动范围与工作时相比大幅减少,活动中心也从工作单位转移到家庭和社区,社会交往的对象也主要从同事朋友转变为家人和邻居。他们的生活社交圈子变得越来越窄,社会参与度也越来越低。而且生理机能的退化使得他们更难理解和接受新事物。所以老年人容易感到失落、孤独和空虚,与时代逐渐产生脱节感,心理安全感下降,也容易产生自卑情绪。

这种情况下,老年人婚姻家庭的幸福就显得十分重要了。老年人的生活范围主要是家庭和社区,最能得到照顾和心理慰藉的人就是子女和配偶。子女的关心和沟通可以减少老人的空虚孤独等消极情绪,而配偶之间的相互支持可以使双方的生理需求和精神需要得到有效满足,使老年生活幸福充实。对于独自生活在社区中的老年人,社区的关怀也能给老年人带来温暖。反之,若亲情淡薄,婚姻不幸,或是独居且长时间无人关心,老年人的生理和心理健康状况就会受到很大的负面影响。

在老年人的婚姻与家庭特征方面,一篇基于2015年全国1%的人口抽样调查的关于中国老年人的婚姻家庭现状分析的论文结果显示,老年人的儿女大多已经各自成立家庭,且与老年人缺乏沟通和往来,独居老人和只有一对老年人组成的家庭户共占总数的三分之一左右。这个数字与2010年的结果相比有所上升,意味着我国空巢老人的比例越来越高。而空巢老年人因为缺乏子女的关爱,更容易产生被忽视感,并由此产生更多的消极情绪体验,更渴望得到社会和家庭的关怀。随着空巢现象的加剧,由此带来的老年人养老问题和心理问题日益突出。

关于老年人的婚姻状况,该调查结果还显示,我国老年人有配偶的比例较高,而且呈增长趋势,但在2015年,我国处于无配偶状态(含未婚、离婚、丧偶)的老年人也占老年人总数的四分之一,因为我国终生未婚的老年人只占极少部分,这个结果也意味着有不少数目的老年人经历过离婚或者丧偶之痛。同时该调查报告也指出不同经济水平地区的老年人婚姻状况也呈现不一样的特点:城市地区、经济较发达地区,不但老年人的有偶率较高,且离婚老年人所占比例也较高,而农村、欠发达地区老年人的未婚问题相对突出。具体而言:上海、北京及东北三省等地老年人的离婚率较高;西藏、四川、安徽等省老年人的未婚率较高。而人到老年,"老伴儿"就是老年人日常生活中相处最多的对象,也是最能互相满足彼此精神和生理需求、最能互相支持的对象。因此,老年人的独居或丧偶情况也是非常值得关注的。

总而言之,以上对我国老年人的婚姻和家庭特点的分析,揭示了我国不少老年人正在面临着一系列如空巢、丧偶或离婚等可能会影响心理健康的问题。下面,我们会对这些问题做进一步的探讨。

二、空巢、丧偶和再婚对老年人心理的影响

(一)老年空巢综合征

心理叙事

春节期间,许多在外地工作的游子们纷纷回家与父母团聚,老人们看见儿女家人齐聚一堂,也甚为欢喜,大家开开心心地过完了春节。但随着春节长假一结束,许多儿女就要收拾行囊,踏上回去上班的路,这一走,要再次回家,短则也许几个月,长则可能又要等到来年春节。王大爷对记者说道:"好不容易盼到过年全家团聚,一家人热热闹闹地没过几天,转眼又剩下我们两个老人冷冷清清的了。过年那几天虽然开心,但每天撕掉前一天的日历纸时,心里就好像被扎了一下,热闹日子一下子就过完了。"春节期间,平时工作非常忙碌的儿子一家,终于有空回来和他团聚,一家人其乐融融,可团聚的时间总是那么短暂。正月初六一过,儿子一家便离开,回到了工作岗位上。儿子一家走后,王大爷老两口的心也跟着走了,看到原本热闹的家里变得冷冷清清的,心里特别伤感,情绪出现了很大的波动,整个人也变得寝食难安,甚至出现身体不适,空虚寂寞的情绪要持续一两个月才能缓解。

"空巢"一般是指家庭中子女离家而中老年人在家独居的一种现象。随着经济发展,"空巢老人"的现象在城市与乡村中都越来越常见。现在的城市里,人们大都是独门独户居住,新闻里的王大爷老两口也不例外。儿子平日里在外地工作繁忙,没有时间回家与他们团聚,也无法及时给予王大爷老两口足够的关心与照料,他们平常就过着独居的空巢生活,好不容易到了春节,儿子回到了家里,刚热闹了两天,假期一结束就又走了,王大爷两口子又陷入了冷清孤独的情绪中,节日过后再度陷入空巢。对于儿子外出工作家中只剩自己夫妻俩的局面,王大爷充满无奈,他们一方面明知道子女为了工作不得不离开,一方面又忧心于子女离开后下次团聚可能又是很久之后,所以容易产生低沉、孤独和空虚感。这是典型的空巢综合征的症状,节日之后子女离家时是空巢综合征的高发期。

心理解读

当子女由于工作、学习、结婚等原因而离家后，独守"空巢"的中老年夫妇由于孤单寂寞、缺乏精神慰藉而产生的心理失调症状，称为家庭空巢综合征。空巢综合征是老年人对子女离家适应不良出现的一种综合征，在中国精神病学中属于"适应障碍"的一种，是老年人群的一种心理危机。根据调查显示，随着我国经济的发展，人口老龄化问题日益突出，预计到2050年，我国临终无子女的老年人将达到7900万，独居和空巢老年人将占54%以上。由于我国空巢老人的比例越来越高，"空巢老人"这一群体也逐渐引发了社会各界的关注。而"空巢"之所以能对老年人带来这样的影响，原因有很多，主要可从以下四点来分析。

1. 子女对老人关心的缺乏和对空巢心理的不了解

对于身在异地的子女来说，他们的生活重心和精力大都放在自己的工作生活之中，生活的重担让他们不得不把注意力集中在自己周边，因此他们很容易就忽略了与空巢父母之间的联系和情感沟通，平常对父母缺乏主动的关心和爱护，致使老年人感到孤独和空虚。同时，出门在外的子女与父母进行沟通交流时，双方都报喜不报忧，都不想彼此为自己担心，这也使得双方不能全面了解彼此的心理状态。而当老人出现一些空巢综合征的症状时，子女由于缺乏对老年人空巢心理的了解，也就可能对父母表现出不理解甚至烦躁的情绪，觉得老人是在无理取闹，不及时帮助老人排解消极情绪。这反过来还会更让老年人感到被忽视和不被理解，从而加重空巢综合征，表现出更多的抑郁、孤独等情绪，久而久之就会对老年人的身体健康造成不良影响，产生一些例如心慌、头晕等躯体化的症状。

2. 老年人对于儿女离开家庭这一现象没有树立正确的认知

认知会影响人对一件事情的情绪和反应，对同一件事情的不同认知会带来不同的情绪以及反应方式。如果个体在事情发生后只注意到消极层面，那么就会激发个体的消极情绪以及应对方式。有些老人不能正确认识到子女"离巢"是家庭发展的必然趋势，就像小鸟长大了总有一天会离巢飞走，建筑自己的巢穴。而这也并不意味着子女和老年人关系就断了，只是子女改变了自己的生活重心。但有些极端的老年人,认为子女不在身边了,就意味着子女和自己的感情淡漠了,甚至不存在了。还有些老人可能无法从子女小时候与自己朝夕相处的状态中转换过来,对子女的情感依赖和依恋过重,这些都会导致子女在离开老人身边时,老人会产生较为强烈的心理不适应。

3.空巢老人自身缺乏对老年生活的适应

步入老年之后,许多父母从原来多年形成的紧张有规律的生活,突然转入松散的、无规律的生活状态。作为原来生活重心的子女成年后也离开了家庭,这让作为父母的老人无法很快适应,容易因为子女的离开感到空虚寂寞。同时,生活中缺少一定的目标、没有兴趣爱好也会让他们的生活变得单调且重复。这时,适应能力差的老人,可能就会感到心情抑郁,对生活兴趣索然,行为退缩。更有甚者,会变得孤独悲观,不愿与其他人交往,对自己存在的价值表示怀疑,而自己又无法振奋精神去重新设计晚年美好生活,所以才会把自己的依靠和重心都放在子女身上,无法接受子女的离开,产生强烈的不适反应。

4.空巢老人缺乏足够的社会支持

社会支持是以个体为中心,个体、个体周围与之有联系的人们以及个体与这些人之间的社会互动关系所构成的整合系统。良好的社会支持可以提高个体的社会适应性,对维护个体的心理健康、缓冲心理应激不良影响具有重要作用。而空巢老人身边通常缺乏足够的亲戚朋友,社会支持网络不够强大。当他们遭遇挫折时,就无法及时向子女、亲戚朋友进行倾诉,无法得到他们的关心,社会支持就无法发挥作用,也就更容易产生一些抑郁、焦虑的情绪。而这些消极情绪的积压也会促使他们更加不主动寻求其他人的帮助,使得情绪问题进一步加重,最终损害了空巢老人的身心健康。

心理应对

1.子女的关心照顾

老年人空巢综合征的发生,最直接的原因就是子女的离开。所以要预防或缓解老年人因空巢产生的心理失调,子女首先要尽好自己的义务和责任,而且这种责任不是光体现在物质的提供上,在常年离家的情况下,更要体现在精神上,子女要尽量"常回家看看"。如果实在因为工作原因不能长期往返父母家和自己家,那也可以打电话给父母,或通过视频聊天的方式,让老人感到子女就在身边,感受子女的关怀,以此减轻父母因儿女离家所感到的寂寞和空虚。同时,在与父母进行沟通交流时,可以全面分享自己的生活状况,这能有效降低他们对自己的担忧。同样,子女在和父母保持联系时要着重关注他们表现出来的消极行为,因为在联系时父母更可能表现出的是积极的一面,但空巢老人在日常生活中必定会遇到各种困难,因此要及时为他们解决生活中遇到的困难以及排解他们的消极情绪,维护他们的心理健康。

2.老年人树立对空巢的正确认知,积极规划自己的生活

除了子女缺乏对老年人的关注以外,其实老年人自身对子女离家的空巢状态的看法和心态也和空巢综合征的发生密切相关。老年人首先要认识到,子女"离巢"是正常现象,子女把重心从父母转移到自己的工作生活是一件很正常的事情。虽然对子女有所依恋很正常,但老人需要意识到子女已经成年,不可能永远待在自己身边,自己的情感重心可以更多地放在配偶上或其他好朋友上。子女只是离开自己去到外地工作,并不是永远都不回来。而且老人要将步入老年看成人生的新阶段,要鼓起勇气走出家门,多参与社交活动,多与邻里沟通,多找寻自己的兴趣爱好,使晚年生活丰富充实,这样就能大大减少儿女不在带来的情感空虚。同时,老年人要意识到身体健康的重要性,主动进行一些户外活动,加强锻炼。身体健康不仅能够减轻子女对父母的担忧,也能让老年人保持对生活的热情,使晚年生活更加充实。

3.社区的活动组织和心理预防

老年人的主要活动范围是社区,社区很有必要为空巢老人提供帮扶。比如社区可以组织志愿者定期到空巢老人的家里去探望,对空巢老人进行人员固定的结对帮扶,让他们感受到来自社区和社会的关心,从而减弱空巢老年人的消极情绪。社区也可以多组织开展适合老年人的兴趣培训活动或文体活动,促进社区老年人之间的交流,引导他们利用空闲时间做自己感兴趣的事。此外,社区还可以发挥空巢老年人的能动性,让空巢老人感到自己的人生价值,例如组织"共享奶奶、共享爷爷"的活动,为社区内工作忙的家庭接送子女、辅导作业等,帮助解决社区内其他家庭难题的同时也能发挥空巢老人的余热,让他们的生活更加充实。社区还可以寻求专业的心理工作者的帮助,向社区空巢老人开

放讲座、宣传普及与空巢综合征有关的心理知识,引导老年人积极正面地看待空巢现象。

4.鼓励空巢老人加强活动

在日常生活中,子女也可以鼓励老人培养自己的兴趣爱好,比如养花、养宠物、学习器乐、跳舞、摄影、绘画等。现代社会是信息社会,子女和社区工作人员可以教空巢老人使用智能设备,让空巢老人也能更容易地接触到新鲜事物,充实他们的生活。也可以鼓励空巢老人多出门进行社交,寻找拥有共同话题的朋友,这不仅能扩大他们的活动范围,也能增强他们的社会支持,有效缓解空巢老人的消极情绪。

(二)丧偶对老年人心理的影响

心理叙事

刘奶奶和老伴感情非常好,这么多年来,老伴把她当孩子一样照顾,刘奶奶一辈子没做过饭。后来,老伴突然得了胃癌去世,刘奶奶就此陷入了无尽的悲伤,一夜之间就苍老了很多。而且从那之后就再也没有高兴起来过,对任何事情都提不起兴趣,开始出现贫血、浑身无力等症状,到医院也查不出具体问题,医生说可能就是因为受到老伴离世导致的。

还有位老大爷和老伴的感情也很好,后来老伴患上了肠胃疾病不停地拉肚子,日渐消瘦,并陷入昏迷。医生始终没有放弃对老太太的治疗,但老大爷却觉得他没有办法面对老伴的痛苦,让她像植物人一样躺在床上,大小便失禁,消瘦得只剩下一副骨架,而他眼睁睁地看着这一切却无能为力。老大爷无法接受老伴这么痛苦地活下去,坚持要给老伴转院,并且停止了对老伴的救治,不久,老伴撒手人寰。刚开始的时候,老大爷觉得老伴是解脱了,体面而有尊严地离开了,但时间一长,他开始变得情绪低落,后悔自己当初的决定。"如果当时我坚持治疗,也许还有一线希望,她还能被抢救过来……"老大爷常常这样喃喃自语,觉得是自己当初的错误选择导致了老伴的去世,从此陷入了无尽的悲伤和自责中。

案例中两对老人之间感情都十分深刻,所以一方无法接受另一方离世的巨大打击,因丧偶而出现了种种心理和生理症状。首先,关于刘奶奶,因为刘奶奶和老伴感情很好,且在她老伴生前,刘奶奶一直都是被照顾者的角色,所以在老伴患病离世后,刘奶奶除了感到非常悲伤之外,也面临着失去照顾者的困境。这种状态的改变,让她一时间不知道该怎么应对接下来的生活,不知道以后自己该如何一个人生活下去,这让她对未来充满了无措,而且陷入了抑郁情绪,并因此引发了生理上的疾病。刘奶奶生理上的不适并不是她身体机能出现了问题,而是因为刘奶奶的心理发生了变化,心理上的极度悲伤让她出现了贫血、无力等问题。

而对于这位老大爷,他的老伴也是突然患上了严重的疾病,并且病情发展迅速,老伴很快陷入了昏迷,老大爷不忍心看到老伴在病魔的折磨之下逐渐消瘦下去,所以,出于对老伴的爱,才做出了转院和放弃治疗的决定。虽然一开始他觉得老伴是解脱了,但当老大爷突然要面对失去老伴的孤独生活时,他因无法接受老伴的离世,开始出现了非理性的强烈自责心理,把本来是生老病死导致的自然结果归咎于自己,认为是自己没有尽到足够的责任,没有照顾好老伴,才导致了老伴的死亡。所以内心感到非常愧疚,郁郁寡欢,始终在悲伤的阴影中走不出来。

心理解析

丧偶是指与自己朝夕相伴的配偶的死亡。据中国老龄科研中心的一次调查,中国60岁至64岁的城市低龄老人丧偶率为16%,农村为20%。而80岁以上的高龄老人丧偶率,城市为63%,农村为76%。丧偶让人失去了与自己最知心最亲近的人,失去了身边最重要的陪伴。所以,丧偶给人带来的打击无疑是巨大的,尤其对于没有子女和其他亲人在身边的老年人更是如此。丧偶给老年人带来的负面心理反应往往非常强烈,轻则表现为使人短时间内持续感到心情抑郁,内心伤悲,活力减弱;重则使人长时间感到悲恸欲绝,神情恍惚,甚至患上严重的抑郁症或者丧偶综合征。

丧偶综合征是心理危机的一种,也是老年抑郁症的一条重要"导火索",虽然多数老人会在一段时间后慢慢接受现实,症状也会逐渐好转,但如果丧偶给老年人带来的负面情绪长期未能得到良好调节,那丧偶这一事件对老人的影响可能会不再局限于心理,甚至还会危害到老年人的健康。有研究发现,在配偶死亡的第一年,健在一方的死亡率非常高。根据相关资料,在近期内失去配偶的老年人心理失衡而导致死亡的人数是一般老年人死亡人数的7倍。这是因为丧偶的老年人可能会在经历几个月的恶劣情绪的折磨之后,死于自杀、酗酒或是由消极情绪诱发的严重躯体疾病,所以老年人丧偶之后的身心健康状况是非常值得引起注意和警惕的。

丧偶综合征除了配偶离世的直接打击之外通常还有以下两个原因。

1.老人缺乏其他社会支持,悲伤情绪难以发泄

有些老人在丧偶之后,产生了巨大的痛苦和悲伤,由于缺乏其他社会关系如子女、其他亲人、朋友等的支持,没有其他人来倾诉和发泄,所以老人只能自己把所有情绪独自承担,不仅痛苦和悲伤得不到排解,还会感到十分孤独和寂寞。长此以往,消极情绪越积越多,就会影响到身体状态。对于老年人来说,和配偶相濡以沫几十年,老伴是彼此最重要的社会支持,也是生活中倾诉最多的对象。在遭遇丧偶事件后,老年人失去了最重要的社会支持,而在其他社会支持又不充足的情况下,无法排解内心的忧伤就会严重损害老年人的心理健康。

2.老人对生老病死的自然现象不能接受,采取逃避态度

有些丧偶老人,不能把生老病死看作是正常的自然规律,从情感上不能接受老伴的死亡这一不可改变的事实,可能会出现案例中老大爷的症状。因此刻意将自己封闭在充满与去世老伴的回忆的家中,并且刻意断绝自己其他的社交关系,以此来逃避老伴死亡的事实。这样既主动拒绝了他人的安慰和帮助,又把自己的情绪封闭了起来,形成了恶性循环,消极情绪不断发酵,抑郁渐渐积累,十分容易患上丧偶综合征或是引发严重的抑郁症。归根到底是老年人对配偶的情感很深,对其去世的事实无法接受。

心理应对

1.子女的积极开导和陪伴

当老年人丧偶之后,往往很难只靠自己一个人排解掉悲伤和抑郁的情绪,这个时候就需要老人的子女承担起开导和陪伴的主要责任。对待丧偶老人,子

女首先需要理解老人的负面情绪,并给予老人宽容和安慰,以及短时间内更多的关注,帮助老人正确看待和接受老伴生老病死的自然过程。如果老人仍无法从丧偶的悲伤状态中解脱,子女还可以帮助老人转移注意力,比如主动增加与老人的互动,多陪老人出去走走,多让老人接触不同的事物等等,避免老人总是把自己关在家里。最后,如果老人长时间没有好转,子女还可以鼓励并帮助丧偶老人接受专业心理医生的帮助。

2.老年人自身心态和观念的调节

相比外界的帮助,要过情绪这关,老年人自身的努力更加重要。丧偶老人们需要认识到,生老病死是正常的自然规律,不会以人的主观意志为转移。死者长已矣,生者当勉励。活着的人要正确认识死亡,并且积极乐观地继续生活下去。自己若有悲伤的情绪,不要一个人憋在心里,而是要寻找合理的方式发泄出来,不要羞于向子女或亲友说出自己的悲伤,要主动寻找情感上的支持和慰藉。而且要多"走出去",多走出家门与子女亲人互动、多交朋友、丰富爱好,以充实自己的生活,逐渐接受老伴逝去的事实,努力建立一种新的生活节奏和方式。

3.社区慰问和心理服务的提供

丧偶老人所在的社区也可以帮助老人度过悲伤困难的时期。社区可以组织志愿者到丧偶老人家里去慰问老人,表达社区对老人配偶逝去的惋惜和对丧偶老人的关怀。这样可以帮助丧偶老人,尤其是缺乏其他社会支持的丧偶老人,减轻丧偶过后的孤单和无助感。社区也可以召集人才设立专业的老年人心理咨询场所和服务热线,让丧偶老年人在需要时方便及时地得到专业的心理援助,比如专业的心理咨询师可以帮助老人重建正确的心理认知,对他们以后的生活进行积极的引导,使老人更好地度过"恢复期",尽早走出丧偶的阴影。

4.鼓励老人加强活动

对抗消极情绪的有效办法之一就是加强老人的各种活动,在身体健康、经济条件允许的情况下,丧偶的老年人可以积极参与社会交往和社会活动,如到街道、社区、村里兼职,参加老年大学、老年志愿者协会等团体、部门组织的各项活动。丧偶的老年人,多培养兴趣爱好是有效的"自疗法"之一,他们可以在栽花种草、养宠练画、打球唱歌、弹琴扭秧歌等兴趣爱好中,实现情绪和心态的回归。如果有可能,还可以在亲人的陪同下,畅游名山大川,在"走四方"中调整心境;也可以搭乘旅行社的"夕阳红列车",过半游半居的"候鸟生活"。对于那些长时间也无法摆脱丧偶阴影的老年人,子女、亲友在征得老人的同意后,可以鼓励其展开"黄昏恋",通过寻找新的生活伴侣来调节丧偶老年人的心情,从而治愈居丧综合征。

拓展阅读

家人引导老人走出丧偶之痛"三步走"

1. 表达共情、理解和陪伴,鼓励宣泄

要帮助老年人走出丧偶之痛,家人首先要让丧偶老人知道,我们也能够感到至亲之人离去的痛苦,也能理解到他丧偶的痛苦心情,但我们作为家人会永远在身边陪伴着他。这时,我们还可以通过一些肢体的接触,如:轻轻握住老人的手,或者拥抱老人,让老人感受家人的支持。这一过程中可以同时鼓励丧偶者用各种方式将自己的情绪宣泄出来,比如哭泣、呐喊或是陈述思念和悲伤,这一阶段主要是让老人对自己的情绪做宣泄和表达,家人不需太多劝导的话语,做到默默陪伴和倾听即可。在陪伴和倾听的过程中也要注意及时表达共情,使用一些语言来让老人感到自己是被理解的,也可以适时表露自己对已逝之人的思念,让老人感觉到大家和他一样都会因为这件事悲伤,以此让老人感觉自己并不孤独。

2. 共同做事缅怀逝者

在丧偶老人发泄情绪之后,家人可以帮助老年人通过一些比较有仪式感的做法,来表达对逝者的思念和缅怀。比如,家人可以协助老人将怀念之情一起用书信和日记等方式写下来,或是一起去做有纪念意义的事情(比如植一棵树)。这些做法可以帮助老人正视老伴逝去的事实,也是让老人对逝去的老伴作郑重的告别,这样可以让老人更好地重振开始新生活的信心。同时在这些互动过程中,也能加强家人与老人之间的沟通,分享彼此最近的心理状态,增强老人的社会支持,排解老人的忧愁。

3.转移注意力,发掘新爱好

在老人丧偶之后,家人还可以多举办一些家庭团聚的活动。若老人有孙辈,可多让老人参与部分孙辈的照顾工作,让老人感受到生命的延续和连续性,与亲人建立起更加和谐的依恋关系。除此之外,还可鼓励老年人多走出家门,参加其他有老年人参与的社会活动,以此结交更多朋友。还可支持老人多发掘自己的兴趣爱好,如下棋、钓鱼、广场舞、养小动物等,将老人的注意力从逝去的配偶身上逐渐转移,开启新的生活模式。

(三)老年人的再婚

老年人再婚是指老年人丧偶或离异后再择偶并继续婚姻关系。老年人再婚是他们的一项基本权利,有利于实现老年夫妻之间的相互照料。在家庭养老功能随着现代社会的发展而逐渐弱化的背景下,子女在老年人晚年照顾方面的作用日益式微,配偶更多地承担了相互照料、相互扶持的职责。在物质生活不断丰富的今天,老年人的需求也不再仅仅局限于物质层面,而更多地表现为物质和精神等方面的多元需求,因此老年人的再婚成为我国婚姻家庭研究的一个热点问题。但在现实生活中,因为我国社会的传统思想和很多子女的反对,我国老年人的再婚率不高,据调查,全国有近三分之一的老年人已经丧偶或离异,存在再婚可能,但实际上的再婚率不足3%。

1.老年人的再婚动机

老年人再婚的动机主要有以下四种:一是因为生活孤独,所以想找个人陪伴自己;二是在生活起居上想要找个人与自己互相照顾;三是为了满足自己的生理需求(性需求);四是为了缓解子女的住房压力或是经济压力。

2.老年人的再婚阻力

老年人再婚通常会受到很大的阻力,这些阻力主要有两个来源:一是来自社会的舆论。因为我国的传统思想认为,谈婚论嫁似乎只是年轻人的事,老年婚姻是几千年中国文化的空白。老年婚姻文化的不成熟使得许多老年人及其子女对老年婚姻认识不成熟,认为老年人再婚是对传统礼教的背叛、非法行为、非道德行为。如果人到晚年还要在已有子女的情况下谈恋爱结婚,大家通常会觉得这种老人"老不正经",尤其是女性老人,甚至还有可能被认为是"不守妇道",这种社会舆论的压制对老年人自由选择再婚造成了很大的压力。二是来自老人的子女,子女不想老人再婚的原因有很多种,有些子女是担心父母再婚后财产被分,担心对方是为了钱才与父母结婚的;有些子女认为父母再婚,家中多了个陌生人,也就是"外人",这阻碍了自己与老人的感情;也有丧偶老人的子女认为再婚的行为是对不起已故的父(母)亲。

3.老年人再婚的益处及其正确对待方法

综上所述,老年人的再婚受到的阻力实际上比得到的支持更多,所以只有很少的老年人选择再婚。但其实对于离异或丧偶的老年人,如果有机会找到一个情投意合的老伴再婚,是对其心理和生理健康很有益处的事。首先,好的婚姻本来就会使双方的身心需求得到良好满足,提高生活幸福指数。而对于丧偶或离异老人,新的感情和生活重心可以帮助他们更快地走出因离异或丧偶造成的创伤和悲伤的心理状态,也可以重新激发起老人新的生活乐趣。其次,再婚对象之间在生活上彼此有个照应,也能慢慢消除丧偶或离异老人因独居所带来的孤独感。老年人再婚不仅有利于老年人的身心健康,而且还有利于减轻老年人在生活方面给子女增加的负担,也在一定程度上弥补了子女无法照料的弊端。老年人再婚后,双方在精神上和生活上相互扶持,交际网和获取信息的渠道不断增多,参与社会活动的机会也相应增加,从而可以通过更多的途径得到心理上的慰藉,对子女在心理上的依赖也会因此减少。老年人赡养的心理问题从另一种渠道得到有效的解决,也提高了老年人生活的质量。

所以作为子女,虽然也是出于对老年人再婚的担忧,但是为了老年人身心健康着想,子女还是应该多给予老人一些自主选择权,给予他们的自由选择和更多的理解尊重。老年人也应该及早把再婚的想法告诉子女,以便子女有不同意见时,有针对性地做好子女的思想工作。首先,要耐心听听他们反对的理由,然后再跟他们分享自己的想法,以说服子女,取得理解。作为儿女也应该懂得,儿女尽孝就是要让老人幸福的道理,从实际出发,多替老人考虑。如果老人想再婚,应该通情达理地予以积极支持,并努力创造条件帮助他们早日达成心愿。要想使老年人再婚这种得之不易的幸福能够持久,也应该对婚姻有个正确评价。再婚要面对的是新的生活对象,因为各自多年养成的生活习惯,在开始共同生活时产生摩擦与矛盾在所难免,必须有足够的思想准备,既不能充满不切实际的幻想,也不能想得一无是处。双方在婚前不但要注意多了解对方的文化素养、爱好、经济状况,而且要了解对方家庭成员的基本情况,特别是双方子女对父母再婚的态度。在婚后要求大同存小异,本着互谅互让的原则,尽量不把前后配偶做过多比较,以保障再婚后和睦相处。总结老年人对待再婚关系的技巧如下,一是尽量和再婚对象做到思想上互相尊重互相理解;二是在生活上要互相照顾、互相关心;三是在经济上最好彼此独立,或者保持互相商量的状态。做好了这几点,就能大大减少矛盾的发生,这样的再婚就是健康有益且值得鼓励的。

三、老年人的性生活和心理的关系

心理叙事

陈晓楠主持的节目《和陌生人说话》,有一期聚焦在了北京的菖蒲河公园,那里是老年人的相亲角。来公园相亲的老年人中,有一位胡大爷,62岁,两年前老伴去世以后,他已经谈过了好几次恋爱。他毫不掩饰地表示,来公园相亲,就是为了满足自己的性需求。而当主持人问起胡大爷:"你做过的最疯狂的事是什么?",胡大爷回答道:"是一天四次。"主持人又问:"那您做过最浪漫的事是什么?"胡大爷说:"鸳鸯浴,这还不够浪漫吗?"但是对于胡大爷这类如此直白表露自己性欲的老人,不少年轻网友却表示看不下去,甚至有些还骂得很难听:"真是越老脸皮越厚。""这就是一群不要脸的色老头!正经事不干,满脑子男盗女娼。"

北京一名五旬老人李先生,通过跳广场舞的形式,结识性伴侣,来满足性欲,他觉得自己反正这么大年纪了,已经失去让人受孕的能力,就没有做好安全措施。可是,他却因为这样染上了艾滋病,而且和他发生关系的50多名女性中也有十几个查出染上了艾滋病。不仅如此,李先生得知自己患上艾滋病以后,因为觉得丢脸,就迟迟没去正规医院进行治疗。

我们先来看胡大爷,有不少网友都认为胡大爷对自己的欲望表现得太过直白,并因此认为他私德败坏,甚至脸皮厚、无耻下流。但实际上胡大爷在丧偶之前,悉心照顾了自己的病妻,可见他并不是个薄情寡义的负心汉。现在胡大爷只是对自己的性需求比一般老年人态度更坦诚开放许多,这既没有损害他人的利益,也没有强迫谁的意志。为什么老年人对自己的性需求坦诚,就一定要被视为丢人现眼呢?公众总是认为老年人没有性需求,即使有也应该控制隐藏。但实际上性是人的基本欲望之一,老年人和年轻人一样也有满足自己性需求的权利,这一点不应该受到指责,老年人追求性生活的权利也不该被剥夺。网络上会出现各种指责的声音,究其原因还是因为大众不能正确认识和看待老年人的性需求,对老年人的性存在着根深蒂固的误解和刻板印象。

再看北京这位李先生,他因为没有做好安全措施导致自己因性经历感染上了艾滋病,这主要是因为他缺乏有关性方面的基本知识。事实上,因为现在的老年人在年轻时性知识尚未在我国普及,而进入老年后,老年人的性需求又长期被社会忽视、不被人们理解,所以性知识的缺乏在老年人中是普遍存在的。而且老年人由于社会文化、舆论和传统思想的桎梏,自己通常也对开口谈性感到十分羞耻,这种羞耻感也让他们不会去主动了解有关性的知识,最终也就直接导致了老人的性安全意识薄弱,不知道如何保障自己性生活的安全。更有甚者还会像李先生一样,即使知道自己患病了,也会因为羞耻感而不敢去就诊。

❖ 心理解析

1. 老年人有性生活吗

性生活是指为了满足自己性需要的固定或不固定的性接触,包括拥抱、接吻、爱抚、性交等。性生活不限于性交,是夫妻生活的重要组成部分。但很多人都认为,性生活是属于青年人和中年人的活动。至于老年人,人们普遍认为,步入老年以后身体机能迅速下降,相应的性功能也会随之下降,老年人不再有生理需求,性生活对老年人并不重要。比如,微博上一个名为《你的父母还有性生活吗》的调查研究中共收到近1000份有效问卷,问卷结果显示,参与调查的年轻人中,85%的年轻人都认为,他们的父母已经没有性生活了。

那真实的情况是这样的吗？性社会学家潘绥铭在《给"全性"留下历史证据》中提到，现在中国55岁至61岁的老年人中，大约有一半的人每月有一次性生活，有39%的老年人可以达到每月3次。据国外的一项统计，大约70%的68岁男子和25%的78岁男子仍继续保持规律的性生活，50岁、60岁、70岁中老年妇女保持夫妻间性生活的人分别为88%、76%、65%。还有国外不同国家的调查都表明：老年人中，对性有兴趣的男性约为90%，女性约为50%。甚至86—90岁的老人中，仍有50%的人对性有兴趣。所以，综合以上调查结果，"老年人没有性生活"这一看法实际上是错误的。

2.性行为对老年人的影响

大部分人甚至大部分老年人自己也认为，如果在老年多次发生性行为，会对身体造成不小损害，所以要"禁欲"。但这种观点其实是不正确的，这种误解与性知识在老年人群中长期无法得到普及有关。事实正好相反，保持一定频率的性生活有利于老年人的生理和心理健康。

广东省性学会副会长朱嘉铭表示："国内外有关研究表明，禁欲的人衰老和死亡率比有正常性生活的人高30%以上。"还有研究表明，男性在老年时期保持适当频率的性生活，有利于男女双方生殖系统的健康，在一定程度上有助于防止脑的老化，延缓衰老。步入老年后，人可能会出现睡眠质量下降的问题，而适度的性生活可以延长睡眠时间，改善睡眠质量，有助于治疗失眠等睡眠紊乱症。而且随着年纪渐长，老人可能会对自己身体的衰老感到自卑和难以接受，如果这时老年人仍能保持和伴侣和谐的性生活，会使老人有被接纳感和认可感。衰老带来的自卑和羞耻感也会被缓解。2014年芝加哥大学全美民意调查中心对年龄在58岁至85岁之间的500对夫妇进行研究发现，即使经过40年的婚姻生活之后，性生活活跃的夫妇婚姻满意度也更高。老年人的性生活并不意味着性交，夫妻间表达亲密的行为同样也能促进关系的和谐稳定，还能提升他们对婚姻的满意度和对晚年生活的满意度。

3.老年人性生活的外部阻碍

大众对老年人性生活存在一些错误的观念。首先，错误观念一，老年人的身体机能不足以支撑他们进行性行为。身体步入老年，性机能下降是不可避免的事情，但性功能仍然是存在的。许多七八十岁的老年男性仍然能使自己年轻的妻子怀孕,而老年妇女虽然已经丧失了生育功能,但完全能过性生活。因此只要保持良好的心态,建立与年龄相应的性生活模式,老年人也可以享受性生活的快乐。错误观念二,性生活就是性交。老年人由于性机能的衰退会出现生殖器官的萎缩、勃起困难或阴道干涩等现象,单纯的性交往往不容易完成。但是接吻、拥抱、爱抚、倾诉也属于性爱范畴,能满足男女双方对性的渴求,并获得心理上的满足。错误观念三,老年人过性生活是"老不正经"。调查发现,在性话题上,相比于其他年龄段的人群,老年人往往需要背负更为严苛的社会舆论,例如认为老年人就应该是清心寡欲的"禁欲"形象,不然就是"老色鬼""色心不死"。而且老年人的家庭和当下的社会环境对老年人的性需求常常是持不理解或者忽视的态度,并且认为老年人谈性是一件非常令人羞耻的,甚至不道德的事情。这些现象都造成了对老年人性需求的污名化,导致老年人对自己的性需求通常也持避而不谈的态度,从而不敢主动追求性生活,所以老人的性需求也就难以得到满足。

心理应对

随着社会进步,我们既然越来越能够开放地看待性、谈论性,那我们也就不应该让这种开放被局限在特定的年龄层中。对老年人的性生活误解需要被打破,对老年人性需求的污名化也需要被去除,老年人也和我们一样有权利去拥有和享受性。

1. 社会大众和亲人的态度改变

曾有性学家说过:"在我们的传统中,似乎为了生殖目的的性才是合乎规范的,而为了满足愉悦的性则会被当作淫欲。这实际上是一种无知。"社会大众和老年人的亲人都应该了解,老年人也是有性需求的,而且老年人适当的性生活还有益身心健康。我们对老年人群在性方面要多一点理解和正视,要做到换位思考。毕竟大众都会经历老年,对老年人性生活观念的转变也是为自己将来可能出现的局面做准备,少一些刻板印象和偏见,更不要站在"道德高地"对老年人的正常需求进行声讨指责。这样可以帮助老年人勇敢地正视自己的性需求,将谈性"去羞耻化",创造良好的家庭和社会条件。

2.老年人建立对性的正确认识

老年人自己对待性的态度转变对老年人的性生活健康也非常重要。老年人首先要知道,"老年人要清心寡欲""人到了老年就不应该再产生性冲动了""老年人要禁欲身体才健康"等观点都只是社会对老年人性生活的刻板印象,这些看法是错误的。老年人需要正视自己的性需求,要脱掉社会因为误解而给老年人的性披上的"羞耻外衣",要明白自己完全有权利去追求性生活的满足,适度的性生活不但不会伤害身体,反而是对身体有益的。还有,老年人也要注意对性方面的知识进行学习,了解性生活必要的安全措施和注意事项。在追求性生活的满足时,也要注意性安全问题以及根据自己的身体状况来调整性生活的频率或是转变性生活进行的方式。在性生活过程中做到"四不",即不着急、不强求、不故意勉强中断、不分心。老年人的性生活,最重要的是追求心理上和精神上的快乐。不着急,就是要适应老年男性阴茎勃起越来越慢,射精时间越来越迟的特点;更需适应女性较慢的生理反应速度,所以只有不着急,才能实现夫妻和谐。老年人性生活的频度、强度、节奏等,都因人而异,因此没有必须遵守的绝对标准。老年男性性生活中断后,往往不容易再度勃起和继续进行性交,这样势必造成失望和烦恼。因此,除了丈夫不故意强制自己中断性交外,妻子也应尽量不中断丈夫的行为,更要防止外界的干扰。不分心,主要指性生活中思想上不去考虑生理感受或具体姿势动作,而应把感觉集中到心理和情绪上。可以通过回忆和想象,再现过去美满和谐的性生活景象,使自己沉浸于美妙景象之中,以强化此时的心理感受,使这种心理感受的优势统帅一切,提升老年人性生活的愉悦度和满意度。

3.社区的积极科普与宣传

社区需要帮助老年人消除对性的羞耻和畏惧心理,引导老年人正确认识自身的性需求。社区可以通过展板宣传和举办讲座等方式,向居住在社区中的人普及老年人性生活的有关知识,打破大众对老年人的性的偏见和误解。引导老年人以积极健康的心态来看待性,并向老年人介绍性安全方面的知识,积极鼓励在性方面遇到心理或生理问题的老年人,主动向社区内专业的心理咨询人员或者医生寻求相应帮助,避免第二个案例中李大爷那种悲剧的发生。同时社区也可以加强对老年人子女的宣传教育,消除他们对老年人性生活的误解,进而打通由子女向老年人进行宣传教育的路径,引导老年人正确看待性生活。

四、养老方式和老年人的心理

心理叙事

《公益时报》记者对于目前我国主要的两种养老模式:家庭养老和机构养老,进行了调查。以采访个案为主,以此反映这两种模式在中国目前条件下的状况。

今年89岁的吴老太选择了居家养老。吴老先生在世的时候,两位老人的起居均能够自理,子女们为他们请了一位小时工来照顾两位老人的起居。每天,这位小时工会在16点至19点来家里打扫卫生并洗衣、做晚餐,子女们每周都会轮流到家里来探望老人,陪老人聊天并做一些家务。一年前,吴老太的老伴儿去世,她伤心欲绝。与她住在同一城市的3个子女商量之后决定每周一至周五由家人来陪伴她,周末由保姆来照顾老人的起居。吴老太患有心脏病、高血压等老年人常见病,失去了伴侣之后的她离不开家人的陪伴。而且心脏病随时都有突发可能,吴老太的子女每天轮流日夜陪伴着老人,基本寸步不离。

吴老太有8个子女,这8位子女中,只有3位常住北京,其他几位子女定期轮流来京探望吴老太。这样的家庭陪护对于像吴老太这样拥有8个子女(而且子女均已退休)的老一辈人来说是有可能的,然而对于现在的家庭结构来说,这种条件越来越难以实现。而且即使是吴老太这样,子女也比较多,家里经济条件也不错,但在吴老太身体状态不好的时候,家人还是会选择将老人送到医院住上几个月,毕竟医院有专业的设施和24小时的专业陪护和急救人员。"入住养老院的,多数都是家里没法儿照顾的。"千禾敬老院负责人告诉《公益时报》记者,"但凡家里有人一般都会选择居家养老。"

上述新闻中的吴老太家庭养老情况算很不错的,儿女经常能够照顾,家里也有经济实力请小时工来家里照料老人。但吴老太身患疾病,需要有人寸步不离,所以光靠保姆是不行的。可即便八个子女轮流看护,有时还是需要将吴老太送到医院住几个月。然而,大部分老人家庭养老的现实情况比吴老太家更差,因为家庭经济现状能支持长期雇佣保姆的老人并不多。而且大部分老人也没有这么多子女,所以一遇到需要长时间看护的情况,子女就容易顾不过来,老人在家里就会无人照顾。如果家中老人有一方去世后,情况就会变得更加糟糕,独居的老人更加难以照料自己的生活,就更需要他人的帮助。所以,对于现在很多家庭,家庭养老难以给老人足够的照顾和支持。但从敬老院负责人的话我们可以看出,因为中国的社会文化"养儿防老"的传统思想,中国老年人大部分还是倾向于选择家庭养老,除非现实情况不允许,很多家庭才会无奈选择机构养老。

心理解析

养老指对老人的赡养。在中国,养老一直是人们所重视的话题,在今天这个老龄化现象日益严重的社会更是如此。而养老的方式也直接关系到老年人心理的健康水平和晚年生活的幸福。现代老年人养老有各种方式,在中国,养老的方式主要可以分为以下三种。

第一种,家庭养老,也是我国目前最主流的一种养老方式。顾名思义,家庭养老主要是指老年人生活在自己或子女家中,主要由老人的子女为老人提供生活上的照顾和经济支持的养老方式。概括地说,也就是"在家养老"和"子女养老"相结合。由于国内有关父母子女关系方面的传统文化,家庭养老的方式在当今的中国社会仍占据主流地位。对于中国人而言,家庭养老并不只是满足老年人衣食住行等生理方面的需求,它更是建立在血缘基础上家庭成员之间的互助和资源的代际交换,它对于家庭成员的情感交流具有不可替代的作用。家庭养老在精神慰藉方面也存在重要作用,老人需要的是儿女或者其他亲人的陪伴,而不仅仅是简单的家务劳动,亲人的陪伴是一种可靠的、温情的陪伴。正是这种不可替代性,家庭养老才能成为当下最首要的养老方式,家庭养老能有效缓解政府和社会养老方面的压力。由于我国人口老龄化具有老年人口基数大、老龄化进程迅速等特点,政府难以在短时间内建立起完善的养老保障体系,在实践过程中容易出现投入资金不足、政策不支持、服务人员素质低等问题或缺陷,而家庭养老能有效解决以上这些问题。

第二种,机构养老,是指将老年人送入由私人或政府举办的,为老年人提供饮食起居、清洁卫生、生活护理、健康管理和文体娱乐活动等综合性服务的机构进行养老,例如医护型养老机构、老年公寓等。这种养老方式在我国也比较常见,通常出现在老人无子女或者子女因工作繁忙或地域原因无法直接对老人进行家庭养老的家庭中,也经常出现在已经丧失较多生活自理能力的老人身上。通常社会机构养老会比家庭养老能更多减轻地子女的养老压力。机构养老使老年人集中居住,便于管理和服务。但是机构养老也面临一些问题,如成本回收周期长,政策措施落实不到位,法律制度不健全,医养结合难等。

而且有相当一部分养老机构仅仅关注老年人的物质生活照顾,而忽略了对老年人精神生活的关注,这使得选择机构养老的老年人通常精神生活匮乏。再加上参与养老机构中的老年人生活环境和社交对象的范围比居家养老和社区养老更加狭窄,与外界社会相对更隔绝,与子女等其他亲人的接触也更少,所以导致了大部分在机构养老的老年人生活的幸福感更低,产生心理问题的现象更严重。

第三种,社区养老,这是一种最近受到很多关注的养老新方式。社区养老是指以家庭为核心,以社区为依托,以老年人日间照料、生活护理、家政服务和精神慰藉为主要内容,以上门服务和社区日托为主要形式,并引入养老机构专业化服务方式的居家养老服务体系。社区养老的主要服务内容有很多。首先,"五助服务":即助餐(向老年人提供餐饮服务)、助急(为老年人提供代购、代缴水电煤气费等家政服务)、助医(为老年人送医送药上门)、助诊(将老年人送往医院诊疗)。其次,提供日托以及全托服务,日托指白天在社区居家养老服务中心生活,晚上回家休息,全托指全天生活在居家养老服务中心。社会还会提供文体娱乐服务,如设阅览室、棋牌室,组织老人开展各种健身操学习等。最后,还包括由志愿者提供法律咨询服务以及提供心理咨询等精神慰藉服务。社区养老既不是家庭养老也不是机构养老,而是介于两者之间,其核心要义就是将社会机构养老中的服务引入社区,让老人住在自己家里,在继续得到家人照顾的同时,由社区的有关服务机构和人士为老人提供上门服务或托老服务。可以说社区养老吸取了家庭和机构养老的优点。但是社区养老也面临一些挑战,如投资回报率较低,通常呈收支平衡或微利状态;服务受众广,因而对服务品质要求极高,所谓"众口难调";单体居家养老服务中心的发展往往会受到限制等等。

心理应对

那么应该如何做好老年人的养老工作呢?

1.子女除物质赡养外还需做好"精神赡养"

家庭是老年人毕生精力和努力的结晶,保留了老年人整个生命历程的印记。家庭养老可以使老年人感到安全和对亲情需求的满足,满足老年人"落叶归根"的心理。老年人随着年龄的增长,身体机能日渐衰退,健康状况越来越差。此时老年人的心理状况就显得尤为重要,直接影响着老年人的健康水平。丧偶、家庭矛盾和子女远离等因素是老年人产生抑郁、孤独和伤感等不良心理状况的直接原因。这种不良的心理状况容易使老年人对晚年生活失去信心,影响老年人的身心健康。可是很多子女觉得照顾老人只要给老人足够的物质条件就是赡养,孝顺似乎只是一个温饱问题。但对现在很多老人来说,在相对优越的物质条件下,他们更加需要的是子女的关心和"精神赡养"。

所以,作为子女,除了照顾老人的温饱,更要注意"精神赡养"。精神赡养就是要给予老年人关爱、温暖和亲情,使老年人心灵得到安抚,精神得到慰藉,避免不良心理的产生,使其对晚年生活充满希望,从而促进老年人的身心健康。要做到这一点并不难,有时间就多回家探望老人,没空回家就抽时间给老人打打电话聊聊天,关心老人的近况,不能对老人不闻不问,而是要通过加强与老人的联系来让老人感受到来自家庭和子女的温暖和关怀。除此之外,子女还可以鼓励老人多加强与外界的交流,多与街坊邻居联系情感,鼓励老人多去做自己爱好的事情,使老人的生活更加独立和丰富。

2.老年人养老思维的革新

老年人在养老问题上,首先可以有意识地从对传统的家庭养老的依赖性思维中解放出来,要多理解体谅子女可能的确没有太多时间照顾自己。而且老年人可以主动加强与外界的联系,比如与周围的邻居进行友好的交往,主动地多与其他老年人交朋友,好好利用自己的空闲时间来培养自己的兴趣爱好,以此来充实自己的生活。这样既可以减轻对子女在情感方面的依赖,又可以更好地丰富自己的精神世界,提升自己的心理健康水平和生活幸福感。

3.社区发展新型社区养老方式

随着社会的发展,为了解决老年人家庭养老子女可能无暇顾及,在机构中养老环境又相对闭塞、与亲人交流更少的缺点,社区养老同时吸取了家庭和机构养老的优点,逐渐成为目前老年人养老的最优办法和最新发展趋势。

社区要发展好养老功能,就要积极通过政府扶持、社会参与、市场运作的方式,举办更多养老、敬老、托老福利机构,设立更多为老年人提供服务、满足老年人各种生活需求的场所,如:设立老人购物中心和服务中心,开设老人餐桌和老人食堂,建立老年医疗保健机构,建立老年活动中心,开办老年学校,开展老人法律援助、庇护服务等。这些场所的设立可以将老年人的被动养老转变为老年人主动到这些场所满足自己的养老需求,提高老年人自信自立自强的生活方式,并满足老年人的基本需求与深层次需求。

甚至针对不同的地区可以采取不同的社区养老方式,例如"嵌入式"养老服务模式、公租房社区养老模式、"三位一体"社区养老服务模式、"互助型"养老模式等等。以"互助型"养老模式为例,互助养老是指居民互相帮扶和慰藉,满足老年人的养老需求的模式。社区建立联系制度,帮助社区内空巢老人结对子,采取"一帮一"或"一帮多"的互助模式。以社区为依托,将生活在社区内、具有专业特长、热心公益活动的健康老人组织起来,成立老年互助社,老人们可以在家庭、社区和养老机构等多种场合实现各种形式的互助。互助养老具有灵活性、多样性、自愿性、自治性等特征,满足了老年人对家庭、朋友和社区邻里的依恋,高效利用和发挥家庭和社区的养老功能。互助型养老模式是积极老龄化的重要表现,是老年人参与社会的重要途径。在我国养老资源严重不足的情况下,互助型养老通过以老帮老、以老养老,为创新养老模式、打造多元化养老格局奠定基础。同时,社区还要加大对社区养老的宣传力度,打破我国居民关于养老的思维桎梏,改变传统养老观念,鼓励居民采用不同的养老方式,为形成社区养老的风气提供良好的发展氛围。

第八章　社区老年人的退休与闲暇

内容简介

据中国心理卫生协会心理咨询师专业委员会副主任委员郭勇介绍,老年人普遍面临着三个"心理坎":退休、患病和丧偶,任何一个没有处理好都可能带来不小的情绪阴霾。

在我们经济发展水平尚未步入"发达国家行列",老龄化程度却早已进入了发达国家的行列,并且还呈现出了"未富先老"的特征。辛苦工作几十年,不少人从少年干到白了头。根据民政部发布的《2021年民政事业发展统计公报》,截至2021年底,我国60周岁及以上老年人口26736万人,占总人口的18.9%,其中65周岁及以上老年人口20056万人,占总人口的14.2%。一般认为,65岁以上的人口占比达到7%,就是老龄化社会,14%以上叫老龄社会,一旦达到21%,则是超老龄社会。人口老龄化是21世纪最突出的社会现象。在世界范围内老龄化速度日益加快的今天,老年人生活方式的改进和生活质量的提高,已成为城市发展的重点和焦点。

到了退休年纪,中国的老人们会选择过怎样的退休生活?退休的老年人会有怎样的心理变化?他们如何安排自己的闲暇时间?了解退休老年人的生活状况和思想状况,对于个体、家庭、社会的意义越来越重大。

一、退休与老年人的心理变化

🏵 心理叙事

老孙是国家机关的退休干部,以前工作的时候,每天早出晚归,为了发展本市的工业,为提高本市的教育水平,为了百姓的幸福生活,他忘我地工作,勤勤恳恳地操劳了几十年。他的辛苦得到了回报,本市的工业水平、教育水平和市民的生活水平大幅度提高,这一切令老孙很欣慰,但他并不满足。他觉得各项工作都能再上一个台阶,于是干劲十足,信心百倍地想再干一场。可是他已经到了退休的年龄。

刚退休时,他很是不习惯,每天仍是很早地起床,匆匆吃完早饭,拎上公文包就往外跑。每次都是老伴提醒他:"我说老头子,你可是已经退休了啊!"他才恍然大悟地回过神来,接着便颓然地坐在沙发上,一言不发,情绪一落千丈……

老孙在退休前也期待过退休后的生活。他认为自己前半生非常有意义,已经实现了自己的价值,以后退休了也能把生活过得有声有色。他设想过去国内外旅游,也设想过参加以前没有时间参加的社会活动,设想自己可以带孙子。但是真的到退休的那一天,他发现自己还是无法适应变化巨大的生活,每天都因为不再紧迫的生活节奏而感到无所适从。

由上述案例可以看出,当老人到了该退休或已经退休的年龄时,会从一种忙碌而充实的工作状态中脱离出来。大把的时间突然空闲出来,无从安排,因此在心理上会有一系列明显的变化。无法适应变化的退休老年人往往会因此感到巨大的空虚感、失落感和失控感,突然失去生活目标和生活乐趣,失去自己的社会角色和生命意义。

如何让退休老年人重新找到生活意义,如何让老年人更好地适应巨大的生活变化——"退休",如何安然接受生活的新内容,拥抱新的人生阶段,这些是接下来要探讨的内容。

心理解读

正如热播电视节目《奇葩说》第七季中有一个辩题是"妈妈疯狂追星天天不着家,该不该阻拦"。不仅仅是追星,很多退了休的父母,都出现了"放飞自我"的行为:熬夜看小说不能自拔、"全民 K 歌"嗨唱全网、广场舞打麻将一条龙……这些行为让子女们一时不知如何是好。心理学中有一个词叫作"刻板印象",是指人们对某一类人或事产生的比较固定、概括而笼统的看法。中国的退休父母在大众眼里也被赋予了"刻板印象":他们年轻的时候吃苦耐劳,成家后用心经营家庭;有了孩子后便将心血全部投注到子女身上,关心孩子的学业、工作;等到孩子工作稳定后便继续关注孩子的婚姻和子女问题;有了孙子孙女后自然要帮助子女照顾孩子和家庭,尽可能让子女安心工作,少一些后顾之忧;等孙子孙女们学有所成,他们才完成了自己的使命。父母在大部分人的心中都是无私的、伟大的、总是能处理好所有的麻烦事,近乎是无所不能的。但是很多人忽略了父母其实也面临着许多的困扰和问题,也有享受生活的权利。

退休是个重要的人生转折期,标志着个体结束了长期的奋斗阶段,开始享受人生的时光。在这个阶段,老年人的任务发生了改变,不再以获得事业成功为重。很多退休人员会在这个重要的转折期难以适应自己的社会角色变化,心理状态也随之会发生改变。

老年人退休后的心理变化主要表现在以下几个方面。

第一,智力改变:记忆力有减退现象。老年人最容易衰退的就是工作记忆,影响老年人的心算、推理等认知活动。这是无法避免的,所以有许多老年人会表现出思维缓慢、钻牛角尖等。

第二,情绪改变:有些老人会变得多疑,心情烦躁,性子急,耐性差,容易激动,为小事而大发脾气,对周围事物总感到看不惯,不称心。有的还固执己见,性情孤僻,总觉得退休后百无聊赖,生活无味。老人的情绪改变对家人的影响也特别大,会导致家庭氛围不和谐,影响生活状态。

第三,性格改变:有些老人说话畏畏缩缩,过于小心谨慎,唯恐出错;有些没有生活寄托,生活变得懒散;也有些变得幼稚,像小孩子,一定要按自己的意愿来;有些为了节俭,自己不舍得买,总去拿别人的东西;有些唠唠叨叨,总看不惯年轻人的生活;有些总觉得身体不适,怀疑自己得了绝症。

从上述三个方面来看,退休老人的变化都是较为消极的,出现这些变化的原因多种多样,大概有以下三个方面。

第一,角色的改变。退休老人不同程度地经历了三个时期的变化,即退休前期的期待期,退休期间的调整期和退休后的适应期。期待期指离退休前的一段时间,主要表现为对多年来的工作环境、生活习惯恋恋不舍,心情矛盾;调整期是指退休后的初始阶段,主要表现为感觉突然,不能适应;适应期是指退休一年后,多数人适应了新的生活方式,找到了自己应有的社会位置,重新认识了自己的价值,进入新的社会角色。由于退休后,生活的重心变成了家庭琐事,广泛的社会联系骤然减少,这使他们感到很不习惯、很不适应。有的老人在感知、记忆、思维等心理能力的衰退方面非常明显。这些失调情况如果不能及时调整,就会超过正常心理变化的范围,影响身体健康。

第二,社会地位的改变与收入的减少。根据国外的一些研究,缺乏独立的经济来源或可靠的经济保障,是老年人心理困扰的重要原因之一。由于退休后经济收入明显减少,尤其是一些企业退休职工,没有足够的退休金和公费医疗保障,社会地位不高,容易产生自卑心理。他们的性情也会变得比较郁闷,处事小心,易于伤感。如果受到子女的歧视或抱怨,性格倔强的老年人常常会产生轻生的念头。

第三,是退休后找不到价值感。退休是人生一大转折,老人失去了原有施展能力的平台,离开了多年的工作伙伴,社会交流减少,价值感、荣誉感、使命感等需求无从实现,易产生"老而无用"的失落感,导致情绪抑郁,易陷入空虚、苦闷中。

❖ 心理应对

人们的传统观念里面,都将老年期看作"丧失期"。退休老人失去了身体健康、美丽的容貌、青春的身体、家庭和社会地位、认知功能,认为衰老是全方位的丧失和衰退。其实这是一种消极的发展观,是对未来的悲观看法。毕生发展观则认为,发展是贯穿一生的,虽然人到老年,但是理解能力等方面依然在不断增长,情绪调节能力比年轻人更强。心理发展有很强的可塑性,即使面临各种功能的衰退、情绪的变化、价值感的缺失,但是这些方面都可以培养和改善。年龄并不是影响心理变化的唯一因素,这是一种积极乐观的看法。认为衰老在一定程度上可以延缓。

在退休后的短时间内出现一系列心理上的不适是正常的,我们应该采取措施去积极地降低这种不适。大多数老人需要一点时间来正视那些涌现出的负面情绪。

老年人要正确定位,找到自己的新价值。退休后,老年人由于生理功能的减退,活动能力逐渐降低,与原来工作单位的联系减少,加之子女长大成人,大都工作在外,因此人际交往范围骤然缩小,很容易产生孤独、抑郁的心境。所以,老年人退休后应逐渐在社区中开辟新的人际关系,以克服孤独感。注意增加与周围同龄人的交往,多参加一些有益的社会活动,以维持和社会的接触。平时应该经常听广播、看电视、看报纸、记笔记、写日记,还应适当参与家务劳动,使自己多活动,这样有益于培养情趣,调整身心。此外,要注意发挥余热,人到老年,虽然退出了岗位,但仍是社会的一员,应量力而行,尽可能为社会、为他人做点事,如义务保健员、义务邮递员等,这样既充实了生活,又克服了退休后远离熟悉群体的孤独感。新的社会参与、新的角色,可以改善老年人因社会角色变化而引发的情绪低落,实现对自我的重新认识,保持生命的活力。家庭成员可根据不同情况,为老年人安排一些力所能及的工作或家务,让他们意识到自己对社会及家庭的价值。

语言是最直接最有效的人际交往工具,最能表达我们对老人的关心。与退休老人亲切交谈,不仅能了解他们的心理感受,还能通过有效的开导安慰,帮助他们调整心理状态。要定期召开社区退休人员座谈会,随时了解他们的思想及心理感受,及时为他们排忧解难。此外,适当运动对全身组织器官均有好处,鼓励老年人坚持参加力所能及的体育锻炼,不仅可以减少疾病的发生,还可延缓衰老,提高晚年生活质量。扭秧歌、打太极拳、散步、跳舞、游泳甚至爬楼梯,都是不错的活动形式,可以根据实际情况选择运动方式及运动时间。

遭遇坎坷是人生常态,老年人要让自己的身心充实起来。不知道该做什么时,就做能让自己开心起来的事。喜欢与他人交流,就多和小区内的其他老人交朋友,多跟老朋友交流;喜欢安静地做事,就培养兴趣爱好,如书法、摄影、烹饪、花艺、手工等。让自己动起来,既有益身心,提高生活质量,又能为自己建立良好的社会支持系统,随时迎接生活的挑战和坎坷。

❋ 心灵小结

1. 老年人退休后会产生记忆、情绪、性格等方面的心理变化。
2. 出现心理变化的原因主要是角色的改变和社会地位的变化。
3. 老年人要积极面对退休,正确定位,与家人朋友多沟通多交流。

二、老年人的退休适应

⚙ 心理叙事

60岁的顾教授退休前是北京某建筑公司的高管,凭着其精湛的技术、高度的责任心和对事业的热爱,取得了辉煌的业绩,成为建筑行业的佼佼者。可是退休后,顾教授却茫然无措了。一个星期的无所事事的生活之后,他的兴趣一落千丈,觉得自己除了画图纸再无他长,没有别的用处了。

他开始把自己封闭在家里,再也不出去了,每天早起、吃饭、看电视、午饭、午休、看电视、晚饭、睡觉。这种模式化的生活,使得顾教授话越来越少,行动越来越缓慢,脸上也没有了往日的光彩,一下子衰老了许多。家里人看着顾教授的变化觉得很奇怪,于是赶快找来心理医生。在心理医生的指导下,顾教授顺利地走出了现实生活的困惑,开始了积极而又丰富多彩的晚年生活。

顾教授在退休前没有做好心理准备,没有为自己的退休生活做好计划和安排。在经过一段心理调适后,他慢慢地接受了自己所要面对的生活。根据埃里克森的人类心理—社会发展阶段理论,老年期的主要冲突与任务是自我整合与抵抗绝望。老年人的基本生活需要满足后,更高层次的需求便会出现。老年人若不能自我整合,便会陷入绝望。而在此过程中,退休适应是一个重要的过渡阶段,是能否安享晚年的关键。

心理解读

国外学者将一个人对于退休的积极经历和态度定义为退休适应。若不能适应退休生活，则有可能导致老年人出现烦躁不安、消沉抑郁等情绪。有些老年人会整日坐立不安，无所事事，产生严重的失落感；有些老年人性格变化很明显，特别容易急躁和发脾气。退休是生活中的一次重大变动，老年人在生活内容、生活节奏、社会地位、人际交往等各个方面都会发生很大变化，如果适应不了环境的突然改变，就会出现情绪上的消沉和偏离常态的行为，甚至引起疾病。

许多老年人不愿离开工作岗位，认为自己还有工作能力，但是社会要新陈代谢，必须让位给年轻一代。面对"岁月不饶人"的现实，老年人常感无奈和无力。在退休前，一些人事业有成，受人尊敬，掌声、喝彩、赞扬不断，一旦退休，一切化为乌有，退休成了"失败"，由有用转为无用，如此反差，老年人心理上便会产生巨大的失落感。退休后，老年人离开了原有的社会圈子，社交范围狭窄了，朋友变少了，孤独感油然而生。新的生活模式往往使老年人感到不安、无助和无所适从。加上身体的逐渐老化，疾病的不断增多，有的老年人觉得自己已经走到生命的尽头，油尽灯枯了。这是一种衰老的消极解读，老去的过程虽然伴随着许多的"失去"，但相应地也会有许多"获得"。退休老人的生活重心突然消失必然伴随着巨大的空虚感，但是只要重新找到自己的生活重心，就能重新发现生活的意义。

并非每一个退休的老人都会出现以上情形。离退休综合征形成的因素是比较复杂的，它与每个人的个性特点和人生观有着密切的关系。

平素工作繁忙、事业心强、好胜而善于争辩、严谨和固执的人易出现离退休综合征，因为他们过去每天都紧张忙碌，突然变得无所事事，这种心理适应比较困难。相反，那些平时工作比较清闲、个性比较散漫的人反而不容易出现心理异常反应，因为他们退休前后的生活节奏变化不大。

退休前除工作之外无特殊爱好的人容易发生心理障碍。这些人退休后失去了精神寄托，生活变得枯燥乏味、缺乏情趣。而那些退休前就有广泛爱好的老年人则不同，工作重担卸下后，他们反而可以充分享受闲暇爱好所带来的生活乐趣，有滋有味，不亦乐乎，自然不易出现心理异常。

不善交际、朋友少或者没有朋友的人也容易出现离退休障碍。这些老年人经常感到孤独、苦闷,烦恼无处倾诉,情感需要得不到满足。相反,老年人如果人际交往广,又善于结交新朋友,心境就会变得比较开阔,心情开朗,消极情绪就不易出现。

退休拥有实权的领导干部易出现离退休综合征,因为这些人要经历从前呼后拥到形只影单、从门庭若市到门可罗雀的巨大落差,的确难以在短时间适应。退休前没有一技之长的人也易出现离退休综合征,他们如果想再就业往往不如那些有技术的人容易。

通常男性比女性更难适应离退休的各种变化。中国传统的家庭模式是"男主外,女主内",男性退休后,活动范围由"外"转向"内",这种转换比女性明显,心理平衡因而也较难维持。女性普遍将家庭看得更重,本来就更加关注家庭生活和情感世界,所以在退休后也能较快地适应,觉得退休后的生活更加有趣。

离退休是人生的一个重要转折,是老年期开始的一个标志。从前面的分析我们可以看出,老年人从职业角色过渡为闲暇角色,从主体角色转化为配角,从交往范围广、活动频率高的动态型角色转变为交往圈子狭窄、活动趋于减少的相对静态型角色,如果老年人不能很好地适应这些角色转变,退休综合征就由此产生了。

心理应对

为了更好地适应退休,全社会、家庭成员、退休老人都要付出努力。我们应从以下几个方面着手。

1.社会方面

对即将退休或刚刚退休的老年人进行退休适应干预、培训与咨询,让老年人对退休后要面对的一系列变化和问题有心理准备。要注重老年人群的异质性和退休适应策略的差异性。

提高养老金替代率的同时,更多地为老年人提供再就业的渠道,各社区也可组织退休老年人参与一些社区建设或文娱活动,丰富老年人的精神文化生活,从而在一定程度上减轻老年人在退休后身心不适应的状况。

2.个体方面

(1)生活自律

老年人的生活起居要有规律,退休后可以给自己制订切实可行的作息时间表,早睡早起,按时作息,适时活动,建立新的生活节奏。同时要养成良好的饮食卫生习惯,戒除有害于健康的不良嗜好,采取适合自己的休息、运动和娱乐的形式,建立起以保健为目的的生活方式。要勤锻炼身体,只要身体健康了,就可以做很多事情。例如旅游,年轻的时候没有去过的地方,现在都可以去看看,但是前提是要有个好身体。老年人出现身体不适、心情不佳、情绪低落时,应该主动寻求帮助,切忌讳疾忌医。对于患有严重的焦躁不安和失眠的老人,必要时可在医生的指导下适当服用药物并接受心理治疗。

(2)重归社会

退休老人如果体格健壮、精力旺盛又有一技之长的,可以积极寻找机会,做一些力所能及的工作。一方面发挥余热,为社会继续做贡献,实现自我价值;另一方面使自己精神上有所寄托,使生活充实起来,增进身体健康。当然,工作必须量力而行,不可勉强,要讲求实效,不图虚名。退休之前想做而没有时间去做的事,比如想去学习某一门技能,如插花等,退休了正好有时间去做。以前没有爱好的老人,可以培养练字、绘画、集邮、收藏、种花、养鱼、喂鸟等。如果以前有一些爱好,可以根据自己的身体状况给予发挥,这样能在精神上获得快乐,在生活上得到充实。

(3)扩大社交

退休后,老年人的生活圈子缩小,但不应自我封闭,不仅应该努力保持与老友的关系,更应该积极主动地去建立新的人际网络。良好的人际关系可以开拓生活领域,排解孤独寂寞,增添生活情趣。在家庭中,与家庭成员间也要建立协调的人际关系,营造和睦的家庭气氛。以前的好朋友也都是退休的老年人,在一起话题比以前更多,彼此间的沟通交流也会减少心理上的孤寂和无助感。老年人要打开自己的房门,走出去,让阳光照进心窝,接受并试着去适应退休后的生活。

(4)调整心态

衰老是不以人的意志为转移的客观规律,退休也是不可避免的。这既是老年人应有的权利,是国家保障老年人安度晚年的一项制度,同时也是老年人应尽的义务,是促进职工队伍新陈代谢的必要手段,老年人必须在心理上认识和接受这个事实。所以,老年人退休后要消除"悲观思想和消极情绪,坚定美好的信念,将退休生活视为另一种绚丽人生的开始,重新安排自己的工作、学习和生活,做到老有所为、老有所学、老有所乐,保持良好的心态。老年人一生经历了那么多,到了晚年更要看开点,也许现在的生活不如从前那般热闹,但清净不也是生活的另一种美吗?

(5)善于学习

活到老,学到老。正如西汉经学家刘向所说:"少而好学,如日出之阳;壮而好学,如日出之光;老而好学,如秉烛之明。"一方面,学习促进大脑的使用,使大脑越用越灵活,延缓智力的衰退;另一方面,学习可以更新知识。社会变迁风起云涌,老年人要避免被时代抛弃,就要加强学习,树立新观念,跟上时代的步伐。老年人应尽可能保持学习,把自身与社会的距离缩小到最低限度,比如学习使用微信等新型沟通手段,充实生活。

❋ 心灵小结

1.老年人退休后要经历退休适应阶段。

2.老年人的退休适应需要个体和社会共同参与。老年人自己要积极调整心态,同时政府要关爱退休人员的心理健康。

3.老年人要警惕离退休综合征的出现。

三、老年人的退休规划

⚙ 心理叙事

老杨和老胡是同一个工厂的老员工,几乎同时进入工厂工作,在工作期间结下了深厚的友谊。平日里,大家都调侃两人是亲兄弟,不仅身形体格相似,而且脾气性格也相近。两人住的楼房也隔得较近,平日里有不少的往来。

看着越来越临近的退休时间,老杨和老胡却有不同的想法。老杨认为,自己辛苦了大半辈子,存了一些钱,还买了养老保险,儿子女儿也有出息,以后的生活有保障,接下来要好好想想自己可以做些什么来打发时间。"我的修理技术挺好,并且平时就喜欢捣鼓这些东西,没少帮亲戚邻居修理电器,木工活儿我也能做一些。既然我以后有时间了,就要开一个小小的店铺,平时就帮人修理家具电器啥的,既能帮助别人,自己也有事干,说不定还能挣不少钱。但是人老了,总不能像年轻的时候那样拼了,老伴喜欢旅游,我们也一年出去旅游两次,开心开心!"

老胡对于以后的生活却很迷茫。他虽然在工厂里面一直干得不错,却没有老杨那样的修理手艺。平日里都是围着工作转,"退休了之后……"老胡一时之间也没有主意了。"我大概就待在家里?带孙子?我也不知道。老了就是颐养天年吧。就要开开心心,快快乐乐地!"

面对退休后的生活,有一部分人是很迷茫的,有一部分人却很清晰明了。为了保障晚年生活的幸福,退休人员不能仅仅依靠社会养老保障和子女赡养,必须主动出击,提前为退休生活做出规划。

心理解读

在人口生育率下降和平均预期寿命加长的双重影响下,世界各国都出现了不同程度的老龄化危机。有研究显示,到2020年,欧洲60岁以上的人口占到25%;美国到2030年,65岁以上的人口将占20%;亚洲老人的数量到2025年将占世界老人总数的58%。据世界卫生组织统计,中国人的平均寿命不断增长,1949年为35岁;1957年为57岁;1981年为68岁;2005年为71岁;2020年为77岁。医疗科技水平的提高,对人文关怀的重视,老年人将会越来越受到社会的重视,如何安排退休后的生活将是重要的人生选择。

退休问题一直受到社会各界的关注,与每个人的生活息息相关。人口老龄化和退休人口剧增对各国社会保障制度都带来了较大冲击,为保障退休生活的质量,个体应该积极参与退休规划。退休规划不仅能够促进个体对退休生活的有效调整,还可以缓解退休人口增加对公共资源带来的压力。合理安排自己的资源,为以后的生活进行资源积累,才有助于缓解以后的生活压力,增强幸福感。

退休规划是退休前的一项重要活动,是未雨绸缪、防患于未然的举措,是指个体为未来的退休生活早做打算,既包括财富方面的积累,也包括未来的身心健康和家庭生活规划。随着退休日期的临近,人们参与退休规划的内容和数量都会变化,规划领域更广更细。最开始的退休规划只是一些概括性的目标,而没有具体的措施;后来,随着思考的深入,规划的内容越发详细,从模糊到清晰,从抽象到具体,逐渐明确。有研究者认为退休规划是一个能动过程,会受到人口学因素、个体差异和外部环境的影响。例如,习惯设置生活计划的人更有可能主动地设计退休规划;对未来更有目标的个体会有更多展望;女性比男性更能提早安排好自己退休后的人生;等等。

退休规划类型从信息获取渠道上可分为正式的和非正式的。正式的退休规划就是个体通过参加结构化的规划课程,学习退休规划的程序、技巧和工具。非正式的退休规划则是个人从自己的需求出发,在财务、居住地、活动等多个方面,根据自己的喜好和现实情况进行规划。这两种形式都可增加个体在退休过渡中的信心与资源,没有优劣之分。

总的来看,退休规划包含多个部分的内容,例如财务情况、居住情况、社会活动情况、工作情况等。心理健康方面的规划也是十分重要的,例如身体健康情况、心理健康情况、社会交往情况、休闲娱乐情况等等,都是可以纳入规划的内容。一般而言,退休规划的内容有以下几个方面。

第一,财务规划是为了保障退休后的生活水平不大幅度下降而进行的一系列准备。具体可以区分为财务方面的知识储备和资金方面的储备。财务方面的知识储备包括在退休前搜集理财信息(如接触金融投资的人员、参加理财讲座、收看电视学习财务知识),以此来提高经济方面的知识,并且提高金融素养。这些知识储备是为以后的投资理财做准备。资金方面的储备就是通过一系列活动(包括整理财务和投资记录、估计未来的生活成本、确定未来的资金收入、比较不同的理财产品的风险和收益)进行的准备,理清自己的资产。

在没有工作收入、充满未知性的退休生活中,资金充足是最重要的,所以财务规划对个体来说至关重要。以往的研究发现,财务规划与退休满意度和幸福感直接相关。具体来说,进行财务规划的个人对退休以后的生活满意度更高,幸福感更强。

什么样的人会进行财务规划呢?年龄越大的人更愿意进行财务规划,因为他们是感受到退休"威胁"最大的群体,个体面临威胁的时候就更有可能激发他们的迫切感;感觉自己能够很好地应对退休生活的个体更有可能进行财务规划;有较大生活压力的个体也更需要提早对退休生活进行计划和打算。

第二,健康规划是老人最为关注的方面,也是保证退休生活满意度的先决条件,会深刻影响个体的生活质量,以及参与社交的能力。老年人身体素质逐渐下降、身体器官的功能逐渐衰退,规划自己的健康显得十分重要,是医疗保险、医疗措施替代不了的。健康规划包括购买医疗保险、定期去医院体检、定期进行适当的体育锻炼、改正不健康的生活习惯等等。

第三,工作规划。工作并不是在退休的时刻就结束。老年人在离开原来的公司和岗位之后,可以重新进入劳动力市场直到完全不能工作,这个过程叫作过渡性就业。过渡性就业虽然发生在退休之后,但是却与退休规划息息相关。

工作规划是退休老人发光发热的机会。并不是所有老年人都会适应退休后的清闲生活,重新开展一份新的工作,慢慢适应,甚至从新工作中找到自己的兴趣爱好、找到自己的价值未尝不是一件好事。什么样的人会进行工作规划呢?年龄、性别、教育程度和收入都会与是否进行工作规划有关。可以通过提高老年人的退休结果期望来加强工作规划,有社会支持的工作氛围有利于老年人产生退休后再工作的意愿。

第四,社交休闲规划,包括退休后的人际交往、休闲娱乐活动。退休后的大部分时间都是花到休闲娱乐上面,是大部分老年人要思考的事情。老年人相比于年轻人更加需要情感支持,更加重视社交圈,在社交活动中会投入更多的时间,大概有以下几个方面可以改善适应不良:培养或发展兴趣爱好、继续或开始休闲活动、阅读或通过大众媒体了解休闲活动、加入或咨询休闲活动的组织团体、组织与家人朋友的出行、与家人朋友的接触和联系、结交新朋友等等。

心理应对

退休规划需要提前准备,财务、健康、社交休闲、工作、居住都在需要考虑的范围内。每个人在退休之前都要做好规划,不仅仅是有个大概的想象,而是从粗略到详细。这是理智的选择,是为未来的生活做细致的考量。

为接受并适应伴随退休而来的变化,心理准备也是退休规划中的重要内容。当一个人从心理上做好准备后,面临后期的各种问题和不适都不至于手忙脚乱,胡乱应对。

心理规划一般有以下途径。

第一,与同事、家人和已退休人员谈论退休的事宜。与同事讨论,可以从面对相同处境的个体处得到更多的建议,为自己的规划提供想法。但每个人的现实情况都是不一样的,虽然我们要虚心听取建议,但也不能"照抄"别人的规划,而是要结合自己的现实情况和兴趣爱好,这样才是有效的规划,否则会导致规划无法实现,或者降低幸福感。家人永远是最了解我们的人,每个人都与家庭息息相关,每个抉择都会对家庭产生影响,也会受家人的影响。家庭成员在心理规划过程中扮演着重要角色,那些与家人或其他亲人讨论过退休规划的员工表现出更好的心理适应。在退休后的计划中,家人肯定扮演着非常重要的角色,例如社交休闲规划、健康规划等,都需要家人支持。所以在进行退休规划的时候,就需要参考家人的意见,与家人的步调保持一致。学习已退休人员的经验,可以提前为退休后的各种不适做准备,能够更快地融入全新的生活中。

第二,通过大众媒体获取有关退休信息。随着中国的计划生育政策不断调整,总体受教育程度上升,经济压力增大,中国的人口模型逐渐转变为倒三角模型,老年人口比例不断上升,老龄化进程加快。退休规划与退休政策密切相关,为了进行更加准确和适宜的计划,就需要多方面了解退休政策和信息,而不是闭门造车,不符合实际。

第三,参与退休辅导和咨询项目等。退休规划受性别、年龄、教育程度、收入水平、健康状况的影响,也会受到家庭因素、社会因素、人格因素、认知因素、动机因素等的影响,所以即将退休的人员有时也需要专家的建议。从心理咨询方面来看,目前没有形成一个通用的量表,大部分是通过问卷法来对退休规划进行测量的。心理咨询专家可以根据问卷结果来了解对方的退休规划能力,帮助个体更好地为自己的未来进行打算。心理规划有助于退休人员更好地准备退休生活,同时能够促进退休过渡中的心理健康。

人们通过大众媒体获得有关退休的信息已非常便利。尤其在便携式设备已十分普及的今天,退休知识的传播和获取变得越来越容易,增强老年人的学习意识非常关键。不能将心理规划与其他规划领域割裂开,因为不论是财务规划、健康规划,还是人际休闲规划等,它们都可以在心理层面为退休人员提供保障,如更多的资金保障可以提高财务安全感,使得人们对退休的到来更有信心。

❋ 心灵小结

1.老年人在退休之前需要进行退休规划,有利于加快适应退休后的生活。

2.退休规划包括财务规划、健康规划、工作规划、人际休闲规划和心理规划等。

3.退休老年人可以通过与同事、家人和已退休人员讨论,通过大众媒体获取有关退休的信息,参与退休辅导和咨询项目等方式更好地进行退休规划。

四、老年人的闲暇活动和社会参与

◎ 心理叙事

郑营南路社区北起坊子新区凤凰大街,南至潍胶路,东起郑营路,西至北海路。该社区是坊子区政府搬迁至新区后最早建立的社区,老年人数量多,且多数是退休职工。这些老人都有退休金,家庭负担轻,闲暇时间多。平日,子女工作繁忙,不能经常陪伴老人,时间久了,老人就觉得比较孤独,日子很无聊。提供文艺活动场所、开展有益的文化活动,成为社区老人的迫切需求。社区内现有两所中学,许多学校退休教职工在此居住。这些退休教师素质高、有文艺特长、热心公益志愿服务事业、组织能力强,同邻里关系相处融洽,在群众中威信很高。而且,他们愿意发挥自己的特长,奉献社会。社区也非常希望老人能发挥自己的余热,为社区尽一分力量。社会工作者认为,整合这些资源,社区提供活动场所,就可以满足许多老年人的精神需要。潍坊四中的退休教师张香芹非常热心,带头组建了郑营南路社区老年人文艺宣传队,鼓励老年人走出家门,融入社区大家庭中。

颜翠娟是名下岗职工,平日的生活简单枯燥,既不需要带孙子,自己也没有什么兴趣爱好。但是颜阿姨是出了名的做饭好吃,无论是做硬菜、腌菜、高汤都是一绝。邻居们有时会上门请教,这是颜阿姨生活中少见的快乐时光。后来,邻居们建议颜阿姨在小区建立一个美食沙龙,可以教大家做做菜,平时也能在一起说说话。在邻居的帮助和热情参与下,颜阿姨就风风火火地开展了起来。虽然来参加的人比较少,但每隔一天,几个老姐妹就聚在一起,聊聊做饭的心得体会,日子过得越来越有意思了。后来社区建立了帮扶独居老人的活动,每周为独居老人送去一碗热汤。社区主动联系到颜阿姨,颜阿姨有心做好事,非常积极地参与了进来,每周都由她掌勺,做的饭菜得到了大家的认可。每次她给对口帮扶的老人送去暖暖的汤,都让她自己也感到心暖暖的。

上述案例就是人们适应了退休后的状态,与邻居、朋友一起做点喜欢的事,找到了新的生活价值与快乐。虽然老年人从职业中退出了,但并不是退出了社会生活,并不是就没有需要追求的生命意义了,并不是就没有乐趣了。退休后,老年人拥有了更多的闲暇时光,如果没有休闲生活补充,就会感到生活无趣,所以兴趣爱好对退休老年人尤其重要。

心理解读

老年人的闲暇生活方式是指老年人对自己的闲暇时间的利用方式。如果退休之后,老年人每天无所事事,百无聊赖,这样的生活方式不利于身心健康以及幸福感的提升。老年人的闲暇活动越丰富多彩,生活质量就会越高,就越能重新获得自己的价值感和意义感。老年人可以选择的闲暇生活活动主要有以下几种。

(1)运动健身。老年人的特殊体质,决定了他们的身体不适应高强度的对抗性运动,并且多数人退休后也并不是特别清闲,每天同样有许多事情需要做,比如帮忙照料家庭、打理自己的生活、如何支援下一代。即便如此,他们也会选择适当的运动。有些人会选择慢跑或者游泳,随着年纪的增大,慢慢地只能靠散步来保持运动量。考虑到时间、经济等问题,广场舞、散步等活动是广大老年人喜欢的运动方式。社区的广场上一到晚上音乐就会响起来,老年人在一起热热闹闹地动起来。这样既锻炼了身体,也释放了退休后的压力和孤寂。

(2)看书。老年人可以在闲暇之余看看书,看看报纸,继续学习新的知识,充实老年生活,还能让自己的内心充实。在读书的过程中找到志同道合的朋友,找到自己新的兴趣。

(3)旅游。身体允许的情况下,可以选择出去旅游,看看祖国的大好河山,既锻炼身体又增长见识。

(4)养宠物。很多老年人退休后可能会独居,不妨养只宠物,让自己忙碌起来,使内心不那么孤寂。养宠物是一件充满爱意的事情,宠物会给你爱的陪伴,当你的朋友,陪你散步。

(5)继续教育。现在有很多老年大学,退休的老年人可以根据自己的兴趣学一些技能,比如说钓鱼、棋牌等。

当前国际上都在提倡积极老龄化。积极老龄化肯定老年人的社会价值,把健康、参与、保障构成一项应对人口老龄化挑战的战略,并明确这三位一体不仅是老年人的需要,也是一种权利。应努力创造条件让老年人回归社会,参与所在社会的经济、社会、文化和政治生活,充分发挥其技能、经验和智慧,从而使"老龄化对社会经济的压力转化为促进可持续发展的动力"。退休的老年人仍要参与到社会建设当中,保持与社会的联系,这对老年人的身心健康有好处。对于老年人而言,归宿、社交或情感的需要,是他们的主导需要,是老年人自我实现的前提和基础。社会参与就成了老年人实现自我的一种途径。

❋ 心理应对

老年人参与社会活动可以在有限的生命里继续发挥自己的智力和才能,找到自己的价值,找回自信,减少退休后的孤寂和无助感。为了提高老年人的社会参与度,社会和个体应该从以下几个方面着手。

1.社会层面

政府应建立健全老年人相关的法律体系,规定可操作的权利与义务,使老年人的社会参与走上法治化轨道。在保障基本权利的基础上,老年人才有机会与热情参与到社会建设中来。

社区要建立老年人的参与制度。比如,可以建立一些奖励制度,设立奖金,对积极参加社区活动的人给予一定的表彰,以此激励老年人积极地参与到社区活动当中。

社会各机构可以设立一些适合退休老年人的工作,让一些有能力的退休老年人继续发挥自己的才能,比如社区的调解员。这些工作旨在挖掘老年人的潜能,提倡老年人互助,为老年人争取合法权益,并鼓励老年人更加积极地为社会创造价值、参与社会发展和社会分配,勇于实现自我价值。

2.个体层面

活到老,学到老。老年人应该根据自己的兴趣与爱好去学习一些新的知识与技能。比如互联网的使用,老年人可以学着用手机发消息、发视频、浏览信息等,既能丰富生活,又能紧跟时代步伐。老年人情绪上的波动与焦虑,有很大一部分是不能紧跟社会发展而产生的一种恐慌感。

积极参加社会活动,如志愿者服务活动等。前面已经提到,老年人对自我实现有更高的需求。他们需要在生活中证明自己即使退休了也还是有价值的。在参加各种志愿者服务的过程中,老年人会享受到帮助别人的快乐,认识到自己仍然能为社会做贡献,依然是这个社会的一员。

老有所乐。老有所乐的形式多样,一切讲究精神健康,使生命、生活质量提高,最终产生愉悦感,使人身心和谐的活动都可称为老有所乐。如现在的一些老年团体进行美术、音乐、书法创作,使自己和他人得到艺术的享受。老年人也可以种花养鸟,感受生命的气息,带动对生命的热爱。不知道该做什么时,就做能让自己开心起来的事。喜欢与他人交流,就多和小区内的其他老年人交朋友,多跟老朋友交流;喜欢安静地做事,就培养兴趣爱好,如书法、摄影、烹饪、花艺、手工等。

新的社会参与、新的角色,可以改善老年人因社会角色变化而引发的情绪低落,实现对自我的重新认识,保持其生命的活力。家庭成员可根据不同情况,为老年人安排一些力所能及的工作或家务,让他们意识到自己对社会及家庭有价值。

❋ 心灵小结

1. 老年人要选择合适的闲暇生活方式，如健身、跳舞等。
2. 退休的老年人仍要参与到社会建设当中，保持与社会的联系。
3. 老年人的社会参与需要社区建立专门制度，鼓励老年人参与社区建设。
4. 老年人退休后也要不断学习，紧跟时代步伐。

五、老年人的再社会化

❂ 心理叙事

李大爷退休前在工商银行当经理，从25岁开始工作至退休。他工作时尽职尽责，从来不休假。他有一儿一女，儿子今年35岁，已成家立业，另组家庭。女儿大学毕业后嫁到加拿大，一年只回来一次。李大爷退休后，感到百无聊赖，度日如年，因他性格比较内向，不喜欢与他人交往，不善于与他人沟通，几乎没有什么朋友，只有与老伴相依为命，生活平淡到了只剩下吃饭和睡觉。他颇觉老来无用，活着也只是为了活着，经常是晚上睡不好，感到空虚、忧郁。家人看到他如此，便为他请来心理医生，经过心理诊断，李大爷患的是老年抑郁症。后经心理医生的心理治疗，病情逐渐好转。

一次偶然的机会，他看到了社区教育中心老年大学的开学通告，得知老年大学开设了各种适合老年朋友的课程，他报名参加了摄影班学习摄影，而且很快就迷上了摄影。经过一段时间的学习，他已经是积极学习分子，经常参加各种比赛，身体也一天天地好了起来。过去的疾病好像完全消失，现在他已经成为一名社区教育志愿者，经常参加各种社区教育活动，摄影技术也越来越高。

案例中的李大爷因为无法适应退休后的空闲状态，表现出无所事事、焦虑的状态。通过心理医生的开导和参加社区活动并学习新知识，他的时间充分利用起来，找到了新的生活乐趣，在参与社会活动的过程中实现了自我价值。促进老年人的再社会化,是帮助退休老年人增强适应生活的能力,并重拾生活信心、提高生活质量的有效途径。

心理解读

再社会化是指个体按照社会发展的要求,在原有的基本社会化基础上进一步发展以不断适应社会生活的过程,包括价值观念、行为规范和社会知识技能的更新、改善、充实和提高。个体进入老年后,面临着身体机能下降、记忆衰退等一系列变化,同时生活环境快速变化、社会地位逐渐边缘化等问题显现。因此,了解与学习新的价值标准和行为规范以提升社会适应能力与生活质量成了关键。老年人再社会化有重要的现实意义。

(1)促进健康老龄化、积极老龄化。近几年老龄人口增长迅速,这对社会养老服务资源也是一个巨大的挑战。庞大的老龄人口其实具有巨大潜力,老年人尤其是低龄健康老人有着成熟的工作经验与技能,且部分人在退休后仍有工作意愿。如果我们能利用好老年人力与人才资源,不仅能增加我国劳动力供给,还有助于缓解社会养老负担,化危机为红利。

(2)提升老年人的社会适应能力。老年人退休后,虽然不需要每天工作,但是仍然需要与周围的人进行互动。社会参与就是他们进行人际交流的重要途径。通过参与各种志愿者活动、学习活动,老年人与外部环境保持紧密联系。发展兴趣、结交朋友、丰富生活等积极健康的再社会化,在促进老年人的身心健康的同时,还可帮助老年人了解新的价值观念,适应科技发展带来的改变,塑造"年轻态"的现代老年人。

(3)帮助老年人实现自我价值。退休后的老年人物质生活需要大多能够得到满足,对于精神需要有更高的要求。在拥有充足的闲暇时间的情况下,他们需要满足精神需求,实现自我价值。老年人通过再社会化,在社会中继续担任一定的角色,承担一定的责任,有助于他们发现自我价值,对晚年生活充满信心与热情。

心理应对

退休老年人的再社会化非重要,需要各方面统筹配合,可以从以下几个方面来进行。

(1)促进老年人参与家庭和社会经济活动的积极性。老龄化社会的到来,给社会经济的发展带来了不利的影响。开展老年人社会工作,可以化消极因素为积极因素,对实现家庭的和谐、社会的稳定,为经济发展营造一个安定的局面,具有不可低估的作用。充分利用人口预期寿命延长对社会经济发展的有利条件,提高老年人的劳动参与率,可以变人口老龄化的压力为动力,应对老龄化挑战,促进经济发展。

(2)对老年人进行培训。大批已退休的各类专业人才,经培训后完全有能力用自己的知识、技术、经验继续为社会发展服务。可以利用网络传媒技术开展老年培训。现代社会离不开网络传媒技术,以网络为基础的远程教育即是现代传媒技术的最好运用。

(3)完善社会保障制度。解决老年人的问题要依赖社会保障。为此,完善社会保障制度,是解决老年人问题的关键。如:健全社会养老保险,扩大养老金覆盖面。我国外资、民营、私营和个体户都未列入统筹范围,导致养老金来源单一、不足。

(4)培养具有专业素质的养老服务人员,满足老年人对服务的需求。在福利设施建设方面,政府出资建设基础设施,吸引社会资金投入养老机构,满足老年人高层次的需要。为了老年人的身心健康,应积极对待老龄资源,鼓励老龄资源再社会化。随着社会经济的发展,政府逐步构建和完善老龄资源再社会化政策保障体系显得十分重要。

(5)退休老人应该积极调整心理状态,勇敢走出去,利用自己的闲暇时间寻找自己新的兴趣爱好,学习新知识,跟上时代的步伐。

心灵小结

1.再社会化是指个体按照社会发展的要求,在原有的基本社会化基础上进一步发展以不断适应社会生活的过程,包括价值观念、行为规范和社会知识技能的更新、改善、充实和提高。

2.老年人再社会化能促进健康老龄化、积极老龄化,提升老年人的社会适应能力,帮助退休老年人实现自我价值。

3.为促进老年人的再社会化,政府要采取积极措施,如对老年人进行培训等。

第九章　社区老年人的临终心理与应对

> **内容简介**
>
> 　　死亡是每个人人生中必经的过程,任何人都无法逃避。处理好死亡问题对于个体获得快乐、幸福和充实的生活至关重要。
>
> 　　面对死亡,每个人都会存在不同程度的恐惧。死亡恐惧对个体的影响有利有弊,为了最小化其消极影响,应当从个体自身、家庭、社区等层面进行努力。
>
> 　　面对死亡,不同个体的情绪体验和行为反应会存在差异。但总的来说,临终老人一般要经历五个心理时期:否认期、愤怒期、协议期、忧郁期、接受期。做好老年人临终关怀,医务人员、家属、社区责无旁贷。
>
> 　　树立正确的生死观,追寻生命的价值,是人生中的一笔重要财富,也是指引我们生活走向光明的明灯。树立正确的生死观,要求老年人努力珍惜生命;要求家庭充分发挥亲情的力量,帮助老年人形成正确的生死观;要求社区强化老人的生死观教育,关爱老人的心理健康。

案例引入

　　曾经有一位老人,医生已经给他下了病危通知书,他也已经不能进食。即使如此,在他临死前数天仍表现出强烈的求生欲望,不愿死去,一直痛骂其子女不给他治病。医院里那些病重而面临死亡者,即使在弥留之际,他们也还不想死,慨叹为什么要死。

　　对于死亡,不只是病人会感到恐惧,即使是身体健康的老人也害怕。例如郑晓江教授在一次演讲后,被几十位来听讲的老人团团围住,一位老人拉着他的手说:"郑教授,您这样讲死亡,我们就放心了。"这句话可以说代表了大多数老年人的心声,它表明大多数老人们对死亡"不放心"。"不放心"自然隐含着对死亡的恐惧、害怕。

死亡,一个令人最难接受的词语,也是一个最令人痛苦、厌恶的词语。一般认为,死亡使人离开这斑斓多彩的世界,离开其感情融融的亲友而归于死寂。但死亡又是每个人人生中必经的过程,任何人都无法逃避。人人都惧怕死亡,特别是步入人生最后阶段的老年人。因此,老年人要想获得快乐、幸福和充实的晚年生活,其根本就在于处理好死亡问题。那么,对于人人无法逃避的宿命——死亡,怎样才能做到坦然呢?

一、死亡恐惧心理

心理叙事

姜大妈57岁了,初中文化水平,退休前是商店营业员。她患乙肝已经有两年,到处求医,看过西医和中医,吃过多种药,但都无济于事,病情始终未见好转。

姜大妈开始怀疑自己已经转为肝癌,死亡的威胁日趋严重,整天提心吊胆,惶惶不可终日,总是觉得死神在向自己招手。晚上也经常梦见两年前因病去世的老伴,造成情绪烦躁不安,经常怨天尤人,埋怨自己的命为什么这样不好,而且经常无缘无故发脾气。

姜大妈患上了典型的"死亡恐惧症"。这是一种常见的老年人心理障碍,其恐惧心理的原因既包括对人生"未完成"的感知,也包括对人生"不舍"。人近黄昏容易想到死,许多老年人照镜子,发现自己满头白发,满脸皱纹,老态龙钟,便仰天长叹不中用了,死亡濒临感日趋严重。老年人群经常遭遇老伴或亲朋好友去世,非常容易触景生情,特别是年老父母的去世,更令人产生"下一个该轮到我了"的感觉。老年人若身患重病,久治不愈,更容易一蹶不振,想到死亡。

如果不采取有效的策略应对这种死亡恐惧心理，那么对老年人及其家属，甚至整个社会都会造成严重的影响。

心理解读

若问"你怕死吗？"多数人可能回答"不怕"，少数人可能回答"怕"。事实上，死亡恐惧是包括人类在内的所有生物所共有的、与生俱来的生存本能，只不过有人恐惧的程度深一些，有人恐惧的程度浅一些而已。大多数人从8—10岁起就知道他们会死，此后死亡的忧虑就会伴随着每个人。

曾经有人对一些晚期的癌症患者做过调查，结果显示，75%的被调查者对死亡感到害怕、恐惧或悲伤。老年人惧怕死亡并非当今社会特有的现象。中国古代的大圣人孔子在临死前也表露出了凄凉、无奈之情；其后，秦始皇、汉武帝不惜花费巨大的人力、物力、财力派人寻找长生不死之药。民间产生了追求长生不死的宗教——道教，这除了受当时帝王追求长生不死的影响外，一定程度上也映射出普通老百姓惧怕死亡、渴望长生的心理。总之，从古至今，不管身体健康与否，很多老年人都对死亡有惧怕之情。当老年人对死亡的惧怕达到了一定程度，他们或者消极待死，或者渴望暴死，更有甚者干脆选择了自杀。老年人因惧怕死亡而产生了一系列负面行为，这给老年人自身、家庭及社会造成了严重的不良影响。随着人口的迅速老龄化，惧怕死亡的老年人将会逐渐增多，其潜在的危害必将增大，这不能不引起整个社会对这一问题的重视。

1.死亡恐惧心理的成因

老年人死亡恐惧心理的成因主要有以下几个方面。第一，死亡恐惧是生命体的一种生存本能。叔本华在《论自杀》一文中，从生命意识的角度揭示了这一本能，他写道："人之所以会畏惧死亡，是因为人体是生命意识的表现形式。"既然人最根本的欲求是生命，则在世人眼里，他最大的敌人便莫过于死亡，因而他最为恐惧的也就是死亡。第二，死亡恐惧来源于个体的丧失感。由于死亡使一个人孤独地离开这个世界，什么也带不走，连同身体，所有的一切都丧失，这对一般的人来说是难以接受的，所以害怕死去。第三，从自身因素来看，死亡恐惧来源于个体的空虚感。这种情况在老年人中最多见。西方存在主义先驱克尔凯郭尔在论述死亡恐惧时说，一个深切地意识到自己生命有限和必死，同时又意识到世界的空虚和人生无意义的人,眼睁睁地看着自己一天天走向死亡而所有的挣扎又徒劳无益时,是极度的恐惧和绝望。已有相当多的研究表明,人是否恐惧死亡与人们对自己生命意义的认同有关。因此,许多人对老年人进行临终关怀时常说,"你这辈子没白活""你活得值""你这辈子很有成就"等话,意在说明这位老人人生很充实,很有意义,使老人能够安然离去。第四,从家庭因素来看,随着我国现代化进程的推进以及多年计划生育政策的实施,我国的家庭结构由传统的联合大家庭为主转变为以核心小家庭为主,这种家庭结构的转型造成了空巢家庭的比例大幅增高,这无疑给很多老年人带来了无限痛苦,使得他们无法适应现代社会,也难以体会晚年生活的意义和幸福,因此普遍感到对死亡的恐惧。第五,从社会文化因素来看,死亡在中国一直都是个禁忌的话题,尤其是在老年人面前探讨此话题更是忌讳。受此社会文化影响,现代社会已经构建出一种隐性的死亡禁忌体系,在这种体系的保护下,人们无法真正地接触死亡,从而难以正确地认识死亡、理解死亡。死亡对人们来说,已成为一种看似痛苦并且神秘的象征,那么,他们由此而产生的对死亡的恐惧也就见怪不怪了。第六,从死亡教育的缺失因素来看,与西方国家相比,我国死亡教育还未引起足够重视,发展相对落后,各方面的实施情况亟待改善。

2.死亡恐惧心理的影响

对死亡的恐惧有其正面意义,能避免人们自杀。从某种意义上说,人类包括世界上的所有生物能够得以生存发展到现在,也正是由于对死亡的恐惧。如果人们对死亡感到无所谓,都不怕死,死亡临近不去躲避,或主动去送死,那么,人类不会延续到现在。从这个意义上说,恐惧死亡的意义非常大,可以预防一些人为所欲为。我们有时听人说:"我死都不怕,还怕什么?!"是的,一个连死都不怕的人是什么都不怕的。这样的人才是最可怕的,因为他可能会无所不为。迄今为止,人类处置罪犯的极刑就是死刑。许多情况下,一个人不去做违法乱纪的事或者不道德的事,不是由于道德高尚,而是由于怕受处罚,怕被处死。从这方面说,恐惧死亡的意义也是非常重大的。

当然,死亡恐惧也有其巨大的消极作用。事实上,死亡恐惧正是人类一直想解决的艰难问题之一。死亡恐惧的消极作用主要有两个方面。第一,那些由于怕死而苟且偷生,为了生存而出卖自己灵魂、人格、尊严,甚至在民族危难时刻出卖民族的人,就是因为对死亡有着极度的恐惧。第二,过度的死亡恐惧会使一个人由于怕死而使整个人生灰暗无光。如果一个人整日害怕死去,那么,他将生活在恐惧、孤独和痛苦之中,人生也就失去了意义,真是生不如死。当然,这两种情况都很少见,一般人则只是在死亡真正来临时而痛苦、恐惧。我们的目的也正是想要减少甚至消除老年人在自然死亡面前,或者是死亡不可避免时的恐惧心理。

那么,如何缓解和消除老年人的死亡恐惧呢?这就要求老年人树立正确的死亡观,正确看待生命,充实人生,正确对待死亡。

心理应对

现阶段,由于自身、家庭、社会等因素的影响以及相关教育的缺失,很多老年人不能正确看待死亡,甚至草率地对待死亡,这严重影响了老年人的晚年生活,同时也不利于和谐社会的构建。由于老年人对于死亡的恐惧可能会造成严重的心理压力,甚至发展成心理疾病。还有一些极端的人群,会由于畏惧死亡,而采取一切办法对老年人进行救治,花费了大量的人力物力不说,还给老年人的晚年生活带来许多磨难与不愉快的体验。因此,老年人的死亡恐惧心理危害极大,采取行之有效的策略应对老年人死亡恐惧心理就显得非常重要。

1.老年人应充分发挥自身的积极作用

老年人克服死亡恐惧要抓主因,即从自身入手。老年人正确认识死亡是克服死亡恐惧的前提。人的生命是有限的,生命的尽头便是死亡,死亡是生命程序的终极部分。所以,老年人对待死亡不必大惊小怪,也不必害怕恐惧。人生中存在着诸多的不公平,但死亡却是最后的公平,因为每个人都会死去。老年人一旦接受了死亡的必然性,其内心便会变得坦然。充实晚年生活是老年人克服死亡恐惧的重要途径。人的生命只有一次,死亡的必然性所起的积极作用便是启迪人们正视生命、善待生命。对于老年人来说,抓住现在便是对生命的珍视,只要自己的身体允许,就应做些力所能及的事。有信心、有计划、尽力去做自己尚未完成的事,就能弥补过去的遗憾。学习对老年人来说是充实晚年生活的重要事情,既可以延缓衰老,又可以丰富人生。有这样一位老年人,他在72岁时忙于获取心理学博士学位,他说自己还有很多能做的项目,所以没有时间死。

还有一位老年人,已80岁的高龄仍攻读绘画博士学位。她学得很起劲,忙得没有时间去考虑死的问题。这样的老年人无惧死亡,因为他们的生活是充实的、愉快的、有意义的,他们无愧于社会所给予的一切。

2.家庭应充分发挥亲情的力量

亲情可以淡化老年人对死亡的恐惧。在有限的生命旅程中,家庭成员应积极地关注老年人的生活,让老年人在浓浓的亲情中、在与亲人共存的幸福中来延伸生命的宽度。孝是我国养老文化的核心内容,孝顺老人是我国的传统美德。因此,家庭成员要以孝为养老的准则,做到敬老、悦老。一方面,要进行经济赡养。当进入老龄阶段,老年人的身体素质逐渐下降,各项生理机能慢慢退化,基本上失去了正常工作的能力。这时候,为子女操劳一辈子的老年人理应得到子女在经济上的照顾。另一方面,要进行精神赡养。现实生活中,一提到赡养老人,很多年轻人会马上想到给老年人提供优越的物质条件,却忽视了老年人的精神需求。事实上,老年人不在乎自己的晚年生活过得多么优越,他们内心渴望的是吃饱穿暖最低要求满足之后的精神慰藉。作为子女,应积极、主动地关注老年人的精神世界,搞好精神赡养。其实,精神赡养并非是一项多么复杂的工程,它或许只是一句嘘寒问暖的话语,一次久别之后的促膝交谈,一顿温馨和谐的晚餐。只要有那么一个时刻,被儿孙围绕着,自己唠叨着,老年人的心里就感到无比的满足,这种满足足以淡化内心深处那份对死亡的恐惧。

3.社区应充分发挥作用,推行死亡教育,精准帮扶

当今社会对死亡持有否认、逃避、拒绝的态度,使得死亡遭到了扭曲,很多老年人也因此对死亡产生了恐惧感。为了帮助老年人摆脱对死亡的恐惧,并将死亡回归为其本来面目——生命的自然过程,就必须改变社会传统观念中对死亡的错误看法。首先,社区应依靠政府部门和大众传媒的力量,制订并完善相关政策来解决养老保障、医疗费用等问题,老年人的生活一旦在经济上有了保障,那么他们对死亡的恐惧会得到很大程度上的缓解;其次,社区应积极响应政府号召,向老年人推行死亡教育,有条件的社区可以设立老年人死亡教育专门机构,帮助老年人树立正确的死亡观;再次,社区可以充分利用舆论的力量,借助大众传媒在社会上广泛宣传死亡的相关知识,形成重要的舆论阵地,目的是让人们尤其是老年人了解死亡、理解死亡,进而能够正确地面对死亡;最后,社

区应定期对社区老人家庭进行走访,开展情感交流、心理辅导、精神陪护等工作,精准帮扶老人,使老人感受到来自社区的关爱和支持,减少老人的死亡恐惧心理,而对于没有出现明显死亡恐惧的老人,也要做好预防工作,定期组织心理健康知识讲座,防患于未然。

❋ 心灵小结

1.死亡恐惧心理产生的原因主要有六个方面:生存本能、丧失感、空虚感、家庭结构转变、社会文化影响、死亡教育缺失。

2.死亡恐惧心理的积极作用在于:(1)避免人们自杀;(2)可以预防一些人为所欲为。消极作用在于:(1)使人苟且偷生,为了生存而出卖自己的灵魂、人格、尊严,甚至在民族危难时刻出卖民族;(2)过度的死亡恐惧会使一个人由于怕死而使整个人生灰暗无光;(3)给老年人带来心理上的巨大压力,降低其人生质量;(4)极端畏惧者,还会在死亡恐惧心理的促使下,投入过多财力物力进行救治,降低老年人生活质量的同时还会造成医疗资源的浪费。

3.应对老年人死亡恐惧心理有三个途径:(1)老年人要充分发挥自身的积极作用;(2)家庭要充分发挥亲情的力量;(3)社区要充分发挥改变社会传统观念的作用,推行死亡教育,精准帮扶。

二、老年人的临终心理及应对

❋ 心理叙事

李大爷今年65岁,要强的他去年查出肝癌晚期才从工作岗位退休。起初他认为自己身体一向很好,不可能得癌症。可是自己的肝区疼痛日渐剧烈,多次治疗仍无改善,为此李大爷感到非常愤怒,认为治疗没有任何效果,还经常对家人和医务人员发火。经过一段时间的治疗后,李大爷开始正视自己的病情,并配合医生治疗,只是这时候他变得郁郁寡欢,甚至产生了轻生的念头,因此家人每天都轮流陪护他。近日,李大爷似乎平静了很多,开始和儿子讨论自己的后事了。

在查出肝癌晚期以后,李大爷经历了临终时期的否认、愤怒、协议、忧郁、接受阶段。面对死亡,他变得越来越从容和淡定。面对死亡的心理转变,可以看到李大爷经历了一个痛苦的过程。在这个过程中,如果有任何一个环节出现差错,都有可能给李大爷及其家属带来重大伤害。因此,关注老年人临终心理,对老年人进行临终关怀就显得尤为重要。

心理解读

死亡是生命的终结,机体死亡前,有一个濒死阶段,即临终阶段。它指的是由于疾病末期或意外事故造成人体主要器官的生理功能趋于衰竭,生命活动走向完结,死亡不可避免将要发生的这段时间,是生命活动的最后阶段。该阶段的老年人会产生各种复杂的痛苦心理。而临终关怀(又称善终服务、安宁照顾等)指的是由护士、医生、社会工作者、志愿者及政府和慈善团体人士等组成的团队,运用医学、护理学、社会学、心理学等多学科理论与实践知识为临终患者及其家属提供的全面照护,目的是使临终患者能够舒适、安详、有尊严、无痛苦地走完人生的最后旅程,同时使临终患者家属的身心得到保护和慰藉。它包括临终医疗、临终护理、临终心理关怀三个组成部分。临终老人对死亡前后事务的处理及死亡过程中痛苦的感受,使其表现出不同的心理特征。因此,老年人临终关怀工作应根据其临终心理特征来展开。

1. 临终老年人的心理特征

(1)否认期

在这一阶段,接受面临死亡的事实是困难的。老人通常无法接受令人失望的事实,同时也否认希望的存在。有时老人已认识到自己时日无多,但家属们仍处在否认阶段,这将阻碍老人表达其感觉和想法。在这种情况下,老年人可能会对知情者哭诉真情,以减轻其内心痛苦,期待奇迹出现。部分老人还会质疑医院的检查结果,认为这种事情不可能发生在自己的身上,是医生检查结果出现了错误,不断要求医院重新做检查。在这个时期给予患者安静、独立的环境非常重要,患者需要一定的时间接受自己即将死亡的事实,因此医护人员应尽可能少地与患者讨论病情,而应该给予患者一定的空间与时间,让其慢慢消化并接受这个事实。

(2)愤怒期

当病情趋于危重,对自己疾病的发展情况有所了解时,老人会表现出烦躁不安、暴躁易怒、事事不合心意、不讲道理,甚至不愿意接受治疗,有的老人甚至会擅自拔掉输液管和监护仪,将愤怒发泄给家属及医务人员。老人容易在这个阶段产生"命运为什么对我这么不公平"之类的想法,并且容易将这种怨恨与愤怒迁移在自己的家人身上,稍不顺心便会扔东西、发脾气等,严重者还会对家人产生仇恨。在这个阶段,家属应对此表示充分地理解,并且用更多的耐心与细心去安抚老人、照顾老人,帮助其平复心情,顺利度过愤怒期。医护人员也应该对患者的情绪表现出包容与理解,并尽可能少地激化其心情。

(3)协议期

这一阶段的老年人处于死亡边缘,已经意识到并开始接受自己时日无多的事实,但仍然试图与生命抗争,会向其信奉的神灵祈祷,同时与医生协商,希望通过治疗来延长生命。在这个时期,患者已经能够接受现实了,并且情绪状态也逐渐由激动、愤怒转为平静。协议期的患者对自己的治疗仍然心存希望,期待着自己能够创造奇迹,改善现状,因此他们会表现得非常良好,积极配合医生治疗等,因为他们希望通过自己好的表现来换取生命的延长,甚至治愈疾病。因此,这个阶段对于医护人员而言非常有利,可以通过患者的积极配合,鼓励患者积极表达自己的所思所想,并帮助患者减轻疾病带来的痛苦,以及心理上的压力,帮助其减轻心理负担。

(4)忧郁期

处于该阶段的老人不得不面对残酷的现实。随着病情日益恶化、身体各器官逐渐衰竭,自己的精神愈加疲惫,看着亲友们伤心、忧愁的表情,老人会感到忧郁、悲伤、痛苦甚至绝望。此时他们不愿意让家人离开,虽然忍受不了疾病的痛苦,但仍然依恋生活,舍不得离开。也有老人会有相反的情绪体验,他们会表现得出奇的冷静,甚至有轻生的念头。忧郁期的老人正处于矛盾的中心,进入既绝望又希望出现奇迹的矛盾心理。一方面,他们还舍不得美好的生活、舍不得离开挚爱的亲友,期待着奇迹的发生;另一方面,他们也会由于疾病的折磨、希望摆脱痛苦、减少家庭的负担等原因,希望自己早日到达生命的尽头。在这个时期,医护人员应该密切关注患者的心理状态变化,在合适的时候与患者交流,询问其内心的所思所想,通过心理咨询的方式,缓解其焦虑、抑郁的不良情绪体验,关注其是否有轻生的念头。

(5)接受期

这是临终患者心理反应的最后阶段。处于该阶段的老人对自己即将死亡已有所准备,他们已极度疲劳衰弱、感情减退,表现得平静,会花费时间独自思考后事,如遗体处理、配偶生活、财产分配等问题。在经过反复挣扎,经过悲伤、抑郁、万念俱灰的情绪阶段之后,老人逐渐开始正视死亡,接受自己即将死亡的事实,不再反抗,而是希望自己能够平静、充实地享受这最后的时光。在这个时期,医护人员应该尊重患者的意愿,给予患者充分的个人空间,安静、舒适的环境,同时也应持续给予患者支持,尽可能地帮助其完成最后的心愿。在这个时期,适当的肢体语言,如轻轻握住患者的手,静静陪伴在其身边等,也能够起到很好的安慰与陪伴作用。

临终心理虽然存在个体差异,但是每一个阶段的特征还是非常明显的,这就要求医护人员应该根据不同患者的不同情况,有针对性地制订护理方案。只有关注到临终人群心理状态的变化,并且采用不同的方式方法进行应对,才能够提高临终人群在生命最后一段旅程中的质量。

临终关怀

正如前文所说,临终关怀能够帮助老年人从对死亡的恐惧与不安中解脱出来,以平静的方式面对死亡,用有尊严的方式享受人生最后的旅程。常规的医院救治如果不惜一切代价延长患者的生命,徒增病患的痛苦不说,还让病人所剩无几的生命都花费在动手术、吃药这种痛苦的事情上了,对于宝贵的医疗资源而言也是一种浪费。因此,相比于收效甚微的全力抢救,有时候临终关怀反而是患者真正想要选择的。

不过,相比于发达国家的临终关怀事业,中国的临终关怀还处于发展初期,整个临终关怀的体系尚不完备,还存在着许多问题。

1.临终关怀行业缺乏标准规范

目前,我国临终关怀行业存在着关怀对象界定不清晰的问题。通常意义上,我们将临终关怀理解为减轻临终者身体上的疼痛,并且提供给其精神上的关怀。有国外学者提出,临终关怀的对象是因患病或年迈而导致将面临不可逆死亡的群体。在临终关怀的过程中,临终者身体上的疼痛及其心理与精神上的需求是我们首先应该关注的问题。可以看出,临终关怀的对象主要是面临不可逆死亡的人群,但是在这个基础上,病人的意愿同样重要,如果病人仍然愿意用尽一切方式延长生命,接受治疗,我们也应该接纳其自己的选择,不应对其进行强迫。

在临终关怀机构的评价标准上,不同机构之间也有着较大不同。例如北京首钢医院安宁疗护中心会对患者进行生命周期的评估,如果评估结果为末期,将直接提供临终服务;而北京的万寿康医院与和睦家康复医院则会对有临终关怀需求,并且渴望康复护理的患者进行接收。不同的接收标准体现了我国目前对于临终关怀的人群、对象,还没有一个统一的界定,这也是造成我国临终关怀行业不够规范的一个原因。这还容易造成真正有需求的人享受不到应有的服务,而尚有余力的人则造成了本就不充裕的医疗资源的浪费。

2.专业人员及专业机构的缺乏

在我国,临终关怀事业尚处于起步阶段,专业的临终关怀机构与受过专业训练的临终关怀人员都严重短缺。2021年一项关于"北京地区居民对临终关怀服务认知现状"的研究结果表明,"有病患晚期时考虑临终关怀"的人数占比为87.51%,有65.40%的人愿意在今后接受临终关怀服务。北京市现有临终关怀医院30多家,总床位2000张左右。而北京市拥有临终关怀需求的人数远超于此,这个床位数远不能满足老年群体及家属的需求。

临终关怀所需的设备、场地、环境等较为昂贵,且由于工作的特殊性,专业人才的培养成本也更高,因此临终关怀行业的花费显著高于普通居民所能承受的水平,这也造成了大众对现有临终关怀需求的减少,进而加剧了专业机构的短缺。

临终关怀对护理人员的要求较高。作为一个非常特殊的行业,护理者不仅需要时刻注意患者的身体状况,随时帮助患者减轻身体上的痛苦,还需要关注患者的心理、精神状态,对其及其亲属进行心理疏导,工作内容繁重,专业度要求较高。由于护理人员整日面对的都是负能量、绝症、死亡等,对心理健康状况影响非常大,并且大众对于这个行业的认可度非常低,投身这个行业容易引发家人的不理解与周围人的避之莫及,这对于临终关怀的护理人员而言也是一个阻碍。因此,愿意投身于这个行业的人非常少,行业的特殊性、大众的不认可等加剧了专业人员、专业机构的短缺。

3.国家扶持力度不大

国家层面对临终关怀事业的投资与扶持力度不足,也是我国临终关怀事业存在的缺陷。虽然临终关怀事业已经在我国发展了许多年,但是在法律层面上并没有体现出来。同时,在资金支持方面,政府的投入力度也远远不够。正如前文所言,临终关怀行业是一个非常特殊的行业,愿意投身于临终关怀事业的护理人员非常少。因此,对临终关怀护理人员的培育成本很高,临终关怀行业价格普遍偏高。调查显示,北京市临终关怀机构的服务价格平均在5000—8000元/月,46%的北京居民可接受的临终关怀收费在1000元/月以下,37%的北京居民可接受范围为1000—3000元/月。这之间的价格差距非常大。因此,政府适当提高对临终关怀事业的财政支持,增加扶持力度,或者将临终关怀事业纳入医保,将有效促进临终关怀机构在中国的普及。

政府的宣传对临终关怀事业的发展有着显著的作用。通过政府的宣传,民众不仅可以转变对临终关怀的认知,客观、理性地认识临终关怀,还会增强护理人员的大众认可度,促进更多的有志者投身于这个崇高的行业。随着中国老龄化的日益严重,将我国的养老事业、临终关怀事业提上日程迫在眉睫。关注、重视临终关怀事业,不仅能够提高临终人群及其家人的生活幸福感,还能够节约大量医疗资源,救助更有希望的患者。

4.人们对临终关怀认知不够,存在偏见

人们自古以来对于死亡、临终的看法,也是阻碍临终关怀事业发展的重要原因。"死"是中国人最为忌讳的一个字,为了不直接说出这个字眼,我们采用了许多隐晦的词语来代替,如"去世""离开""长眠""西去"等。因此,中国人对于死亡讳莫如深,也会用尽一切方法与死神赛跑,从阎王手里抢人,这也就是现在许多患者明知身患绝症,但还是由于家人不愿意接受等原因,一直接受痛苦的治疗、化疗等，投入了大量的财力、物力，但是仍然改变不了结局。说到临终关怀，部分人也会直接理解为消极地放弃治疗，静静地等死，这也加剧了人们对于临终关怀的抵触情绪。但是，如果只是因为家人的不舍得，而罔顾患者本人的意愿，让其在生命的最后阶段白白承受许多痛苦，这也是非常不合适的。民众对于死亡的忌讳和对于临终关怀的误解，是临终关怀行业不受认可的重要原因。

对于患者家属而言，其舍不得患者离开的心情我们充分理解，但是在这个阶段，我们更加应该尊重患者本人的意愿。如果患者本人已经接受现实，并且想幸福快乐地走完人生的最后一段旅程的时候，家人也应该予以理解与尊重。

心理应对

临终关怀以善终为宗旨，包括临终医疗、临终护理、临终心理关怀三个组成部分。根据临终老人的心理特点，应采取相应的措施给予其临终关怀。任何心理状态的临终老人都陷于极度的痛苦之中，都需要我们给予关爱。做好临终关怀涉及心理学、医学、护理学、伦理学、社会学等多个学科。临终关怀不仅是医务人员的主要责任，也是整个社会的一项光荣义务。正如前文所言，我国的临终关怀事业尚在起步阶段，还存在许多不足，接下来就解决方法进行探讨。

1. 医务人员应提高专业技能，做好临终关怀工作

临终关怀护理人员应该具备较强的心理承受能力，能够及时调整好自己的心态与心情。由于工作的特殊性，还应该不断提高自己的专业技能，让自己具备更加专业的技能水平，能够应对临终者可能遭遇到的紧急情况，减轻其生理、心理上的痛苦感受。

同时，医务人员应主动热情地接待临终老人，细心地观察和判断病情，采取准确而果断的急救措施，以熟练的技术，沉着而有序地进行治疗，尤其对意识清醒、求生欲望较强的老人，这一切会使他们心理上产生安全感、信任感。

在抢救的同时，以耐心诚恳的态度，采用诱导和暗示的方法，运用巧妙的语言，给予老人心理上和生活上的安慰、精神上的支持和鼓励，使他们从濒临死亡的极度悲伤和恐惧之中看到求生的希望。需注意的是，要时时处处尊重和优待他们，使他们的身心处于最佳状态，以便调动全身的潜在力量，增强机体对缺

血、缺氧、疼痛的耐受性，以减轻其临终痛苦，延长生命。

医务人员应该为孤寡老人做好临终护理，时刻守护在老人的床边，根据病情的变化、生理的需要勤加护理，尽量使老人躯体舒适，如用生理盐水湿润眼睛，增加他们看清事物的机会。听觉是临终老人的最后知觉，用亲切而轻松的语言和老人交谈，认真、耐心地倾听他们对疾苦的诉说，使其得到情感的慰藉。临终前，代记遗言和保留遗物，给老人梳头整衣，以使他们安详、肃穆地离开人世。

医务人员还应该注重临终老人家属的心理安慰。必须明确，临终老人的家属肯定是十分痛苦的，医务人员应给予同情、关怀和帮助，使家属尽快接受将失去亲人的事实，稳定家属的情绪，鼓励家属用更多的时间与老人相处交谈。对家属的无理言行，应给予谅解、容忍。对于家属提出的治疗和护理上的疑问，应给予耐心的解释，不得向家属隐瞒任何实情。

2. 家属应配合医务人员做好临终关怀工作

家属是老年人的亲人，也是老人的精神支柱。临终老年人最难割舍与家人的亲情，最难忍受离开亲人的孤独。因此，家属陪护、参与临终护理是老人和家属都需要的，是一种有效的心理支持和感情交流，能够使老人获得安慰、减轻孤独、增强安全感，有利于稳定临终老人的情绪。家属应全力以赴地密切配合医务人员工作，以真挚的情感，关心、体贴他们，认真、仔细地倾听老年人的诉说，使其感到理解和支持，消除他们的心理障碍，了却他们的临终愿望，使他们在温暖的氛围中安然去世。例如，对于否认期的老人，要认真倾听，经常出现在他们身边，让老人感到关怀；对处在愤怒期的老人，要谅解、宽慰、安抚；对处在协议期的老人，要尽可能满足其需求，即使难以实现也要做出积极努力；对处在忧郁期的老人，应允许其诉说衷情，鼓励与支持老人增加与疾病做斗争的信心、勇气；对处在接受期的老人，应尊重他的信仰，延长护理时间，让老人在平和、安逸的心境中走完人生。此外，家属是最了解老人情况的人，应帮助老年人保持社会关系，鼓励老人的亲朋好友、单位同事等社会成员多探视老人，不要将他们隔离开来，以体现老人的生存价值，减少其孤独和悲哀感。

同时，家属也应该充分尊重临终老人自己的意愿。如果临终老人已经表达出不愿意继续接受治疗，想要体面地度过人生的最后一段时光时，亲属纵有千般不舍,也应对临终者给予充分的理解与包容,尊重其意愿,为其选择临终关怀服务,减轻其痛苦,而不应该仅凭自己的意愿强制让老人接受医院治疗、抢救。家属要转变其思想观念,纠正对于临终关怀的错误认识。临终关怀并不是放弃治疗,而是让老人以一种减轻痛苦、更为轻松愉快的方式度过最后时光,这并不是消极被动地等待死亡,而是积极主动地享受生命的美好。因此,家属应该正确认识临终关怀,充分尊重临终者自己的选择。

3.社区应提供专业医疗和教育服务

社区是我们共同的家,关爱临终老人,社区责无旁贷。一方面,社区应培养和创建一支优秀、专业的医疗队伍,为临终老人保驾护航。另一方面,社区应适时、有度地宣传优死的意义,尊重老年人的习惯和信仰,根据老人不同的职业、心理反应、性格等,在适当的时机,谨言慎语地与老人及其家属探讨生与死的意义,有针对性地进行精神安慰和心理疏导,帮助老年人正确认识和对待生命,使老人从对死亡的恐惧与不安中解脱出来,以平静的心情面对即将到来的死亡。

社区应该在国家的支持下,配备相应的临终关怀机构,理想状态下应保证每个社区至少具备一支临终关怀的专业队伍。中国的老龄化问题日益严重,居家养老、社区养老或将成为未来的潮流,临终关怀机构应和社区养老机构更加紧密地联合起来,为想要享受临终前最后一段时光的老人提供充分的条件。

社区作为基层组织,与居民打交道的机会非常充分,也应该利用好自己深入群众的特性,做好临终关怀的宣传工作,通过做讲座、发宣传单等方式,改变居民对于临终关怀的错误认知,宣扬优死的重要意义。帮助临终者家属正确认识死亡,减轻其沉重的心理压力,同时也帮助临终者本人减轻心理压力,尽可能地满足其最后的愿望,享受最后时光,以平静之心迎接生命的最终时刻。

4.国家应提供政策、财政支持,开展相关宣传

国家应该为我国的临终关怀事业提供一定的政策与财政支持。正如前文所言,我国临终关怀事业缺乏统一的标准,这是由于相关政策尚不完备造成的。国家如果能够颁布相关法律,统一行业标准,那么临终关怀事业将更加规范,大众也就会更加信任,更愿意选择。

现有的临终关怀事业体现出专业人员少、机构少、价格高等特点,阻碍了该行业的发展。国家也可以从宏观的角度,为临终关怀事业提供相应的资金、财

务支持,如将公立临终关怀服务纳入医保等,减轻民众的临终关怀负担,会让更多有需求但是没有财力的民众享受到临终关怀服务。政府还可以为临终关怀事业进行宣传,通过颁布相关政策等方式,逐渐转变人们对临终关怀的认知,提高大众对临终关怀护理人员的社会认同,帮助更多有志者进入这个神圣的行业,促进该行业的发展。

❋ 心灵小结

1.临终老人一般要经历五个心理阶段:否认期、愤怒期、协议期、忧郁期、接受期。

2.临终关怀,以善终为宗旨,包括临终医疗、临终护理、临终心理关怀三个组成部分。临终关怀不仅是医务人员的主要责任,也是整个社会的一项光荣义务。

3.我国的临终关怀尚在发展初期,存在许多问题,主要体现在:(1)临终关怀行业缺乏标准规范;(2)专业人员及专业机构缺乏;(3)国家扶持力度不大;(4)人们对临终关怀认知不够,存在偏见。

4.做好老年人的临终关怀:(1)医务人员要提高专业技能,做好临终医疗、临终护理、临终心理关怀工作;(2)家属要配合医务人员做好临终关怀工作;(3)社区要提供专业医疗和教育服务;(4)国家要提供政策、财政支持,开展相关宣传。

三、树立正确的生死观

❂ 心理叙事

90岁的王奶奶被诊断出子宫癌。医生告诉她,能挺过手术和化疗的可能性非常小。王奶奶感到痛苦不堪,希望能为自己进行安乐死,但是医院和家人都拒绝了她的请求。王奶奶不忍看到家人为自己奔波操劳,加上痛苦与日俱增,她决定以自杀的方式来结束这种痛苦。一天晚上,王奶奶趁别人不注意,悄悄走上楼顶准备跳楼,刚好被上楼打扫卫生的保洁人员看见并救下了。为此,王奶奶成为医院的重点关注对象,并为她安排了系统的心理辅导。两个月后,王奶奶决定放弃化疗,去做一直梦想的事情。在儿子和儿媳的陪伴下,三人驾驶一辆房车出发。这一路,他们去了很多地方,见到了各种各样的花儿和动物,甚至还坐了热气球……最后她就平静地在路上离世。

癌症对一个人最大的折磨并不是肉体上的,而是精神上的。当一个人得知自己患癌之后,手术、化疗、药物这一切肉体上的痛苦其实都能挺过来。可是每当思维被"癌"这个字包围时,对死亡的恐惧和绝望会一直折磨着你。有的人选择不再等待,行走在路上去看世界;有的人咬牙坚持,等来绝处逢生的希望;有的人选择捷径来逃避生的痛苦……

王奶奶曾想选择安乐死和自杀来结束生命,究其原因,无非就是想要逃避痛苦。幸而王奶奶及时得到帮助,还能在生命的最后阶段欣赏不一样的风景。面对癌症,面对死亡,王奶奶并不是个例。因此,帮助老年人树立正确的生死观就显得尤为重要。

心理解读

老年人的物质生存状态和精神生活质量直接反映一个国家的物质文明与精神文明程度,也是生活质量的重要指标之一。帮助老年人树立正确的生死观,缓解其心理恐惧,维护其尊严,提高其生命质量,使老年人平静、安宁、舒适地抵达人生终点,需要整个社会的协作努力。所谓生死观,就是人们关于生死的看法和基本观点。老年人要树立正确的生死观,就要正确认识死亡。

1.何谓死亡

人们对死亡的认识决定着他的死亡态度和死亡观,也决定着他的人生态度和人生观。因此,对死亡的认识显得特别重要。由于死亡的超验性和复杂性,现代人常常从不同角度来认识死亡。

(1)从物理学角度来看待死亡。从自然科学的角度看,死亡是物质演化过程中的一个环节。大到宇宙天体,小到一粒沙尘,生成—存在—毁灭是物体运行的必然轨迹。人和其他生物的肉体都是物质构成的,当然也遵循物质的"共生"规律:"生生"伴随着"死死","死死"才能"生生"。

(2)从生物学角度来看待死亡。生物学上所说的死亡是指机体生命活动的终止,从而乃是个体作为独立生命系统的死亡,并伴随蛋白质和生物聚合物等生命最重要物质基础的分解。从生物遗传的角度看,遗传机制是导致死亡的决定性因素。"死"是蕴含在生命过程之中的,在生命过程中死亡一直存在着。比如卵子受精的过程,就是以3亿多精子的死亡为代价的,能成功与卵子结合的也只是其中的一个或几个。"生"正是"死"的结果。人的发育、成长、衰老的过程,也正是人的部分死亡的过程。生命的过程就是"生死互渗"的过程。

(3)从医学角度来看待死亡。医学对人的死亡的认识经历了一个漫长的过程。最早对死亡的判断是以呼吸停止为标准。中国古代是在死者的口鼻处放上新絮,以新絮是否摇动判定人是否死亡。所以,中国人把"死"又叫作"断气"。随着科学的进步,后来人们开始以心脏停止跳动、自主呼吸消失、血压为零作为死亡的标准。但是,心脏停止跳动在一定的时间内,可以使用一些方法激活,甚至可以用机械心脏来代替已经死去的心脏。这就说明心脏停止跳动不是死亡的最后界限。1968年人们又提出"脑功能不可逆性丧失"作为新的死亡标准,即脑死亡标准。但脑死亡标准也存在着问题,当一个人的脑死亡时,他的其他生理机体还处在活态之中。受传统文化的影响,患者后人很难将仍具有体温、心脏仍然跳动的患者看作"死亡",因此,到目前为止,世界上只有80多个国家和地区承认脑死亡标准。2003年4月10日,中国首次以脑死亡标准宣布一个脑干出血的毛姓患者为正式死亡。

(4)从宗教学角度来看待死亡。各种宗教对死亡的看法不尽相同。基督教认为,人的生命是上帝赋予的,上帝就决定着人的生死,"你本是尘土,仍要归于尘土"。死后归于尘土的人,并不是永远的死亡,而是到天堂与上帝同在。佛教认为死亡是进行六道轮回的途径或是"涅槃"成佛。道教则欲通过炼丹、炼气、练功来突破死亡,以便把人升华为"真人""至人"和"神人"。宗教都试图寻找某一种中介使人们超越死亡,进而达到永生而崇高的境界。它们大都有三个世界说:痛苦的阴间世界、苦乐皆有的人间世界和快乐的神仙世界。宗教的三重世界说主要有两方面作用:一是在一定程度上使人不再惧怕死亡,而只是惧怕彼岸世界的惩罚;二是对于行为的道德评价,叫人多做善事好事,这是宗教的积极因素。

(5)从哲学角度来看待死亡。哲学总是在寻求死亡对人生的启迪作用。孔子曰:"未知生,焉知死。"他希望把有限的精力用在最有价值的人生事业上去。而海德格尔认为死亡就是存在于世的终结。死亡对于"此在"来说,是个体性的、属我性的和不可替代性的,死亡总是"自己的死亡"。人在日常生活中沉沦于共在之中,在与事物内部所遇见的关系中遮掩了自己。死亡让人们震惊不已,让人们在先行到达的死亡中显现出自己。人总有一死,这具有不可动摇的确定性。可是,人将死于何时,又是不确定的。死亡的确定性和不确定性使人执着于"烦忙"。当死亡真正来临时又惊慌失措,恐惧不安。因此,人要"先行到死",站在人生"终点"看人生"中点",好好把握人生,丰富人生,才能生不空虚,死无遗憾。

各种不同的死亡观都体现着人类试图超脱死亡的努力。那么,死亡能否最后超脱呢?这个问题一直困扰着人类。从上述死亡观我们可以看到,人的生理肉体生命是遵循宇宙物质运动规律的,其死亡消失是不可逃避的,不可超脱的。而宗教死亡观则是想要借助于某种精神信仰来超脱死亡。脑死亡标准的提出更多的是从功利和器官移植的角度出发。哲学是借助死亡给人带来的恐惧和震惊来劝导人们更重视生,珍惜生。

2.死亡的意义

千百年来,人类一直在寻找着死亡的依据和意义。老年人若能理性地认识死亡的必然性和意义,对于解决生死问题有重要作用。人们一般从宇宙、社会和个体自我三个层次揭示死亡的依据和意义。

上文我们已经讲过,从宇宙物质运动的角度看,生成—存在—毁灭是物质运行的必然轨迹,死亡是这一规律在生命体上的体现。死亡的价值在于空间结构的变化、交换和平衡。如果没有死亡,世界将被繁衍得最快的生物体所占领。例如,如果无拘无束地繁殖,不到两天,地球的整个表面就会被恶臭的细菌全部覆盖。正是死亡平衡了物种之间的生存空间,保持了生物链条在三维结构中的绵延趋势。生死死生,万物才能无穷,生命才能长存。人类的存在,你的存在,我的存在,都是由于这个规律才能实现。从这个角度看,死亡乃是一种大善。

然而,当我们把这一物理法则运用到人类自身时,我们就显得有些难以接受。每个人都注定要死的,但死得都是那么不情不愿。这就要求我们从社会和自我的角度去深入认识死亡。

从社会的角度看,死亡的重要意义是为后人的生存和发展提供必要的空间、物质条件。个体的死亡正是人类种族得以存在和延续的必不可少的前提条件。从这个意义上说,个体生命的死亡具有了种族意义和道德价值。如果个体生命不死,那就不会有新的生命诞生,人类就不会发展进步,人类社会也失去了意义。正是死亡使人类社会充满新生和勃勃生机,使人类社会具有发展进步的可能。事实上,人类想要超脱死亡,实现"不朽",也只有在此意义上先"死"才能做到,一个人或者是一代人的死亡,代表的并不是消失,而是新生命的出现,是人类的持续进步,因此通过全人类生生不息地繁衍更替,人类也就实现了所谓的永生。

但是,即使死亡是自然规律,又可以具有社会价值,但对个体来说,死亡仍然不是乐意接受的事。这样,我们就有必要再从个体的角度来梳理死亡。

从个体的角度看,有人认为死亡是成就人生意义的决定性条件。俄国作家别尔嘉耶夫说:"只有死亡的事实才能深刻地提出生命的意义问题。这个世界上的生命之所以有意义,正是因为有死亡,假如在我们的世界里没有死亡,那么生命就会丧失意义。"这句话的深刻含义是,生命创造了人生意义,而死亡则成就了人生意义。如果人的生理肉体生命长生不死,那么他就无须认真去做任何一件事,因为他有的是时间,今天做不好可以等明天再做。他也不用忌讳做什么不道德甚至罪大恶极的事,因为任何惩罚都不能使其死亡。人的生理肉体生命不死也就没有人生幸福。因此,死亡是必要的,死亡的存在可以使人们意识到生命的有限性,从而更加珍惜生命;死亡的存在使我们能够拥有更健康的人生观,正确认识"拥有"与"失去"的关系;死亡的存在也使人时刻意识到生理肉体生命的脆弱。只有当一个东西有可能会消失、可能会失去的时候,人们才能更加深刻地意识到其重要性,以及其存在的美好,因此,人生不可缺少死亡。

总的来说,死亡是不可避免的自然规律,它的存在是物种存在的前提,同时也警醒人们去珍惜生命,实现人生意义。死亡虽然令人难以接受,但是有着重要作用,甚至是有一定的积极作用的,我们也应该更加客观理性地认识死亡。

心理应对

树立正确的生死观,追寻生命的价值,是我们人生中的一笔重要财富,也是指引我们走向光明的明灯。无论在生命中经历了怎样的坎坷与不幸,我们都应该好好活着。机会是自己争取的,同样,生命的精彩是自己演绎的。直面生活就是敞开心扉,用生命全部的触角去感受生活,去承受生活中所有打击、挫折、辛劳,唯有如此我们才能变得自明而富有智慧,外表平静内心坚强,能够辨别善恶,却不轻言放弃。

1.老年人应树立正确的世界观、人生观、价值观,努力珍惜生命

有什么样的世界观、人生观、价值观,就会有什么样的生死观。树立正确的世界观、人生观、价值观,是树立正确的生死观的基本前提。树立正确的生死观,应该努力珍惜生命,需明确生命是神圣的,生存权是人权的重要内容之一,有生有死的人生才是完整的人生。

埃里克森的人格终身发展论认为,一个完整的人生周期,每个阶段都由相互冲突或两极对立的矛盾构成,并形成一种危机。解决危机就会增强自我的力量,人格就得以健全地发展,有利于个人对环境的适应。在他认定的人格发展八个阶段里,最后一个阶段——成熟期(65岁以上),个体所面临的就是自我调整与绝望期的心理冲突。在这一时期,是怀着充实的情感与这个世界告别,还是怀着绝望走向死亡,老年人对死亡的态度直接影响下一代儿童时期信任感的形成,与人格发展的第一个阶段首尾相连,构成一个循环和生命的周期。

死亡这件事在世界上是客观存在的,正是由于生命是有限的,我们才更懂得精进,更要活出生命的无限,让我们更加珍惜活着的每一天,善待生命中的人、事、物。树立正确的生死观,要充分发挥榜样的作用,在我国革命、建设和改革的过程中,涌现出了许多先进人物,他们都是树立正确生死观的典范。

当然,老人必须要有良好的道德修养。道德是人生的基石,人活在世上,不能不讲道德。同样,重视、珍惜生命不是不择手段地去保全自己的生命,而是要在一定的道德范围内去实现自己的生命价值。生时,家庭和睦,邻里友善,亲朋好友相处融洽,生活则充满欢乐,其乐融融;病时、死时,则亲友探望,实现"善始善终""寿终正寝",则会消除由死亡所带来的孤独感、寂寞感。相反,则会有无穷的孤独感、寂寞感、失落感,"死不瞑目"。死亡的价值和意义又常常体现在它的道德价值上。

当死亡真的降临到自己身上的时候,老人应该更加理性地去想清楚,自己

在最后阶段想要追求的究竟是什么,是继续和死神抗争,等待奇迹的发生,还是心平气和地接受现实,并且想办法提高生命最后一段时光的生活质量呢?其实,人固有一死,从古至今,不论是创造了丰功伟业的帝王将相,抑或是穷凶极恶的坏人,都难逃归于尘土的结局。因此,我们须明确,生不必过于欢乐,死不必过于哀伤。生命要平心静气,顺应自然,这是生死之法。万物都不能与天地长久,作为生活在时间维度中的人又怎能逃脱呢?又有什么可悲伤的呢?即使悲伤又有什么作用呢?

2.家庭应充分发挥亲情的力量,帮助老年人形成正确的生死观

家庭是老人最坚强的后盾,来自家庭的支持可以淡化老年人对死亡的恐惧,使其在浓浓的亲情中、在与亲人共度的幸福中走完生命全程。晚辈不仅应敬老、悦老,进行经济赡养,还要进行精神赡养,提高老年人的幸福感。家人应帮助老年人处理好人际关系,这不仅是在家庭中正确处理内部的各种关系,还要在家庭之外处理好老朋友、老同事、邻里之间的关系,要主动关心、帮助别人。此外,家人应帮助老年人充实生活,用心为老人做好每一餐饮食,让老人认认真真地去爱自己和身边的人。

更为重要的是,作为老人的亲人,家属应该在生命的最后阶段尊重老人自己的意愿,不论老人做何选择,都应该给予充分的包容,让老人在亲人的关爱与陪伴下,完成余生最后的心愿,静静地享受人生最后的幸福时光。

3.社区应强化社区老人的生死观教育,关爱老人心理健康

央视节目主持人白岩松说:"中国人讨论死亡的时候简直就是小学生,因为中国从来没有真正的死亡教育。"中国传统文化中,也是忌讳谈论死亡的,尤其是面对老年人。

目前七十岁左右的老人,大多出生在新中国成立前后,他们的童年和少年时期基础教育还未普及,文化层次普遍不高,面对日新月异的周遭环境常常不知所措。既害怕失去已有的,又害怕找不到自身价值,甚至感觉自己不曾掌控生活,缺乏深入理解生命的意识和能力。老年人的体力、心智和健康每况愈下,生命走到这个阶段必须做出相应的调整和适应。这对于有一定思考能力和感悟之心的老年人,是可以获得超脱的智慧的,但对于一部分悲观绝望的老人来说,他们就是怀着消极的情绪等待着死亡的到来。

现代社会,相当一部分老年人活得焦虑、死得不安,虽然惧怕死亡,却又羞于说出口。这就要求我们——每一个都会变老的人——去设身处地地关心老人,体贴老人,减少甚至消除老人的各种痛苦,包括老人的生死焦虑和不安。我国传统教育针对该年龄阶段的研究和内容设置相对于其他阶段的教育处于短板状态,社区教育作为全民终身教育有益的补充,应当重视该年龄阶段的心理健康教育,尤其是帮助老年人树立正确的生死观,减少其不健康心理对生理健康的副作用,使老年人生得安然、幸福,死时无惧、无悔,这是社区教育应当承担的社会责任。通过有计划的活动组织,让他们感觉到生活的充实。同时通过心理保健课程的开设,认识到自身年龄阶段的特征,使老人能够坦然面对死亡。

❈ 心灵小结

1.正确认识死亡可以从不同角度进行:物理学角度、生物学角度、医学角度、宗教学角度、哲学角度等。

2.死亡是不可避免的自然规律,它的存在是物种存在的前提,同时也警醒人们去珍惜生命,实现人生意义。

3.树立正确的生死观,要求:(1)老年人树立正确的世界观、人生观、价值观,努力珍惜生命;(2)家庭充分发挥亲情的力量,帮助老年人形成正确的生死观;(3)社区强化社区老人的生死观教育,关爱老人的心理健康。

第十章　社区老年人的心理评估

内容简介

随着我国的经济和医药卫生事业的不断发展,人民生活水平也在不断提高,国民的人均寿命提高,老年人在社会人口中的比例逐渐增大,老龄化问题日益严峻。随着生活节奏的加快,社会环境的变迁以及老年人整体机能的衰退,特别是神经系统和精神功能的改变,形成了老年人特有的心理特征。然而,多数老年人对心理健康的重视却不及年轻人,对心理评估也缺乏了解。在这一背景下,老年人的心理健康状况成为值得深切关注的话题。《中国国民心理健康发展报告》指出,在2019—2020年近1/3的老年人存在抑郁状态。长期的抑郁状态会诱发抑郁症,甚至导致自杀、自残等情况。老年人退休后离开了工作岗位,社交活动少了,与亲友的来往也少了,子女不在身边生活,尤其是独居空巢老人,很容易产生孤独和被遗弃的感觉,从而产生孤独心理。老年人退休后往往会担心由于不再工作了会导致社会地位的改变,会失去很多东西,会想到以后天天都无所事事,产生紧张焦虑感。因此,本章内容希望能够引起老年人群体对自身心理健康的关注,并尝试对心理健康进行正确评估,以促进身心发展,收获晚年幸福。

一、什么是心理评估

🏵 心理叙事

　　李奶奶今年70岁了,已经退休十多年的她一直注重身体健康,平时会按时锻炼身体,饮食合理且作息规律,因此她的身体一直很健康。李奶奶每年都会到医院做一次全面的体检,对每一项结果都会认真研究一番,以确保自己的身体并无大碍。但是,在有一年体检时新增加了一项"心理体检",一位亲切和善的医生自称是心理医生,拿出几张有好多题目的纸张让李奶奶填写,还告诉李奶奶说这叫作心理测验,可以用来评估她最近的行为、情感、认知、适应情况等特征,并将其综合起来以评估李奶奶的心理健康状况。李奶奶对此感到很困惑,自己明明是个正常人为什么要做"心理测验"?而且万一被心理医生一看,自己心里想的岂不是全被他知道了?出于各种疑问和困惑,李奶奶还是觉得不放心,就直接回家了。

　　李奶奶一回到家里,就迫不及待地和家人和邻居说起这件事情来。结果李奶奶的儿子笑了,他告诉李奶奶:"妈,心理医生可是和古代的算命先生不一样,他们也不是想要知道人们心里究竟想的是什么,而只是帮你评估一下你的心理健康水平。现在社会上很多人都会去做心理测验,从而更加深入地了解自己,为的是让自己生活得更加幸福快乐!而且,连世界卫生组织都把心理健康纳入健康的标准里了!看来社会现在还是蛮注重老年人健康的嘛!"

　　听了儿子的一番话,李奶奶若有所思,她对健康有了新的认识:只有心理和身体都处于健康的状态,才算是真正的健康!她决定以后每年都要做这项重要的"心理体检"!

　　可以看出,上述故事中的李奶奶由于不太清楚心理测验是什么而产生了一些困惑。注重养生的李奶奶却不知道自己的心理健康水平怎么样,也不大了解健康的心理对人的发展的重要意义,只是把关注点放在了身体健康上,事实上老年人的心理问题也不容忽视。老年人的机体功能随着年龄的增长而出现不同程度的衰退,由此也会使老年人出现一系列的心理问题,这会为老年人的身心健康带来负面影响。此外,疾病、家庭和社会因素也都会影响老年人的心理健康。

比如说，有的老年人在退休后仍然会主动学习新事物，让自己的老年生活丰富多彩，成了走在时代潮流前端的"潮老人"。有的老年人却无法适应退休生活，退休前自己是个"发号施令"的人，现在由于身体活动不便可能还需要别人的照顾，听从别人的吩咐，甚至满腹心事也无人可诉说。这种落差使得他们闷闷不乐，从而产生沮丧、无助、孤独的情绪，而不良情绪会使人体内产生有害物质。可见心理健康对老年人的健康非常重要，为了老年人的幸福安乐，有必要给大众普及心理评估的有关知识。

心理解读

孟子曾提出："权，然后知轻重，度，然后知长短，物皆然，心为甚。"他认为人的心理是可测量的。1918年，美国的桑代克（E.L.Thorndike）提出，凡客观存在的事物都有其数量。1939年，麦克尔（W.A.McCall）进一步指出，凡有其数量的事物都可以测量。这些命题被认为是心理评估的理论基础。心理评估是指在生物、心理、社会和医学模式的共同指导下，综合运用谈话、观察和测验等方法，对个体或团体的心理现象进行全面、系统和深入分析的总称。

(一)心理评估的目的和意义

1990年，世界卫生组织对健康下了新的定义："健康是一种在身体上、心理上和社会适应上的完满状态，而不仅仅是没有疾病或衰老的表现。"也就是说，健康包括身体健康和心理健康两个方面。随着近20年积极心理学的兴起，人们对心理健康有了更全面的认识，即不仅包括摆脱心理问题，还包括各种积极品质的提升。为促进人们的心理健康，对其心理状态做出诊断，心理评估技术应运而生。我国临床心理评估在心理或医学诊断、心理障碍的防治措施的制定等方面广泛应用，也是医学和心理学研究的常用方法。

心理评估在心理学、医学、教育、人力资源、军事司法等部门有多种用途，其中为临床所用时，主要有以下方面。

(1)心理评估可以评估个体的心理活动，了解被评估者的心理特征，并发现存在的或潜在的健康问题。

(2)临床心理评估还能对心理异常的程度做出判断，进行量化和分级。

(3)指导制订心理干预措施,以制订有针对性的干预计划。

由于心理学现象相对复杂,受主观因素影响较大,要做好心理评估,对心理评估者的技术和心理素质要求都比较高,因此掌握心理测量和评估的知识,接受基本技能的良好训练是做好心理评估必不可少的条件。

(二)心理评估的方法

临床上心理评估常见的方法有:观察法、调查法、心理测验法、作品分析法等。

1.观察法

观察是科学研究的最基本的方法,是收集第一手资料的最直接的手段。在心理评估中,离不开对被试者的观察,因此是评估者获得信息的常用手段。

观察法是有计划、有目的地观察研究对象在一定条件下言行的变化,做出详尽记录,然后进行分析处理,从而判断他们心理活动特点的方法。科学的观察具有目的性、计划性、系统性和可重复性。观察者一般利用眼睛、耳朵等感觉器官去感知观察对象的仪表、体形、人际交往风格、言谈举止、注意力、兴趣、爱好、各种情境下的应对行为等。实际观察中,应根据观察目的、观察方法及观察的不同阶段选择观察目标行为。对每种准备观察的行为应给予明确的定义,以便准确地观察和记录。

观察法的优点有以下四点:第一是使用方便,被观察者处于自然状态下被别人观察,可以获得比较真实的材料;第二是在自然状态下的观察,能获得生动的资料;第三是观察具有及时性的优点,它能捕捉到正在发生的现象;第四是观察能搜集到一些无法言表的材料。缺点是观察者比较被动,需要等待目标行为的出现。由于被观察者行为的出现具有随意性和偶然性,因此难以对观察结果做出精确的重复。观察法还受观察者本人的限制,难以做到绝对客观化,所得资料不免带有一定的主观性。观察者只能观察外表现象,不能直接观察到事物的本质和人们的思想意识。

2.调查法

调查法是就某一问题要求被调查者回答其想法或做法,以此来分析个体的心理问题或异常行为表现的性质及产生的原因的评估方法。调查法包括问卷法和访谈法。

问卷法是通过由一系列问题构成的调查表收集资料以测量人的行为和态度的心理学基本研究方法。其优点是不受受测者人数的限制,资料容易量化,标准化程度高。问卷法能在短时间内调查很多研究对象,取得大量资料,能对资料进行数量化处理,经济省时。缺点是问卷调查法只能获取书面信息,而不能了解到生动、具体的社会情况,由于缺乏弹性,很难做深入的定性调查;被调查者由于各种原因(如自我防卫、理解、记忆错误等)可能对问题做出虚假或错误的回答;问卷调查法不适合学历较低的研究对象。

访谈法是通过会谈了解或掌握个体的心理问题或心理异常表现的性质及产生的原因,它是最基本的心理诊断方法之一。访谈法的优点是可以获得较为真实的信息。研究者与被访者直接进行语言交流,通过研究者的努力开导,可以使被访者放松心情,消除戒备心理,表达心中的真实想法。访谈法可以有效地避免被访者不回答问题或者遗漏问题的情况发生。访谈时,由研究者事先确定访谈的提纲和地点,可以灵活地安排访谈的内容、时间和提问的次序,能有效避免其他因素的干扰。研究者与被访者通过面谈、电话、网络进行直接或者间接的交谈,研究者具有适当引导和进一步追问的机会,所以可以与被访者探讨一些深层次的问题。访谈法的缺点是:在访谈过程中,研究者的态度、肢体和言语行为、穿着打扮和询问的方式都会影响被访者的回答,这就需要研究者具有一定的访谈常识和足够的访谈经验。由于访谈法采用面对面的谈话方式居多,所以需要安排一定的访谈地点,在访谈路上也会花费一定的开销和时间,而且还有可能发生拒访或访之不遇。这些情况都会消耗研究者大量的时间、精力和物力。此外,访谈法具有其灵活性,但同时也带来了一定的随意性。研究者在访谈过程中灵活调整提纲内容的时候,有可能造成被访者的回答内容各异,没有一定的统一标准。由于标准化程度略低,所以对访谈结果的整理和分析会比较困难。

3.心理测验法

测验法可以对心理现象的某些特定方面进行系统评定,并且测验一般采用标准化、数量化的原则,所得到的结果可以和参照常模进行比较,避免了一些主观因素的影响。心理测验应用广泛,种类繁多,在心理评估中占有十分重要的地位。

4.作品分析法

所谓"作品",指被评估者所做的日记、书信、图画、工艺等文化性的创作,也包括他生活和劳动过程中所做的事和物。通过分析这些作品可以有效地评估其心理水平和心理状态。作品分析法有确定的事实材料为依据,因而比较可信,但要求评价者有丰富的知识经验和分析技能,不然也会做出主观片面的判断。

(三)心理测验的类型及应用

心理测验就是通过心理科学的方法和手段,对反映在人的行为活动中的心理特征,依据确定的原则进行推论和量化分析,并给予相应的科学指导。

1.心理测验的类型

(1)根据测验功能分类:智力测验、人格测验、能力倾向测验、神经心理学测验等。

(2)根据测验方法分类:问卷法、作业法、投射法等。

(3)其他分类:根据一次测验的人数,可分为个体测验和团体测验;根据测验材料的性质,可分为言语测验和非言语测验。

2.心理测验的应用

(1)选才:通过合适的心理测验可以预测人们从事各种活动的适宜性,以此提高人才选拔和职业训练的效率。

(2)安置:通过心理测验可以为学生提供个性化的教育,可以对士兵按照特长分配兵种,将企业的员工按照能力分配到适宜的岗位。

(3)诊断:可以在临床上诊断各种心理或行为障碍等,比如,诊断出学生有学习障碍。

(4)评价:可以评价人们在智力、人格和情绪上的差异。

心理应对

以下两种量表是目前最常见的心理健康量表,可用来对社区老年人进行心理健康评估。

1.《中国人心理健康量表》

该量表由中国科学院心理所编制,分为青少年版、中年版和老年版三个版本。青少年版适用年龄为10—18岁,中年版适用年龄为18—55岁,老年版适用年龄为55岁以上。量表包括4个维度:情绪体验、人际交往、认知效能和适应能力。情绪体验与自我认识属于个体内部层面,认知效能、人际交往、适应能力属于个体的外部关系层面。

情绪体验是心理健康状态的一个重要评估成分,是主观痛苦的一个主要表现。各种心理健康问题往往导致大量负面情绪体验。以往研究通常认为情绪稳定性低是心理健康问题的标志。自我认识是心理健康状态的另一个重要方面。自我认识可以区分成两个方面:一是对自我是否满意,这个也是"自尊"和"自我效能感"的重要组成部分;二是对自我的认识是否清晰。人际交往是描述心理健康的不可缺少的重要方面,它属于个体与外部关系的状态描述。心理健康的个体,在人际交往中,能够适度地表现自己,主动地建立关系。在维持关系的层面,他们会从关系中获得支持,也会给予别人爱和理解。认知效能是个体与外部的关系的一个重要方面,它主要包括在学业、事业及日常生活等方面的能力发挥。适应能力反映的是个体在遇到挫折和变化时保持心理健康状况的能力。心理健康的个体不但在目前能够保持良好的状态,而且在遇到挫折和创伤事件的时候能够保持较好耐受力。此外,在经历创伤后,心理健康的个体表现出较好的康复力,他们能较快地恢复到正常的功能水平,甚至通过对创伤经验的整合,达到新的更高的功能水平。

2.《症状自评量表SCL-90》

《症状自评量表SCL-90》是世界上最著名的心理健康测试量表之一,是当前使用最为广泛的精神障碍和心理疾病门诊检查量表,适用对象为16岁以上的人群。该量表共有90个项目,包含较广泛的精神病症状学内容,从感觉、情感、思维、意识、行为直至生活习惯、人际关系、饮食睡眠等,均有涉及,并采用10个因子分别反映10个方面的心理症状情况。量表从感觉、情感、思维、意识、行为直到生活习惯、人际关系、饮食睡眠等多种角度,评定一个人是否有某种心理症状及其严重程度如何。它对有心理症状(即有可能处于心理障碍或心理障碍边缘)的人有良好的区分能力,适用于测查人群中哪些人可能有心理障碍、有何种心理障碍及其严重程度如何。

心灵小结

1.社区老年人往往关注身体健康,却忽略了心理健康,实际上健康包括心理健康和身体健康两部分,心理健康也非常重要。老年人心理问题不容忽视,他们需要心理评估。

2.心理评估用途广泛,在心理学、医学、教育、人力资源、军事、司法等领域有多种用途。

3.心理评估方法众多,每种方法各有优缺点,可以根据需要对社区老年人采用不同的心理评估方法。心理测验法是一种十分重要的心理评估方法。

二、我的智力真的退化了吗——智力评估

心理叙事

刘奶奶今年64岁,退休四年了,退休前是教师,性格谦和,疼爱子女,跟老伴感情很好,退休后多忙碌于照顾子女的孩子们。最近一段时间以来,家人们发现刘奶奶经常在寻找钥匙、钢笔、眼镜等一些小物件,见到熟人会一下子想不起来名字,出门后想不起来要买什么菜。一天,刘奶奶从商场回来,大包小包买了一堆吃的和用的,孙子晨晨蹦蹦跳跳地跑出来,好像在找什么东西,刘奶奶问他:"晨晨,你在找什么呀?奶奶买了好多好吃的,都是你喜欢的!"晨晨有点失落,心里嘀咕着,怎么奶奶又忘了买草莓布丁,都给奶奶说了三次了,奶奶怎么又给忘了,奶奶是不是不疼我了呀!而且最近跟奶奶说话的时候,她也要等半天才回答我,奶奶这是怎么了。爸爸下班回来后,晨晨把这件事告诉了爸爸,爸爸听了后耐心地说:"晨晨,奶奶当然是最疼你的呀!只是奶奶年纪大了,记忆力变得不好了,人老了都会变得容易忘事的,以后爸爸老了也会这样的。下次你陪奶奶一起去商场,有你提醒,奶奶就不会忘记买晨晨爱吃的草莓布丁了呀!"

从上面的情境中,可以看出刘奶奶的流体智力下降,主要表现在记忆力衰退和反应迟钝两个方面。具体而言,刘奶奶见到熟人想不起来名字,也忘记给

孙子买他喜欢吃的零食,这些事例都能体现出刘奶奶记忆力的衰退,交流时"心不在焉",反应迟钝,这些都是个体在衰老过程中的普遍现象。老年人身体机能衰退,大脑功能发生改变,中枢神经系统递质的合成和代谢减弱,这些生理上的改变会进而导致心理上发生改变。研究表明,心血管疾病和脑部病变以及教育水平也会影响老年人的智力水平。除了上面提到的两项,他们的分析概括能力、计算能力和理解能力都会减退,并且容易出错,也难以接受新的知识。对此,首先可以鼓励社区老年人适当参加一些工作。研究表明老年人参加工作确实能够促进继续学习,并且从该过程中受益匪浅,因为这个过程可以保证老年人的认知能力不至于很快地衰退。其次,提倡社区老年人积极参加社交活动,老年人退休后也需要多参加社会上的社交活动,有条件的可以去老年大学继续学习,在那里可以得到一种同年龄段人的情感和心理上的支持,也能获得自己下一阶段的人生目标。最后,保证生活环境中刺激多样性也有助于减缓智力的衰退,周围环境中刺激的匮乏会导致认知的丧失。研究显示那些不再追求事业成功,而且在配偶死去后参与的活动减少的老人最可能发生认知上的衰退,而那些选择了受教育水平高的或智力水平高的人作配偶的人的认知丧失则不明显,甚至整个婚姻都受益于此。

　　心理学家将智力分为流体智力和晶体智力,晶体智力取决于来自现实世界经验的能力,决定于后天的学习,和社会文化有着紧密的联系,在人的一生中都在发展,如语言文字能力等。而流体智力指基本心理过程能力,它随着年龄的衰老而减退,老年人主要是流体智力的衰退。

心理解读

1.智力的含义

　　理解智力的概念是编制智力量表的理论前提。关于智力的代表性观点大概有以下几种:(1)智力是学习的能力;(2)智力是对新环境的适应能力;(3)智力是抽象思维的能力;(4)智力是信息加工的能力;(5)智力是处理复杂事务的抽象思维能力;(6)智力是人认识、理解客观事物并运用知识、经验等解决问题的能力,包括记忆、观察、想象、思考、判断等。目前比较一致的看法是对智力的综合理解,即智力是多种能力的综合表现,它属于认知范畴,包括观察力、记忆力、想象力等思维能力,思维能力是智力的核心。

2.智力分数的发展

(1)智力年龄

智力年龄(MA)亦称"心理年龄",简称"智龄",是相对于实际年龄(CA)而说的。这个术语是比奈首先提出并采用的,是指在智力测验量表上与某一智力标准水平相当的年龄。智力年龄是指某个年龄组别的孩子平均所能达到的智力水平。如一个实际年龄是5岁的儿童,在5岁组测验上及格,其智龄便是5岁,即认为其智力水平相当于实龄5岁的普通儿童水平;如果在6岁组及格而在7岁组不及格,则其智龄便是6岁;如在5岁测验不及格而只在4岁组及格,则其智龄便是4岁。智龄超出实龄越多,智力发展水平就越高,反之则越低。但智龄的大小并不能确切地说明一个儿童的智力发展必然超过另一个儿童,也不能保证以后智力发展仍在高水平上。智龄相同的儿童,由于他们的实际年龄不同,他们的智力水平也会有差异。因此,智龄并不能绝对确切地说明智力的发展水平。

(2)比率智商

比率智商(RIQ)首先由斯坦福大学教授L.M.推孟于1916年修订的斯坦福-比奈量表中采用。智商是在心理商数上发展来的。心理商数=智力年龄(MA)/实际年龄(CA),如果MA>CA则为整数,如MA<CA则为小数。为了消除小数,故将心理商数乘以100便成为IQ,于是IQ=MA/CA×100。比率智商不仅可以说明个体本身的智力水平,而且能够与同龄人比较,表明其在同龄人中智力处于何种程度。比率智商建立的前提是,假定智龄随实际年龄而增长,然而实际上,智力并非随年龄增长而呈直线上升,到达一定年龄后智力就基本停止发展了。因此,比率智商不适用于测量年龄处于老年阶段的被试,具有较大的局限性,例如心理年龄不可能永远随着实际年龄的增加而增加,在一定年龄之后,使用此公式计算的结果会出现下降趋势;若两个智力测验的标准差不同,所得结果不能进行比较。

(3)离差智商

为了克服比率智商的局限性,美国著名的医学心理学家韦克斯勒(D. Wechsler)在编制儿童智力量表时,测验结果采用了离差智商的计算方法。离差智商确定了个体在相同条件的团体(例如同年龄组)中的相对位置,它实质上是将个体的成绩和同年龄组被试的平均成绩比较而得出的相对分数。其根据统计学中的均数和标准差计算而得,即以标准差为单位的个人分数偏离他同年龄组平均分数的数值,故它不受被测验者年龄的影响。

韦克斯勒量表将智商的平均数定为100,标准差为15,公式为IQ = 100 + 15Z,Z是标准分数,其值等于被测人实得分数减去同龄人平均分数,除以该年龄组的标准差。例如,王阿姨的智商是115,说明她的智力水平高于同龄人一个标准差,而赵爷爷的智商是100,说明他的智力在同龄人中处于平均水平。

心理应对

以下三种量表是目前最常见的智力量表,可用来对社区老年人进行智力评估。

1.斯坦福–比奈智力量表

1905年的比奈–西蒙量表是由30个题目组成的,这些题目按照难度逐渐增大顺序地排列,以通过题数的多少作为衡量智力水平高低的标准,主要测查判断、理解和推理能力。该量表是第一个专业的智力测验,比奈准确地界定了自己想要测量的东西,并且围绕测验目的编制出测验的题目。然而该量表也存在一些缺陷:缺乏一个适当的测量单位以便表示测量的结果,同时也缺乏适当的常模数据和支持这一测验效度的证据。

1908年,比奈–西蒙量表做首次修订,并按照年龄从3—13岁进行分组,启用智力年龄的概念。1911年进行了第二次修订,仅做了少量的改进。

此后很多美国学者也相继发表了不同版本的量表,其中以斯坦福大学的推孟(L.M.Terman)教授所主持修订的1916斯坦福–比奈量表在世界范围内最有影响,并且很长时间以来在智力测验领域居于主导地位。该量表共有90个题目,其中51个为原来比奈–西蒙量表所有,有39个为新增加的,使用范围为3—13岁。该量表首次提出了"智商"的概念。

1937年,斯坦福–比奈量表做了第二次修订,使用范围扩展到2—18岁,编制了测验复本,分为L型和M型。

1960年进行第三次修订,量表共有100多个项目,划分为20个年龄组,采用了离差智商的概念以解决不同年龄的IQ变异不同的问题。1986年,桑代克等人进行了第四次修订,他们把智力分为三个层次:一般智力因素,晶体能力、流体—分析能力和短时记忆层次,语言推理、数量推理和抽象/视觉推理层次。该版本包括15个分测验,用以评估4个领域的认知技能:语言推理,数量推理,抽象—视觉推理,短时记忆。

我国心理学家也对斯坦福-比奈量表的修订做了大量的工作。1924年,陆志伟发表了他所修订的《中国比奈-西蒙智力测验》,应用于江浙地区。1936年陆志伟和吴天敏合作,对量表进行第二次修订,名为《第二次修订中国比奈-西蒙智力测验》,将适用范围扩大到北方地区。1982年,吴天敏出版发行了第三次修订的《中国比奈智力测验》,将测验的年龄范围扩大到2—18岁。

2.韦克斯勒智力量表

韦克斯勒智力量表是由美国的心理学家韦克斯勒编制的一组成套智力量表,该组量表共有三种:韦克斯勒幼儿智力量表(WPPSI),韦克斯勒儿童智力量表(WISC),韦克斯勒成人智力量表(WAIS)。

韦克斯勒幼儿智力量表适用于4—6岁半的幼儿。1989年,该量表的修订版WPPSI-R出版,适用范围为3岁—7岁3个月的幼儿。韦克斯勒儿童智力量表适用于5—15岁的儿童,1974年修订版本WISC-R发布,适用范围为5岁—15岁1个月的儿童。WISC-Ⅲ和WISC-Ⅳ分别在1991年和2003年出版发行。韦克斯勒成人智力量表适用于16—74岁的成人。1981年,该量表的修订版(WAIS-R)问世,包括14个分测验。

韦氏的每一种智力量表都包括两个部分,即言语分测验和操作分测验,每个分测验都与个体的基本潜在机能或能力相关。韦克斯勒成人智力量表的七个言语分测验是:(1)词汇;(2)类同;(3)算术;(4)数字广度;(5)常识;(6)理解;(7)字母—数字排序。例如,在类同分测验中,主试会问:"一匹马和一头牛在哪些方面是相似的?"被试必须说出每一对项目的相似之处。七个操作分测验是:(1)填图;(2)数字符号-译码;(3)积木构建;(4)矩形推理;(5)图片排列;(6)拼图;(7)符号搜索。例如,在拼图分测验中,要求被试尽可能快地把一些残缺的图片拼在一起,该分测验测量了被试觉察部分和整体关系的能力。

我国的心理学家也曾对韦克斯勒智力量表进行过修订。1979—1980年,龚耀先等人对WAIS进行了修订,称为WAIS-RC;1986年,林传鼎、张厚粲等人修订的WISC-RC出版问世;同年,龚耀先等人对韦克斯勒幼儿智力量表的修订版本 C-WYCSI 出版发行。2008年,张厚粲教授主持完成了对韦氏儿童智力量表第四版(WISC-Ⅳ)中文版的修订。

3.瑞文推理测验

瑞文推理测验是由英国心理学家瑞文(J.C.Raven)编制的一种团体智力测验,又称瑞文渐进图阵,在世界各国广泛使用。它是非文字型的图形测验,分为三个水平。

瑞文标准推理测验适用于5.5岁以上智力发展正常的人,属于中等水平的瑞文推理测验。

瑞文彩图推理测验适用于幼儿和智力低于平均水平的人,属于瑞文推理测验的三个水平中最低水平的测验。

瑞文高级推理测验适用于智力高于平均水平的人,是最高水平的瑞文推理测验。

瑞文推理测验的理论假设源于斯皮尔曼的智力一般因素理论。瑞文将G因素划分为两种相互独立的能力:一种称为再生性能力,表明个体经过教育之后达到的水平;另一种称为推断性能力,表明个体不受教育影响的理性判断能力。瑞文认为,词汇测验是对再生性能力的最有效测量,而非言语的图形推理测验则是对推断性能力的最佳测量,这就是瑞文推理测验的来源。瑞文推理测验由两种题目形式组成:一种是从一个完整的图形中挖掉一块,在测验时选择一个能够完成的图形的图案;另一种是在一个图形矩阵中缺少一个图案,要求被试从提供的几个备选答案中,选择符合一定结构排列规律的一个。

1985年,我国张厚粲教授开始主持瑞文标准推理测验中国城市版的修订工作,基本保留了原测验的项目形式及指导语。

瑞文测验的优点在于测验对象不受文化、种族和语言条件的限制,适用的年龄范围也很大,而且对一些生理缺陷者也可以施测。测验既可个别进行,也可团体实施,使用方便。

心灵体验

坐在父亲对面
中间只隔一根拐棍
我问您知道我是谁吗

他说想不起来了

我说我是庆林呀

他说我儿子也叫庆林怎么这么巧呢

我说我就是您儿子庆林呀

他两手摩挲着拐棍像抚摸着自己的孩子

说我儿子很远很忙哪能说回来就回来呢

我的心猛然疼疼的

像被拐棍狠戳了一下——

（王征雁诗《老年痴呆》）

❋ 心灵小结

1.智力是多种能力的综合表现,它属于认知范畴,包括观察力、记忆力、想象力等思维能力,思维能力是智力的核心。

2.智力水平可以用离差智商表示,表明一个人的智力水平在同一年龄段群体中所处的位置高低。

3.最常见的智力评估方法主要包括:斯坦福-比奈智力量表、韦克斯勒智力量表和瑞文推理测验。其中瑞文推理测验是非文字测验,不受文化、种族、语言等条件的限制。

4.社区老年人的智力水平发生退化,健康、教育、职业因素都会对老年人的智力产生一定的影响。老年人应当常参与社交活动,家人要多和老人进行沟通交流,使得老年人的生活丰富多彩,从而减缓老年人智力的衰退。

三、他们都说我变了——人格评估

❋ 心理叙事

郑老太72岁了,之前是个脾气很好的人,跟同事、家人相处得都很融洽,但是近些年越来越固执了,别人的意见都听不进去。遇到事情的时候,郑老头发表意见,她也认为只有她的想法是对的。有一次,有人上门推销电话卡,因为只有她和郑老头两个人住,郑老头担心不安全不让开门,可是郑老太不仅买了,还让人进屋坐。事后郑老太的儿女们都跟她说,一来她不能辨别电话卡的真假,可能会上当;二来两个老人在家,让陌生人进屋是不安全的。但是郑老太完全听不进去,她说试了卡是好的,后来又有来推销电话卡的,她还是照买,结果是张假卡。儿女们见劝说起不到什么作用,担心这样下去会越来越糟糕。

从上述情境中,我们可以看出郑老太在步入老年后性格发生了变化,听不进家人们的意见,一味地固执己见。这是老年人由于身心老化所导致的性格改变的一个方面,老年期的罗夏克墨迹测验显示,与青年人相比,老年人确实变得顽固了,还有研究表明顽固程度随着年龄的增长在增加。年老的一代确实比年轻的一代要刻板一些,但也不是所有的老年人都刻板。老年人的性格特点大致可归纳为:①自我中心性:性格由开始的固执己见和盲目自信最后发展到专横任性和顽固不化。②猜疑心:由于视力和听力感觉器官的老化,造成对外界事物的认识模糊和反应迟钝,往往容易陷入胡乱猜测、嫉妒、偏见暴躁等偏激情感之中。③保守性:由于学习能力和活动能力的降低,因而讨厌或难以接受新鲜事物,但却非常注重以前的习惯或想法,守旧思想较为严重。④情绪性:随着对外界事物的关心程度日趋淡漠,对自己身体的注意却日益集中。性格变得极易过敏和神经质。⑤愚鲁和傲慢:不能正确地认识生活现状,而每天只是沉溺于对往事的回忆之中,对于自己过去的成绩,却不厌其烦地整日挂在嘴上。此外,我们还要知道,社区老年人的性格虽然发生了变化,但性格的基本方面是持续稳定的,而且稳定多于变化。

人格特征等心理因素会影响老年人的生活满意度,乐观和有序的生活方式与老年人生活满意度有高相关,而是否具有控制感与生活满意度的相关最低。整体上来看,大多数老年人对待晚年生活具有积极的态度、良好的生活方式、情绪稳定并善于自我控制与调节,能较好地适应环境,自主性较强,并且对自身老化能够正确认识。此外,人格特征还通过应对方式对老年人心理健康具有间接的影响,具体表现为外向型性格老年人常用求助的应对方式,它更有利于心理健康;而神经质性格老年人常用自责的应对方式,它不利于心理健康。社会应关注老年人的心理变化,给予支持和帮助,必要时可采用临床干预,从而提高老年人的生活满意度。

心理解读

(一)人格评估概述

人格一词来源于拉丁文"Persona",原意是指演员在演戏时所戴的面具,把它用在心理学中,可以形象地表示一个人在人生舞台上所扮演的角色。关于人格的含义,不同的心理学家有着不同的观点,至今还没有一个完全统一的定义。

(1)人格是个体内部决定其独特的顺应环境的那些心理生理系统中的动力组织,它决定一个人对环境独特的适应方式。

(2)人格是对个体在特定情境中的行为预测。

(3)人格是个人的性格、气质、智力和体格的相对稳定而持久的组织,它决定了个人适应环境的独特性。

(4)人格是个体内在的行为上的倾向性,它表现一个人在不断变化中的综合,是具有动力一致性和连续性的持久自我,是人在社会化过程中形成的给予人特色的身心组织。

目前,相对一致的观点是,人格是个体在行为上的内部倾向,它表现为个体适应环境时在能力、情绪、需要、动机、兴趣、态度、价值观、气质、性格和体质等方面的整合,是具有动机一致性和连续性的自我,是个体在社会化过程中所形成的给人以特色的身心组织。

(二)人格测量

人格测量,就是通过一定的方法,对在人的行为中起稳定调节作用的心理特质和行为倾向进行定量分析,以便分析预测个体未来的行为。人格测量在心理学历史上经历了漫长的发展过程,从最初的前科学水平到现在科学的心理评估技术,离不开众多心理学和测量学工作者的努力探索。最先提出用科学的方法测量人格的是英国学者高尔顿,他认为构成我们的品格是可以测量的,通过观察社会情境中人的活动可以测量人的性情等特征。

目前常用的人格测量种类繁多,主要有自陈量表、投射测验、评定量表、行为观察法、晤谈法等。最常用的人格测验法是自陈量表和投射测验。

自陈量表是由一系列清晰的、已经预先拟定好的陈述语句构成,要求被试根据自己的实际情况选出相应的等级或做出简单的是非判断,属于结构化测验;具体的编题方法有以下几种。

(1)是否式:提供一个陈述句或问句,并列出"是"和"否"两种选项,要求受测者选择其中的一个选项。例如:我喜欢主动和新朋友交流(是,否);你有许多兴趣爱好吗?(是,否)。

(2)二择一式:提供两个意思相反的陈述句(A和B),要求受测者选择其中符合自己实际情况的一个。例如:A.和有权威或有地位的人相处时,我感到很轻松。B.在长辈或上级面前,我总是感到胆怯。

(3)是否折中式:提供一个陈述句或问句,并列出"是""否"和"不一定"(或"介于是与否之间")三种选项,要求受测者选择其中一个选项。例如:我善于表达自己的感情:A.是的;B.介于A与C之间;C.不是的。

(4)文字等级式:提供一个问句,同时列出几个程度不等的选项,供受测者选择。例如:你对自己的现状满意吗? 非常满意;比较满意;无所谓;不大满意;极不满意。

(5)数字等级式:实际上是文字等级式的变式,只不过是将文字式选项改为数字式选项。例如:你对自己的工作满意吗? 1→2→3→4→5。

一些心理学家认为,个体往往存在着某种潜意识的倾向,这种倾向不受题目内容的影响,这种倾向称为反应偏向或反应风格。反应偏向主要包括默认、社会赞许性、偏常反应、投机、语义理解偏向、作假、冲动等。

默认是指在认知及人格测验中倾向于做肯定回答的一种反应偏向,其另一定义是指一种倾向于同意的人格特征,这种特征的个体在人格、态度及兴趣量表中都容易做出肯定的反应。

社会赞许性是指受测者在对测验内容的反应上按社会所期望的方式作答的倾向,以得到好的社会评价。

偏常反应假说认为人格变态群体倾向于做出非常规的反应,这种反应与测验内容无关,只需数出偏常反应的数目,而不用考虑其具体内容,就能确定一个人是否人格异常。

投机是指受测者在测验中为了获得高分而进行的猜测行为,因此有时需要对测验分数进行矫正。

语义理解偏向就是不同的人对表示程度的词的理解是不同的,比如一个人所认为的"非常同意"可能与另一个人对"同意"的理解是一样的。

作假是指受测者为了给人留下一个好的印象而故意"装好"。

检选量表要求受测者从一系列描述人格特质的词语中选出与自己性格相符的来,有些人只要觉得某个词和自己有一点相似就会选择,而有些人比较谨慎,当他们想起自己曾经有过一次不友好的行为时,他们就不会选择"友好"这个词。冲动多发生在这种量表中,冲动的参与者选的词语较多,总分也会较高,也就会获得一个较好的评价。

人格测验的分数一般不是很稳定,可能是测验方法造成的,也可能是所测特质本身不稳定。此外,人格测验很难确定效标,大多是依据心理学家、精神病学家或是教师所做的评定。

每个人的情况不同,每人都有自己独特的人格结构,一种行为对某人来说是良好适应的,对另一个人来说也许就是不良适应的,因此面对相同的分数进行同样的解释,其实是不准确的。

西方文化注重个人隐私,认为某些人格测验侵犯了个人隐私。

投射测验也是人格测量方法之一,用于探索个体心理深处的活动,采用一些意义多样的刺激,如墨渍、无结构的图片等,让受测者在不受限制的条件下做出反应。为减少伪装,受测者通常不知测验目的,心理学家根据自己的理论假设对受测者的反应做出解释。该测验主要应用于临床治疗,适用于儿童和成人,不受文化的影响。著名的有罗夏克墨迹测验、主题统觉测验和房树人测验。罗夏克墨迹测验是由瑞士精神医学家罗夏克于1921年编制的一套人格投射测验。测验材料为10张墨迹图,其中5张是浓淡不同的黑色,2张是黑与红色,3张是多种颜色。测验者按一定顺序把墨迹卡片一张接一张地让受测者看,并让受测者说出他看的墨迹图形像什么,由此他想起了什么。测验者记录下受测者的反应。受测者在施测过程中不知不觉地从对一滴墨水的反应中流露出其思想感情和对事物的态度。测验者从这些反应中分析、判断受测者的人格特征。由于墨迹测验使用的是图片,不受语言文字的限制,因而广泛地应用于人格发展和跨文化研究。主题统觉测验是投射测验中与罗夏克墨迹测验齐名的一种测验工具,于1935年编制完成,由30张黑白图片组成,根据受测者的年龄和性别采用其中20张进行测试。测验要求受测者根据图片讲故事,每个故事约15分钟。主题统觉测验对于了解受测者与其父母的关系及障碍尤为有用。记分时要同时考虑故事的内容(情节、心理背景等)和形式(如长度、种类等)。主题统觉测验适用于各种年龄和不同种族。房树人测验(Tree-House-Person)开始于John Buck的"画树测验"。John Buck于1948年发明此方法,受测者只需在三张白纸上分别画屋、树及人就完成测试。之后,Robert C.Burn在1970年发明动态屋树人测验。受测者会在同一张纸上画屋、树及人。这三者之间的互动作用,例如从屋及人的位置与距离都可看出受测者与家庭的关系。投射测验的优点是:弹性大,受测者不受限制,可以任意做出反应;材料仅为图片,因此可以对没有阅读能力的受测者进行施测。缺点是:评分缺乏客观标准,测验的结果难以解释;对特定行为不能提供较好的预测;需要花费大量的时间。

心理应对

面对社区老年人的人格变化,可采用以下四种量表对其进行评估,从而更好地把握老年人的心理状况。

1.明尼苏达多相人格测验

明尼苏达多相人格测验(MMPI)是由美国心理学家哈撒韦(S.R.Hathaway)和麦金利(J.C.Mckinley)于20世纪40年代初期共同编制的。该测验是目前应用最广泛的人格测验,问世以来被应用于人格评估、精神疾病的诊断和治疗、医学研究等领域。

MMPI适用于16岁以上文化程度在小学以上的个体,MMPI-2提供了成人和青少年常模,可用于13岁以上的青少年和成人。

MMPI共有566个题目,其中前399个题目适用于临床诊断,量表包括10个临床分量表和3个效度量表,MMPI-2加了一个效度量表。题目的内容范围很广,包括身体状况、精神状态、家庭、婚姻、宗教、政治、法律、社会等方面的问题。

MMPI的10个临床分量表为:

(1)疑病(Hypo-chondriasis,Hs)。测量受测者的疑病倾向以及对自己身体健康状况的不正常关心,如"恶心和呕吐的毛病使我苦恼"。

(2)抑郁(Depression,D)。测量受测者忧郁、悲观、焦虑以及行动迟缓等问题,高分表示可能有抑郁,如"我时常感到悲观失望"。

(3)癔症(Hysteria,Hy)。测量受测者用转换反应来对待压力或解决矛盾的倾向性。高分表示可能具有天真、依赖、幼稚的特点,并且缺乏自制力。如"我身体的某些部分常有像火烧、刺痛、虫爬、麻木的感觉"。

(4)精神病态(Psychopathic Deviate,Pd)。测量受测者的行为偏离社会规范的情况,高分表示漠视社会规范,容易冲动,具有攻击观念。如"有时我仿佛觉得我必须伤害自己或别人"。

(5)男子气-女子气(Masculinity-femininity,Mf)。测量受测者女性化或男性化的倾向,男女需要分别计分,高分的男性表现出敏感、爱美、情感细腻,高分的女性表现出粗鲁、攻击性强、不够敏感等男性化特征。如"我喜欢有男子气的女人"。

(6)妄想(Paranoia,Pa)。测量受测者的敌意观点、猜疑心、自我概念、过分敏感等病理性思维,高分可能存在偏执妄想。如"如果别人待我好,我常常怀疑他们别有用心"。

(7)精神衰弱(Psychasthenia,Pt)。测量恐怖、焦虑、反复思考、优柔寡断的神经症患者,如"我发现我很难把注意力集中到一件工作上。"

(8)精神分裂(Schizophrenia,Sc)。测量思维异常和行为古怪等精神分裂症的一些临床特点,如"有时我会闻到奇怪的气味"。

(9)躁狂症(Mania,Ma)。测量过度兴奋、精神亢奋、易激惹等躁狂症的特点,高得分者常为联想过多过快、活动过多、观念飘忽、夸大而情绪高昂、情感多变。极高的得分者,可能表现情绪紊乱、反复无常、行为冲动,也可能有妄想。如"有些时候,我感到劲头十足,以至于一连好几天都不需要睡觉。"

(10)社会内向(Social Introversion,Si)。测量对社会交往等社会接触有回避倾向的人。高得分者表现内向、胆小、退缩、不善交际、屈服和过分自我控制。低得分者表现外向、爱交际、富于表情、好攻击、健谈、冲动和在社会关系中不真诚。如"在学校里,要我在班上发言,是非常困难的。"

MMPI的4个效度量表为:

(1)说谎量表(L)。这些项目涉及大多数人都无法避免的小错误,高分者连细小的弱点也不愿意承认,反映了他没有客观地评价自己,得分低者反映了受测者比较天真,思想单纯。

(2)诈病量表(F)。测量受测者任意作答的倾向性,高分表示不认真作答、装病或确系偏执。

(3)校正量表(K)。K量表能有效测量受测者的态度,可以用来鉴别个体故意装好或装坏的倾向性,还可以根据这个量表修正临床量表的得分,即对几个量表加一定的K分,以校正受测者的这些倾向。

(4)疑问量表(Q)。测量受测者不能回答的题目数,如果超过30个题目,则说明测验结果不可靠。

MMPI在计分时需要将原始分数转换为T分数,一般在测验指导书上附有转换表,可以通过直接查表得到。MMPI的中国常模将临界点定为60,如果哪一个分量表的分数大于临界分数,就表明该受测者存在某种心理问题。

2.卡特尔16因素人格问卷

美国伊利诺伊州立大学的卡特尔教授认为人格包含16个基本因素,并据此编制了16因素人格问卷,又称16PF。该问卷可以评估个体的适应能力、毅力和人际交往等方面的表现,在人事管理中能够预测应聘者的工作稳定性、抗压能力、工作效率等,适用的年龄范围在16岁以上。

16PF包括两套等值的测验题,每一套都有187道题目,每道题目有三个选项:是的、不一定和不是。受测者根据自己的实际情况选择最符合自己的选项即可。例如:我总是不敢大胆批评别人的言行:a.是的;b.有时如此;c.不是的。

除聪慧性量表之外,其他量表的项目没有对错之分,每一个项目的三个答案可以按照0、1、2三级记分;聪慧性量表采用二级计分,答对得1分,答错不得分。16PF采用标准10分制。

在解释该量表时,主要依据各因素的高分特征和低分特征,即某个因素的标准分大于7或小于4。例如,乐群性因素,表示热情地对待他人的程度,得分大于7表示对他人的关注水平很高,并擅长与他人交往,得分小于4表示重视工作、任务等,对他人的关注程度较低,与人交往不够热情。

3.艾森克人格问卷

艾森克(H.J.Eysenck)提出了人格三维度理论,该理论认为人格的三个基本维度是:内外倾(E)、神经质(N)和精神质(P)。艾森克及其夫人根据该理论共同编制了艾森克人格问卷(EPQ),专门用于调查在这三个特质维度上的个体差异,也是目前医学、司法、教育和心理咨询等领域应用最为广泛的问卷之一。

EPQ包括成人问卷和儿童问卷。成人问卷适用于16岁以上的成人,儿童问卷适用于7—15岁的儿童。

EPQ一共包括四个量表:(1)内外倾量表(E量表):测量内向和外向的人格特征,分数高表示热爱交际、随和、情感易冲动、喜欢参加活动,分数低表示喜欢安静、不善言谈、比较严肃;(2)神经质量表(N量表):测量情绪的稳定性,高分表示焦虑、紧张、易怒,人际交往也出现问题;(3)精神质量表(P量表):并非暗指精神病,测量的是在所有人身上都存在的程度不同的特征,高分表示冷漠、孤独、古怪、适应性差;(4)效度量表(L量表):测量回答的真实性或其社会幼稚水平,分数过高表示回答无效。题目示例:在做任何事之前,你都要考虑一番吗?每个项目只要求受测者回答"是"或"否"。

EPQ也可以团体施测,在计分时采用T分数,根据各维度T分数的高低判断人格倾向特征。

4.大五人格问卷

大五人格量表,即NEO人格量表,是建立在大五人格理论的基础之上的。美国心理学家科斯塔(Costa)和麦克雷(McCrae)于1987年编制完成,后来经过两次修订。该测验的中文版由中国科学院的心理学家张建新教授修订,属于人格理论中特质流派的人格测试工具。量表分为5个维度:内-外向性:它一端是极端外向,另一端是极端内向。外向者爱交际,表现得精力充沛、乐观、友好和自信;内向者的这些表现则不突出,但这并不等于说他们就是自我中心的和缺乏精力的,他们偏向于含蓄、自主与稳健。宜人性:得分高的人乐于助人、可靠、富有同情心;而得分低的人多抱敌意,为人多疑。前者注重合作而不是竞争;后者喜欢为了自己的利益和信念而争斗。谨慎性:描述了人负责任或不可靠、不屈不挠或半途而废、坚定踏实或变化无常、整洁或粗心、自律或冲动的程度;指人们如何自律和控制自己。高分表示做事有计划,有条理,并能持之以恒;低分表示马虎大意,容易见异思迁,不可靠。神经质:得高分者比得低分者更容易因为日常生活的压力而感到心烦意乱。得低分者多表现自我调适良好,不易于出现极端反应。对经验的开放性:指对经验持开放、探求态度,而不仅仅是一种人际意义上的开放。得分高者不墨守成规、独立思考;得分低者多数比较传统,喜欢熟悉的事物多过新事物。

心灵体验

好脾气是一个人在社交中所能穿着的最佳服饰。

——都德

一个人必须剔除自己身上的顽固的私心,使自己的人格得到自由表现的权利。

——屠格涅夫

心灵小结

1.人格是个体在行为上的内部倾向,它表现为个体适应环境时在能力、情绪、需要、动机、兴趣、态度、价值观、气质、性格和体质等方面的整合,是具有动机一致性和连续性的自我,是个体在社会化过程中所形成的给人以特色的身心组织。

2.目前常用的人格测量种类繁多,主要有自陈量表、投射测验、评定量表、行为观察法、晤谈法等。最常用的人格测验法是自陈量表和投射测验。

3.目前最著名的人格量表有:明尼苏达多相人格测验、卡特尔16因素人格问卷和艾森克人格问卷。

4.随着步入老年,社区老年人的人格会发生某些变化,但其性格的基本方面是稳定的,并不是所有人在步入老年后都会发生人格上的变化。

四、临床常用评定量表

(一)焦虑自评量表(SAS)

心理叙事

张大爷退休一个月了,他还是一如既往地早起,收拾公文包然后打算去单位,就在出门时却被老伴提醒"你已经退休一个月了!"这时张大爷感觉心里很不是滋味,这一个月来心里也总是没有着落。张大爷退休之前在单位是处长,手下管着那么多人,特别有成就感,可现在每天无事可做,上门做客的人也少了很多。就在最近,张大爷开始失眠,心情烦躁,吃饭也没胃口,白天也不愿意出门了。老伴儿见他最近脸色不太好,就拉着他加入社区的艺术团,他说:"我一个大领导在那儿又唱又跳,我的员工知道了,岂不是要笑话我?"儿子和儿媳妇也劝他多出去走走,锻炼好身体,享受老年生活,张大爷却认为自己当年管那么多人,给公司创了不少的收益,曾经也是一呼百应,现在怎么老了就败给年轻人了呢?

心理解读

退休是很多中老年人期盼的事情,然而,真的退休了之后,他们好像并没有想象中的轻松。事实上,老年人从长期紧张而规律的职业生活突然转到无规律的悠闲生活,他们的社会地位、经济收入、人际交往等方面都会发生变化,由于缺乏心理准备,一些人就可能出现适应不良的现象。就像案例中的张大爷,退休后不久因为不适应而产生了心理压力,导致失眠、食欲下降、心情烦躁等症状。这种情况可能会引起其他疾病,进而影响老年人的身心健康。

心理应对

下面简单介绍美国学者编制的焦虑自评量表,该量表是专门用于老年人焦虑的筛查表。其中的焦虑自评量表(SAS)由20个与焦虑有关的项目组成,用于评估个体有无焦虑症状及其严重程度。下面有20条文字叙述,仔细阅读每一条,把意思弄明白,然后根据您最近一周内的实际情况,在答案对应的表格中打钩:1=没有或很少有;2=有时有;3=大部分时间有;4=绝大部分时间有。

焦虑自评量表(SAS)

项目	没有或很少有	有时有	大部分时间有	绝大部分时间有
1.我觉得比平常容易紧张和着急	1	2	3	4
2.我无缘无故地感到害怕	1	2	3	4

续表

项目	没有或很少有	有时有	大部分时间有	绝大部分时间有
3.我容易心里烦乱或觉得惊恐	1	2	3	4
4.我觉得我可能将要发疯	1	2	3	4
5.我觉得一切都很好,也不会发生什么不幸	1	2	3	4
6.我手脚发抖打战	1	2	3	4
7.我因为头痛、头颈痛和背痛而苦恼	1	2	3	4
8.我感觉容易衰弱和疲乏	1	2	3	4
9.我感觉心平气和,并且容易安静地坐着	1	2	3	4
10.我觉得心跳得很快	1	2	3	4
11.我因为一阵阵头晕而苦恼	1	2	3	4
12.我有晕倒发作,或觉得要做噩梦	1	2	3	4
13.我吸气呼气都感到很容易	1	2	3	4
14.我手脚麻木和刺痛	1	2	3	4
15.我因为胃痛和消化不良而苦恼	1	2	3	4
16.我常常要小便	1	2	3	4
17.我手常常是干燥温暖的	1	2	3	4
18.我脸红发热	1	2	3	4
19.我容易入睡并且睡得很好	1	2	3	4
20.我做噩梦	1	2	3	4

每项问题后有1—4级评分选择,其中第5、9、13、17、19为反向计分题。将所有题目的评分相加,再乘以1.25以后取整数部分,即得到标准分。临界值为50分,分值越高,表明焦虑倾向越明显。

❋ 心灵小结

1.焦虑是对亲人或自己生命安全、前途命运等的过度担心而产生的一种烦躁情绪。

2.焦虑本身是人类一种正常的情感反应,但是过度的焦虑就会导致情感性或生理性疾病。

3.一旦发现心理问题,不能"无为而治"、一味忍着,需要积极应对,例如学会宣泄、冥想、与人倾诉或寻求帮助。

4.老年人要重视焦虑,不要轻易将焦虑的原因归结到心脏病等器质性疾病。

(二)老年抑郁量表

心理叙事

孙奶奶今年63岁,自觉身不由己,厄运缠身。16岁时因为一场大病使她失去了读高中的机会,25岁结婚后不久丈夫出轨离她而去。几年之后再婚,生活还算平静,勉强过得去。进入老年后,老伴儿突然得病,没有留下一句话就离开人世。在老伴去世的第二年,独生儿子又在工作途中惨遭车祸,落下了残疾。这接二连三的事故对孙奶奶打击很大,从此她变得情绪低落、忧郁沮丧、沉默寡言、失眠,也不再愿意和人交往。她觉得自己是家人的克星,感到生活没有希望,悲观厌世。长期的情绪低落也使得孙奶奶的思维迟钝,记忆力也开始减退。

心理解读

每个人都有过忧郁、伤心的情绪体验,这种抑郁情绪是我们日常生活的一部分。而抑郁症和抑郁情绪不一样,是一种疾病,会影响老年人的身体、行为、思维和情感。案例中的孙奶奶丧偶后,缺少家人陪伴和社会支持,尤其容易产生抑郁情绪,再加上前前后后经历了一系列的挫折,孙奶奶已经出现了失眠、情绪低落等抑郁症状。老年抑郁症患者严重影响老年人的生活质量,也是导致老年人产生自杀意念和采取自杀行为的重要危险因素。日常生活中,人们往往只是关注了身边老年人的物质需要,比如给老人买营养品和保暖的衣物,却忽视了他们的情感需求,其实他们的情感需求也是很重要的一个方面。因此,家人应对老年人的情绪变化予以重视,保证他们的情感需求得到满足,发现不良情绪及时进行疏导,情况严重时应寻求专业人士的指导。抑郁症不同于其他疾病,严重危及老年人的生命安全,我们呼吁社会给予老年抑郁症病人更多的关注。

心理应对

下面简单介绍美国学者Brink等人编制的老年抑郁量表,该量表是专门用于老年人抑郁的筛查表。请根据自己最近一周的实际情况在相应的位置打钩,答案在是、否中选择。

老年抑郁量表(GDS)

项目	是	否
1.你对生活基本上满意吗?		
2.你是否已经放弃了许多活动与兴趣?		
3.你是否觉得生活空虚?		
4.你是否感到厌倦?		
5.你觉得未来有希望吗?		
6.你是否因为脑子里一些想法摆脱不掉而烦恼?		
7.你是否大部分时间精力充沛?		
8.你是否害怕会有不幸的事落到你头上?		
9.你是否大部分时间感到幸福?		
10.你是否时常感到孤立无援?		
11.你是否经常坐立不安,心烦意乱?		
12.你是否愿意待在家里而不愿意去做那些新鲜事?		
13.你是否常常担心将来?		
14.你是否觉得记忆力比以前差?		
15.你觉得现在活着很惬意吗?		
16.你是否常感到心情沉重、郁闷?		
17.你是否觉得像现在这样活着毫无意义?		
18.你是否总为过去的事忧愁?		

续表

项目	是	否
19.你觉得生活很令人兴奋吗?		
20.你开始新的生活很难吗?		
21.你觉得生活充满活力吗?		
22.你是否觉得你的处境毫无希望?		
23.你是否觉得大多数人比你强得多?		
24.你是否为些小事伤心?		
25.你是否常觉得想哭?		
26.你集中精力有困难吗?		
27.你早晨起来很快活吗?		
28.你希望避开聚会吗?		
29.你做决定很容易吗?		
30.你的头脑像往常一样清晰吗?		

评分:每个条目都是一句话,要求被试回答"是"或"否",其中,第1,5,7,9,15,19,21,27,29,30为反向计分(回答"否"表示抑郁存在),其余为正向计分(回答"是"表示抑郁存在)。量表总分范围为0—30分,总分为0—10分,可视为正常范围,即无抑郁症;11—20分为轻度抑郁,21—30分为重度抑郁。

※ 心灵小结

1.抑郁症是现在最常见的一种心理疾病,以连续且长期的心情不好为主要的临床特征。

2.抑郁症的表现有情感低落、思维迟缓、意志活动减退、自杀观念和行为等。

3.预防老年抑郁需要老年人自己和家人的共同努力。老年人自己要多参加集体活动,多结交朋友,培养兴趣爱好,积极进行户外活动;子女要多关心、陪伴、支持老年人,营造良好的家庭氛围。

(三)日常生活能力量表(ADL)

🏵 心理叙事

陈老太今年78岁,退休之前是一名高中老师。家人最初发现陈老太行为异常是在三年前,老人莫名其妙地向周围人乱发脾气,变得敏感、多疑。记忆力也越来越差,跟她讲一件事,几分钟后再问时已经不记得了,需要反复提醒。陈老太的生活已经无法自理,在家里坐不住,把家里的东西搬来搬去不知道自己在干什么,出门后也找不到回家的路。嘴里不停地自言自语,问她在讲什么她却说没有,吃饭时不会主动说要吃什么,家人给什么就吃什么,也不记得自己有儿女。陈老太的家人发现问题越来越严重后,就带她去看了医生。

🪷 心理解读

阿尔茨海默病目前已成为继心血管病、脑血管病和恶性肿瘤之后,威胁老年人健康甚至生命的第四大杀手。陈老太的症状是典型的阿尔茨海默病的症状,早期出现了易怒、敏感、多疑等症状,这些异常行为没有得到家人的足够重视,直到严重到生活不能自理时才去看医生。因此,家人对老年人要有足够的关注和爱护,重视老年人的身心变化,有疑似阿尔茨海默病的症状出现时,要及时就医,避免产生更加严重的后果。由于人口老龄化,得阿尔茨海默病的人数也越来越多,社会需要加大对阿尔茨海默病的关注度。

🌸 心理应对

日常生活活动能力量表(ADL)是由美国的Lawton和Brody编制而成的,主要用于评估被试的日常生活能力。

日常生活活动能力量表(ADL)

	项目	自己完全可以做	有些困难	需要帮助	根本无法做
1	使用交通工具				
2	行走#				

续表

项目	自己完全可以做	有些困难	需要帮助	根本无法做
3	做饭				
4	做家务				
5	服药				
6	吃饭#				
7	穿衣#				
8	梳头、刷牙等#				
9	洗衣服				
10	洗澡#				
11	购物				
12	如厕#				
13	打电话				
14	处理自己的钱财				

ADL共有14项,包括两部分内容:一是躯体生活自理量表,共6项(题目中带有#);二是工具性日常生活能力量表,共8项。量表采用4点评分:1=自己完全可以做;2=有些困难;3=需要帮助;4=根本没法做。量表的得分范围为14—56分,>20分表示有不同程度的生活自理能力下降,分数越高表示能力越差。

✳ 心灵小结

1.阿尔茨海默病是一种起病隐匿的进行性发展的神经系统退行性疾病。

2.阿尔茨海默病主要表现为认知功能下降、精神症状和行为障碍、日常生活能力的逐渐下降。

(四)心理健康素养量表

❁ 心理叙事

张奶奶的丈夫去世早,儿女都在外地工作,她常年都是一个人居住。但儿女对张奶奶一直都很放心,认为她想得开,把自己的日常生活安排得很丰富。

虽然年过六十,她经常和老朋友出去跳广场舞,兴致一上来,还自己报团旅游,可谓是走遍了祖国的大江南北。

不过,人年纪大了,身体上难免有点毛病。一年冬天,张奶奶自己在家干活的时候不小心摔了一跤,休养了很久没有出门,当然跳舞也停了下来。这段时间,张奶奶的几个好朋友也搬走了,有的出国探望儿女,有的去长期照料高龄老人。如此一来,张奶奶越来越不愿意出门,整日一个人在家看电视。

渐渐地,儿女发现张奶奶有些"糊涂"了。她出门坐车经常坐过站,在家总忘记东西放在哪里。有一次儿女顺路来送桶菜油,发现张奶奶正因为买菜回来找不到门钥匙坐在家门口。她心情变得消极,脾气也越来越暴躁。

心理解读

心理健康素养是人们运用心理健康知识、技能和态度保持和促进心理健康的能力。心理健康素养可以帮助人们准确认识自己的身心健康状态,使用科学的方法调整自己的心理状态。例如,在张奶奶的例子中,她由于身体患病,减少了出门频率,同时几个好朋友也都搬走了,降低了社交活动。而社交活动有助于老年人活跃大脑,有利于老年人的认知功能。同时,老年人在社交活动中可以降低产生孤独感的概率。现如今,随着空巢老人的增多,儿女应该常回家看看、为老人提供更多的社交活动机会。

心理应对

心理健康素养量表由陈祉妍等人编制。

心理健康素养量表

1.如果患上心理疾病,只要服药就可以有效治疗。	□是	□否
2.少量喝酒有助于促进睡眠质量。	□是	□否
3.一般来说,一个人不记得的事情对于他的心理影响很小。	□是	□否
4.积极健康的生活方式有助于预防阿尔茨海默病。	□是	□否
5.晚上容易失眠的人,白天应该多补觉。	□是	□否

续表

6.幼儿撒谎就是道德品质有问题。	□是	□否
7.焦虑不安等消极情绪有害无利。	□是	□否
8.一个人有没有心理疾病,是很容易看出来的。	□是	□否
9.要培养孩子的自信心,应经常表扬孩子聪明。	□是	□否
10.使用网上的心理问卷,可以判断自己有无心理疾病。	□是	□否
11.不良情绪可能引发生理疾病。	□是	□否
12.比起突然的创伤打击,日常持续的压力对心理健康的影响很小。	□是	□否
13.高血压、冠心病、胃溃疡都属于心身疾病。	□是	□否
14.老年人加强社交活动有助于减缓大脑功能衰退。	□是	□否
15.有洁癖就是强迫症。	□是	□否
16.在青少年阶段,随着年龄增长,心理健康问题越来越多。	□是	□否
17.各种心理疾病患者都有更强的暴力倾向。	□是	□否
18.看车祸、灾难现场的照片,或听当事人的讲述,可能造成心理创伤。	□是	□否
19.情绪不好就是抑郁症。	□是	□否
20.医学检查正常却总怀疑自己有病,很可能是一种心理疾病。	□是	□否
21.抑郁症服药好转后,可以自己一边逐渐减少药量一边观察。	□是	□否
22.自杀的人都有心理疾病。	□是	□否
23.儿童不会患抑郁症。	□是	□否
24.治疗病态焦虑的一种方法是尽量避免接触引发焦虑的事物或环境。	□是	□否
25.抑郁的高发季节是冬季。	□是	□否
26.大部分心理异常问题的主要原因在于遗传。	□是	□否
27.抑郁一定要用药物治疗,心理咨询解决不了问题。	□是	□否
28.自闭症的孩子都表现得安静沉默。	□是	□否
29.适当运动可以减轻焦虑、抑郁等心理问题。	□是	□否
30.如果一个人自杀了没有死,他通常不会再自杀了。	□是	□否
31.轻度的心理疾病不及时治疗,容易发展成精神病。	□是	□否
32.一旦发现孩子有口吃问题,大人就应该立刻纠正。	□是	□否
33.产妇经常出现情绪失控、易怒等状态,可能患有产后抑郁。	□是	□否
34.在没有得到治疗的情况下,抑郁症也可能自己好转。	□是	□否
35.精神分裂症患者具有较高的自杀风险。	□是	□否
36.对儿童进行性侵犯的主要危险来自陌生人。	□是	□否
37.父母教养不良会导致孩子患自闭症。	□是	□否

续表

38.用难听的话刺激孩子,很可能带来长久的心理伤害。	□是	□否
39.培养孩子的关键阶段是在小学一二年级。	□是	□否
40.决定了要自杀的人是不会告诉别人的。	□是	□否
41.儿童缺乏运动,不利于大脑发育。	□是	□否
42.儿童的心理压力过大会影响大脑发育。	□是	□否
43.打完孩子之后,好好哄一哄就不会留下心理阴影。	□是	□否
44.要加强孩子的学习动机和兴趣,应该对孩子的好成绩多多奖励。	□是	□否
45.不管怎么说,只要维持婚姻总比离婚对孩子的心理健康要好一些。	□是	□否
46.从长远来说,为了减少孩子的哭闹,要忽略孩子轻微的哭闹,只处理严重哭闹。	□是	□否
47.婚姻出现问题时,生个孩子有助于改善婚姻质量。	□是	□否
48.家庭暴力的施暴方只要诚心悔过,就不会再犯。	□是	□否
49.只要和同性发生性行为就是同性恋。	□是	□否
50.为了减肥吃完东西又催吐,这可能是一种心理疾病。	□是	□否

1.心情不好的时候,我会找人说一说。	□总是	□经常	□很少	□从不
2.心情不好的时候,我会想自己是不是钻牛角尖了。	□总是	□经常	□很少	□从不
3.心情不好的时候,我会一个人待着。	□总是	□经常	□很少	□从不
4.心情不好的时候,我会问自己是不是想得太悲观了。	□总是	□经常	□很少	□从不
5.心情不好的时候,我会找亲友陪陪我。	□总是	□经常	□很少	□从不
6.心情不好的时候,我会提醒自己:自己的想法不一定对。	□总是	□经常	□很少	□从不
7.我有时心情不好,但分不清自己是哪种情绪。	□总是	□经常	□很少	□从不
8.当我情绪变化时,我一般都知道是什么事情引起的。	□总是	□经常	□很少	□从不
9.对于不开心的事,我会反复想很久。	□总是	□经常	□很少	□从不
10.对于不开心的事,我会让自己少想它。	□总是	□经常	□很少	□从不
11.遇到不开心的事,我会转移自己的注意力。	□总是	□经常	□很少	□从不
12.想到不愉快的事,我会告诉自己多想也没用。	□总是	□经常	□很少	□从不
13.心情不好时,我知道是自己的什么想法引起的。	□总是	□经常	□很少	□从不
14.心情不好的时候,我会去忙点别的事。	□总是	□经常	□很少	□从不

续表

1.心理健康对一个人的身体健康影响很大。	非常赞同	比较赞同	不太赞同	非常反对
2.对于一个人来说,心理健康非常重要。	非常赞同	比较赞同	不太赞同	非常反对
3.每个人都应该学习一些心理健康方面的知识。	非常赞同	比较赞同	不太赞同	非常反对

该量表包含心理健康知识(包含50道判断题)、心理健康技能和心理健康意识评估(3个项目)3个分量表。心理健康知识的测量内容不仅包括心理疾病相关的知识识别与治疗,而且包括身体健康与心理健康之间的相互影响,危机干预与自杀预防,儿童心理健康以及其他的心理健康基本知识与原理。心理健康技能分量表考察个体觉察自身情绪和使用各种策略调节自身情绪的能力。心理健康意识分量表考察个体对心理健康的重视程度。

❋ 心灵小结

1.心理健康是健康的重要组成部分,身心健康密切关联、相互影响。
2.适量运动有益于情绪健康,可预防和缓解焦虑抑郁。
3.睡不好,别忽视,可能是身心健康问题。
4.预防阿尔茨海默病,要多运动,多用脑,多接触社会。

(五)老年人死亡恐惧量表

❀ 心理叙事

在一个宁静的小镇上,住着一位名叫陈伯的老人。他已经八十多岁了,身体日渐衰弱,深感生命的脆弱。陈伯常常坐在门前,看着夕阳缓缓落下,思考着关于死亡的问题。

有一天,陈伯的朋友去世了。他亲眼目睹了朋友被病魔折磨得痛苦不堪,最终离世的情景。这让陈伯对死亡充满了害怕,他害怕自己会经历同样的痛苦,害怕离开这个世界,害怕与亲人永别。

每当夜幕降临,陈伯躺在床上辗转反侧,难以入眠。他一想到死亡,心脏就会加速跳动,浑身冒汗。他开始回避与人谈论死亡的话题,甚至不敢看关于生

会加速跳动,浑身冒汗。他开始回避与人谈论死亡的话题,甚至不敢看关于生老病死的电视节目。他变得越发孤独和沉默。

心理解读

陈伯的经历体现了死亡恐惧症的一些典型特征,这种症状在心理学中被认为是一种对死亡和死亡过程的极度焦虑和回避的心理状态。

首先,陈伯的死亡恐惧可能源于对生命脆弱性的深刻感受。随着年龄的增长,个体对生命的有限性和不可逆转性有更为敏感的体验。陈伯的坐在门前,观看夕阳,反映了他对时光流逝和生命逐渐衰老的关注,这使他更加意识到自己与死亡的距离。

其次,陈伯亲身目睹朋友病痛的离世可能导致了他对死亡的深刻恐惧。这种直接的观察让他感受到死亡的痛苦和无法逃脱的现实,引发了强烈的回避和逃避死亡话题的倾向。这也体现了死亡恐惧症中的"死亡回避"特征,即个体试图避免一切能够引发死亡相关思绪的刺激。

陈伯的睡眠困扰和生理反应,如心跳加速、冒汗,进一步表明了他的死亡恐惧不仅停留在心理层面,还深刻影响到生理状态。这种身体上的紧张和焦虑反应可能会形成一种死亡恐惧的恶性循环,使他更加回避与死亡相关的体验和情境。

最后,陈伯的孤独感和沉默可能是他对死亡恐惧的一种应对方式。他可能感到难以与他人分享自己的内心焦虑,因为这涉及到他对死亡的深刻担忧。这种社交回避可能使他进一步陷入孤独和无助的状态。

心理应对

下面是由Wong等人编制,廖芳娟修订的死亡态度描绘量表修订版(Death Attitude Profile-revised)中的死亡恐惧分量表。

死亡恐惧分量表

题目	极不同意	不同意	不确定	同意	非常同意
1.死亡会是一种可怕的经历					
2.想到自己会死亡,就会使我焦虑不安					

续表

题目	极不同意	不同意	不确定	同意	非常同意
3.人终有一死的定局让我感到困扰					
4.我对死亡有强烈的恐惧感					
5.死后是不是有生命,这个问题让我感到非常困扰					
6.死亡意味着一切的结束,这个事实令我害怕					
7.不知道死后会发生什么事的不确定性让我担忧					

量表共7个条目,采用5点计分方式,分别是1="极不同意"、2="不同意"、3="不确定"、4="同意"、5="非常同意"。量表总分越高,表明老年人对死亡越恐惧。

❈ 心灵小结

1.生命是有限的,死亡是生命过程中的一部分。

2.与家人、朋友或社区保持紧密联系,分享内心感受,获得情感支持,有助于减轻孤独感和死亡带来的焦虑。

3.通过回顾生命历程,树立积极的生活态度,追求个人的价值和意义,有助于缓解对死亡的过度担忧。

4.与家人共同建立珍贵回忆,传递爱和关怀,使老年人更加有信心面对生命的终结。

第十一章　社区老年人的其他异常心理与行为

内容简介

　　为什么有的老人生活富足,还要去捡垃圾?为什么有些老人往那一坐就开始边嗑瓜子边议论别人的人生?为什么有的老人连跳广场舞都会上瘾?为什么老年性犯罪频发?为什么有的老年人总觉得有人要害自己?为什么有的老年人骂人骂成了习惯?这些令人疑惑的问题,都将在本章中得到解答。本章整合了一些常见的老年人的其他异常心理与行为,通过案例分析来阐述问题、原因、危害,最后提出对策与建议。

一、过度勤俭节约

心理叙事

　　年轻时由于家庭贫困、丈夫早逝,张奶奶为抚养四个子女没日没夜地工作,平日里也习惯了勤俭节约,才终于将子女们抚养成人。张奶奶的四个子女事业有成,为赡养张奶奶,子女们每个月除了给张奶奶充足的赡养费外,还经常给她买各种生活用品,让张奶奶不愁吃穿、生活富足。张奶奶一直保持着勤俭节约的习惯,但似乎做得有些"过头"了。饭桌上,张奶奶要是发现自己吃不完碗里的饭菜时,就硬要倒到子女的碗中让他们吃完,要是遭到子女的拒绝,张奶奶就会大发雷霆,埋怨子女浪费粮食、不懂节约。平日里,张奶奶还会在外面四处翻垃圾桶,捡一些可以卖钱的破铜烂铁堆在家中,再联系商贩将废品卖出去,家里因此充满异味,夏天蚊子到处飞,子女见状多次劝说张奶奶。张奶奶不但不听,反倒勃然大怒,称这些东西都可以卖钱补贴家用,让子女不要管自己。子女对此十分无奈,家中氛围也时常因此变得不和谐。

张奶奶不愁吃穿、生活富足,但其认为的勤俭节约行为已经影响到了张奶奶和家人的生活质量以及身心健康,并对家庭氛围造成了不利影响,因此,张奶奶的勤俭节约属于过度勤俭节约。勤俭节约是中华民族优秀的传统美德,但过度的勤俭节约是一种陋习而非美德。从张奶奶的行为来看,她将自己碗里吃不完的剩饭剩菜倒给子女,并逼着子女吃完,这可能给疾病制造传染途径,也可能让子女心生厌恶,产生不满情绪,张奶奶固执己见的态度还可能影响家庭关系。同时,张奶奶翻垃圾桶、捡垃圾、在家里堆放垃圾的行为不仅危害张奶奶及其家人的身体健康,而且降低了生活质量,其不听劝解的态度更是影响了家庭和谐。张奶奶的过度勤俭节约主要是受年轻时贫苦生活的影响,由于丈夫早逝,张奶奶需要一人抚养四个子女,因此,除了赚钱外,她只能通过从如今经济状况看来属于过度勤俭节约的行为来省钱,在当时这种行为是迫于现实,而张奶奶长期的过度勤俭节约已经养成习惯,所以尽管如今张奶奶的经济状况对比过去有了很大改善,张奶奶还是保持着过度勤俭节约的习惯。

心理解读

1.过度勤俭节约的原因

(1)个体

有的老年人过度勤俭节约是其性格使然。例如,有的老年人对关爱自己的家人舍不得花一分钱,这是因为其性格吝啬,所表现出的过度勤俭节约实际上是抠门和小气。具有这种性格特征的老年人心理状况一般是不太健康的。有研究表明小气的人其精神压力更大,因为当他们用不公平的方式对待他人时,自己也更容易产生负面情绪,这种负面情绪会让他们感觉到不舒服、有压力。

(2)环境

心理学家库尔特·勒温认为,一个人的行为受心理场和环境场的共同影响,也就是说,我们所处的环境会对我们的行为产生影响。因此,过去的生活环境可能使老年人保留了过度勤俭节约的行为习惯。例如,张奶奶年轻时生活贫苦,根据心理学家亚伯拉罕·马斯洛的需求层次理论,人在不同阶段其不同层次的需求的彰显度不同,在当时,张奶奶一家人的生理需求,具体来讲也就是温饱需求是最为突出的,于是张奶奶为了养家糊口做出了在如今其经济状况看来是过度勤俭节约的无奈之举,久而久之张奶奶也就形成了这样的行为习惯。

2.过度勤俭节约的危害

(1)身心健康

张奶奶的过度勤俭节约给疾病制造了源头和传染途径会直接危害自己和家人的身体健康。现实生活中,还有很多相似的例子。有的老年人将冰箱插头只插进插座一半,称这样可以省电,但实际上增加了安全隐患。有的老年人将水龙头开关旋转到刚好可以滴水的状态,称这样水表不会转动,可以省钱,但实际上会加速水龙头生锈和细菌滋生。同时,过度勤俭节约会对老年人及其家人的心理健康产生负面影响。张奶奶的过度勤俭节约行为与家人的生活方式相冲突,降低了家人的生活质量,而生活质量和心理健康密切相关,一般来说,生活质量越好,心理健康水平就越高。因此,过度勤俭节约不利于老年人及其家人的身心健康。

(2)家庭和谐

有的老年人每天晚上九点就要熄灯,并要求全家人上床睡觉,目的是节约用电,类似这样的行为实际上对家人来说是一种强迫,而且像张奶奶这样执着于过度勤俭节约的老年人通常不会听从家人的劝说,一方面,老年人会认为家人不理解也不尊重自己的做法,会产生愤怒情绪;另一方面,家人会认为老年人固执己见,从而产生不满情绪,长期这样下去,家庭关系就可能逐渐恶化,家庭氛围也会渐渐变得压抑。因此,过度勤俭节约会破坏家庭和谐,降低老年人及其家人的主观幸福感。

(3)儿童发展

老年人的过度勤俭节约会影响家中儿童的心理和行为。根据班杜拉的社会学习理论,儿童会对他人的行为进行模仿和学习,尤其是成长过程中重要他人的行为。如果儿童习得适度的勤俭节约行为,那么对儿童的品德发展大有裨益。但如果儿童习得过度的勤俭节约行为,这会对儿童的性格形成产生不利影响,例如儿童会形成吝啬或自卑的性格。同时,儿童的品德和性格如果不能得到良好的发展,那么儿童成长过程中重要的亲子关系、同伴关系等人际关系都会受到负面影响。因此,过度勤俭节约不利于儿童发展。

心理应对

1.家人沟通

当家人发现老年人有过度勤俭节约的倾向或行为时,首先,不要因为老年人不听劝就感到生气而置之不理,尝试以温和的方式耐心地让老年人了解到某些过度勤俭节约的行为具体有怎样的危害,因为不充分的信息了解与威胁到自尊的外界阻力往往会使得固执己见的人更加极端。然后,认真听取老年人的见解,要让老年人感觉自己是被尊重的,沟通是双方有来回的信息传达方式,沟通双方应当站在同一平面,而不是一方站在制高点压迫另一方听从自己的建议,否则很可能收效甚微甚至适得其反。

2.社区宣传

适度勤俭节约是美德,过度勤俭节约是陋习。社区应当宣传适度勤俭节约与过度勤俭节约的区别,以及过度勤俭节约的危害。例如,社区可以举办讲座,在开展讲座过程中设置一些适当的奖励来激发老年人了解信息的兴趣和积极性;社区也可以张贴宣传海报,让老年人直观了解相关信息;社区还可以组织老年人茶话会,让老年人们在轻松惬意的氛围中听取彼此的观点等。

3.心理咨询

如果在家人和社区的努力和帮助下,有的老年人仍然难以改掉或是顽固地保留过度勤俭节约的行为习惯,这时可以考虑心理咨询。心理咨询师会采用适当的方式和老年人进行对话,最终给出相应的对策与建议。

心灵小结

1.适度勤俭节约是美德,过度勤俭节约是陋习。
2.老年人的过度勤俭节约可能是由个人性格、环境影响等造成的。
3.可以通过家人沟通、社区宣传、心理咨询等方式,帮助老年人改善过度勤俭节约的习惯。

二、乱嚼舌根

心理叙事

有的老年人最大的兴趣就是和小区的其他老年人聚在一起聊天,聊天的内容天南地北,但有的老年人最喜欢聊"八卦"。这不,临近春节,各家各户在外的打工人都开始返乡了,黄大妈和她的好友们也开始无限发挥各自的想象力了。他们围坐在小区的石桌子旁,临时组成"情报站",紧盯着过路的返乡人。此时,一个着装时髦、精心打扮的女生从他们面前路过。黄大妈率先发话:"她是不是去年出轨还打孩子那个女的?""对!是她,怎么还有脸回来?"刘大爷立马附和,几个老年人露出嫌弃的神情,开始责骂:"涂脂抹粉的,谁知道她在外面干吗,肯定不是啥好东西!"女生突然转身,生气地说:"几位大爷大妈!你们看好我是谁,我是小云,我今年刚上大三,哪里来的孩子?我可以告你们造谣的!还有,化妆是个人自由,根据外表对别人评头论足也是你们的不对!"几位老年人瞬间面红耳赤,后来,他们给小云道歉了这事才算过去,不过那之后,仍然可以在小区石桌旁看见他们偷偷议论别人的场景。

嚼舌根指在背后讨论别人的事,黄大妈、刘大爷等人的乱嚼舌根表现为无凭无据揣测他人行为甚至造谣。这样的行为不仅伤害他人、不利于社区和谐,还涉嫌违法犯罪。像黄大妈、刘大爷这样的老年人平日里更容易三五成群、侃天侃地,而在群体中,个体的心理和行为更容易出现极端化倾向,这才导致了其他老年人也和黄大妈、刘大爷一起随意揣测、嫌弃并责骂无辜的小云。所幸小云及时发现并制止了几位老年人的此次乱嚼舌根行为,但此后几位老年人仍然继续乱嚼舌根,没有悔改的意思。在现实生活中,如果乱嚼舌根没有被及时制止,谣言在社区传播开来,不仅会对被造谣者的心理造成不可磨灭的伤害,还会影响社区和谐。最严重的是,这种行为已经触犯法律,造谣者必须承担相关的法律责任。

心理解读

1.乱嚼舌根的原因

（1）个体

有的老年人爱乱嚼舌根，可能是以下原因导致的：第一，偏见。偏见是指根据不正确或不充分的信息对个体或群体形成片面或错误的看法。在本案例中，黄大妈和刘大爷等人对"涂脂抹粉"的人有"不是啥好东西"的偏见，他们片面地为化妆的人贴上"不正经""不三不四"的标签，这是因为类似的偏见早已在他们心里根深蒂固；第二，嫉妒心理。人们喜欢通过社会比较对自己的生活进行定位，当人们向上比较时会感到挫败，向下比较时会提升自身幸福感，因此，当人们对他人的生活状态进行贬低时，不仅保护了自尊，还获得了满足感；第三，个人性格。如果个体在孩童时期就爱乱嚼舌根、嫉妒心强等，同时又无人对这样的异常心理进行干预时，那么个体在成长过程中，这样的性格特征会愈发明显。第四，心理需求。人老了，就会觉得自己丧失了原有的能力，从而担心自己没有存在感，于是就通过乱嚼舌根来满足自己的各种心理需求。个体在乱嚼舌根时，可以充分享受被人们关注的感觉，这也是对现实生活中并不愉快体验的一种补偿。除此之外，乱嚼舌根还可以满足个体释放压力的需要、亲密交往的需要等。

（2）群体

处于群体中的个体，容易出现从众心理。从众是指个体在真实的或想象的群体压力下改变自己原有的观念或行为的倾向，是导致人们形成偏见的原因之一。本案例中，黄大妈率先发话后刘大爷立马附和，随后其他人也一起加入乱嚼舌根的阵营，也许就是从众心理在作祟。导致从众心理的通常是群体规模，通常在不超过3—4人的群体中，群体规模越大，群体成员越容易产生从众行为，而人数超过这个范围时，人数的增加不一定会导致从众行为的增加；第二，是团体凝聚力，通常，团体凝聚力越大，群体压力越大，群体成员越可能产生从众行为。

（3）社区

影响个体乱嚼舌根的社区因素主要是社区氛围，即社区的风气和情调。风气是指社区居民中大多数人的行为倾向,情调是指接触社区中的人、事、物或情景而产生的感情色调。如果社区里大多数人喜欢乱嚼舌根或是大多数人看见同社区的居民乱嚼舌根却不及时制止,那么如此恶劣的社区氛围就会深深地影响个体的心理与行为,长久下去,也许社区居民就会对乱嚼舌根习以为常。

2.乱嚼舌根的危害

(1)心理健康

乱嚼舌根会对个体的心理健康造成负面影响。例如,当个体通过乱嚼舌根的行为来满足自己的心理需求时,就会强化已经形成的偏见、嫉妒心理和消极的性格特征等。同时,乱嚼舌根也是一种暴力,极有可能对被害者造成不可逆转的伤害。例如,取快递女子被造谣出轨事件。2020年7月7日18时,郎某使用手机偷拍正在等待取快递的谷某,并将视频发布在某车队微信群,然后使用各种恶劣手段造谣谷某出轨。他们所捏造的各种信息被他人合并转发,并扩散到多个微信群、微信公众号等网络平台,而且引发大量点击、阅读以及低俗评论,而谷某因被诽谤导致无法正常履职被公司劝退,后被医院诊断为抑郁状态。当事人谷某因为被卷入恶劣的乱嚼舌根事件,其心理健康状态被严重损害。

(2)社区

社区氛围由社区居民共同营造,如果总有人乱嚼舌根或不阻止乱嚼舌根的现象,那么这种风气不仅会恶化社区氛围,还会影响社区和谐。在本案例中,如果黄大妈、刘大爷等人乱嚼舌根的言论传到小云亲人的耳朵里,又或者社区其他居民听信了他们的说辞,一传十,十传百,整个社区的氛围就会逐渐变得糟糕,也就不利于社区和谐。

(3)法律

在前文中我们提到了取快递女子被造谣出轨事件,在该事件中,受害者谷某将加害者郎某、何某告上法庭,最终法庭判定两被告人郎某、何某犯诽谤罪,判处有期徒刑1年,缓刑2年。这个事件告诉我们乱嚼舌根如果不及时停止,就极可能触犯法律,酿成大祸,最终后悔都来不及。千万不要因为乱嚼舌根不需要成本,就认为乱嚼舌根是不需要付出代价的。

心理应对

1. 自身反省

时间久了之后,乱嚼舌根就会形成习惯,但乱嚼舌根是不良习惯,不仅不利于自身的心理健康,还不利于他人的心理健康。要想改掉乱嚼舌根的习惯,首先要从自身做起。当自己"忍不住"想乱嚼舌根或者想加入别人乱嚼舌根的队伍时,要及时摒弃这种想法,并转移注意力,可以谈论的事情还有很多,不是非要通过乱嚼舌根来证明自己存在的价值。

2. 家人疏导

很多乱嚼舌根的老年人不会觉得自己的这种行为有任何问题,这时,老年人身边最亲近的家人应该发挥自己的作用。家人应该耐心地劝导家中老年人,告诉他们乱嚼舌根的危害,并且告诉他们可以做其他有意义的事来丰富自己的生活,例如,下棋、养花、体育锻炼等。同时,家人应该尽可能地多陪伴家中老年人,或是在与家中老年人待在一起的时候,尽可能地陪同老年人做有益身心健康的事。

3. 团体辅导

团体心理辅导是指在团体的情境下进行的一种心理辅导形式,它是通过团体内的人际交互作用,促使个体在交往中观察、学习、体验,认识自我、探索自我,以及调整改善与他人的关系,学习新的行为方式,以促进良好的适应与发展的助人过程。对于喜欢在团体中乱嚼舌根的老年人们,可以请受过专业训练的心理咨询师或团体领导者对其进行团体辅导,让其在团体辅导过程中认识自我、改善自我、提升自我。

4. 社区氛围建设

针对乱嚼舌根的恶劣风气,社区应当注重引导良好风尚和提高居民素质。例如,社区工作者可以向居民科普乱嚼舌根可能带来的危害,包括可能触犯的法律等;还可以号召居民友好交谈,共同建设良好的社区言论氛围等。

心灵小结

1. 乱嚼舌根,害人害己。

2.乱嚼舌根可能是由个体因素、群体因素、社区因素等造成的。

3.可以通过自身反省、家人疏导、团体辅导、社区氛围建设等根除乱嚼舌根的风气。

三、成瘾行为

心理叙事

最近,小李听闻小区里的老年人们都陷入了"上瘾"状态。赵爷爷整日沉迷于打麻将,每天早上提着茶壶就往麻将馆的方向出发,在麻将馆一坐就是一天,儿女们工作繁忙根本管不了他。王奶奶沉迷于跳广场舞,每天晚饭一吃就往广场赶,有时遇到天气原因不能跳广场舞还表现得郁郁寡欢。还有一次家里人说一起出去旅行,王奶奶当场就拒绝了,说什么也不去,并表明没有什么事比跳广场舞更重要,家人很是无奈。陈爷爷是小区里少有地跟着时代走的"弄潮儿",他每天沉迷于刷短视频、拍短视频,每天一看就是好几个小时,有时还会忘了吃饭,有时甚至熬夜。还有热爱追剧的唐奶奶,每天往电视机前这么一坐,就仿佛被电视机吸进去了一样,对外界不闻不问,有时破口大骂,有时拍手叫绝……

上述老年人的行为属于成瘾行为。成瘾行为是指个体强烈地、连续或周期地求得某种有害物质的行为,这里的成瘾行为是指老年人们过度参与某种娱乐活动的行为,本来打麻将、跳广场舞、玩手机、看电视都是娱乐活动,如果一旦过度参与这些娱乐活动的话,就会产生很多负面影响。例如,赵爷爷整天只打麻将,不仅不利于身体健康,还与家人缺乏交流;王奶奶整日沉迷于跳广场舞,自己心理出问题了,也让家人寒了心;陈爷爷整日沉迷于玩手机,身体容易被搞垮的同时,还缺乏社交;唐奶奶每天沉迷于看电视,不仅切断了人际交流,还危害自己的心理健康。娱乐活动就像药物一样,适量就可以治愈疾病,过量就可能变成毒药。

心理解读

1.成瘾行为的原因

（1）个体

第一，老年期的心理发展特点。老年期个体身心变化：尽管个别差异很大，但其总的趋势是逐渐表现出退行性变化，包括认知、情绪、思维等方面。因此，老年人可能不再有以前那样的判断力、辨别能力以及自我控制感等，所以老年人可能把握不住参与某种娱乐活动的度，也控制不住自己想长时间参与某种娱乐活动的欲望。第二，满足某些心理需求。当个体步入老年期后，其社会交往需要、自我价值确立需要等仍然存在，而其社会交往模式发生改变，因此，很多老年人都会选择参加各种娱乐活动来充实自己的生活，满足自己的心理需要。第三，心理强化。当老年人通过某些娱乐活动的完成来满足自己的心理需要时，也就意味着这些娱乐活动所带来的结果起到了正向强化的作用，以后其尝试这些娱乐活动的可能性会大大增加，也就极容易达到上瘾的程度。

（2）家庭

步入老年期的个体由于情感上的需要，会渴望从家人那里得到陪伴和支持，如果家人无法陪伴自己（例如家人工作繁忙、家人都是"低头族"等），也无法提供心理上的支持（例如家庭关系不和、家人不重视自己等），他们就会通过其他途径来补偿情感上的需要，例如玩手机、看电视、打麻将、跳广场舞等，因为上述娱乐活动会让老年人获得价值感、满足感，所以老年人容易将重心从家庭生活转移至娱乐生活。

（3）环境

第一，如今是互联网发达的时代，人与人之间的社会交往模式也发生了改变，不少老年人也开始学习使用智能手机，这为老年人接触网络世界提供了直接途径。第二，从众心理。老年人可能会观察身边的老年人都在做什么，当身边的老年人都在打麻将、跳广场舞、玩手机等，不管是出于发展爱好的心理，还是出于想要合群的心理，他们更可能去尝试身边老年人都在做的事，以丰富自己的生活。

2.成瘾行为的危害

(1) 身心健康

以手机成瘾为例,手机成瘾会导致个体视力下降、肩酸腰痛、头痛和食欲不振以及其他症状。老年期的个体身体机能退化,相较于年轻人,手机成瘾对老年人的身体危害更大。手机成瘾还会对心理造成负面影响,手机成瘾者一旦停止使用手机,会产生不安、焦躁、失眠、情绪低落、心情不佳、思维迟钝等类似于戒断症状。在本案例中,王奶奶有时由于天气原因不能跳广场舞就会郁郁寡欢,就是类似于戒断症状,说明王奶奶沉迷于跳广场舞已经对自己的心理产生了负面影响。此外,长时间僵坐看手机、看电视或玩麻将会使个体缺乏适当的锻炼,容易引起腕关节综合征、背部扭伤等不良身体反应。

(2) 人格

安享晚年,拥有积极的人格很重要,成瘾行为可能对个体的人格产生消极影响。例如,沉迷于打麻将的赵爷爷,本质是沉迷于赌博,已经远远超出将打麻将当作爱好的程度,长期打麻将可能让赵爷爷变得斤斤计较、脾气暴躁;沉迷于玩手机的陈爷爷和看电视的唐奶奶,可能会逐渐失去干其他事的动机,也可能会意志力逐渐薄弱,失去对其他事情的兴趣。随着时间流逝,成瘾行为可能会逐渐改变老年人的人格。

(3) 人际关系

具有上述成瘾行为的老年人由于将注意力集中在娱乐活动上,通常无暇顾及人际关系,可能导致人际关系恶化甚至是破裂。例如沉迷于跳广场舞的王奶奶,为了跳广场舞都不愿意抽出时间和家人待在一起,和家人的关系可能因此受到影响;沉迷于玩手机的陈爷爷和看电视的唐奶奶不仅缺乏和家人沟通,还切断了和外界的交流。而人际关系是人际支持(包括配偶、子女、朋友等)的来源,人际支持对快乐感、正向情感和负向情感具有较好的预测作用,即拥有高人际支持的个体更可能感到快乐,拥有低人际支持的个体更可能感到不快乐。

心理应对

1.自我效能训练

个体可以通过训练自我效能避免或脱离成瘾状态。由于在成瘾行为方面,自我效能是一个关键变量,因而能对成瘾行为的预防、戒除和改变做出合理性的说明和解释。自我效能分为以下五种:①抵抗型自我效能。它是对于还未成瘾的个体来说,能够抵制成瘾的能力的信念。这就要求成瘾者训练抵抗诱惑的能力的决心。②减少伤害型自我效能。它是指个体已经卷入成瘾行为之中,并对此种行为产生依赖,但并没有真正导致成瘾行为时,对自己能够抵制成瘾的信心。可以通过让成瘾者了解成瘾的危害,并要求成瘾者控制进一步的危害和加强自己可以减少这种危险行为的信念。③行动型自我效能。即个体对脱离成瘾状态的信心。如果个体为脱离成瘾状态定下了一个期限,那么个体就会做出一个承诺,从而使自己超越了仅仅是考虑的阶段。④应对型自我效能。即个体对自己能够克服"旧病复发"危机的预期能力。个体应坚信自己具有应对"旧病复发"危机的能力,做出合理的判断并采取适当的应对方法。⑤恢复型自我效能。即在旧病复发之后,重新评价自己的成瘾行为,对自己能够恢复应对能力充满信心。需要强调的是,本案例中提到的老年人的成瘾行为更多强调的是过度参与娱乐活动的行为,因此只需要做出努力脱离成瘾状态,而不需要彻底不参与某种娱乐活动。

2.家人支持

脱离成瘾状态,个体需要做出努力,家人也需要做出努力,为老年人提供心理支持。一方面,家人应该尽可能地陪伴老年人,帮助老年人发展多种爱好,满足老年人期望被关爱的心理需求;另一方面,在老年人陷入成瘾状态时,家人要及时察觉,帮助、鼓励老年人脱离成瘾状态,例如,监督老年人每日在某种娱乐活动上花费的时间,帮助其科学合理地规划娱乐和锻炼身体的时间等。

3.社区干预

社区可以适当采取一些心理干预措施,一方面,社区可以召开座谈会帮助老年人科学娱乐、快乐生活,同时,还可以组织各种团体活动帮助老年人转移注意力;另一方面,可以帮助成瘾行为较严重(例如本人没有脱离成瘾状态的想法,家人也没办法劝阻家中老年人的情况)的老年人接受心理干预,例如心理咨询,让其接受专业的诊断与治疗。

✳ 心灵小结

1.过度参与娱乐活动易成瘾。
2.乱嚼舌根可能是由个体因素、家庭因素、环境因素等造成的。
3.可以通过自我效能训练、家人支持、社区干预等脱离成瘾状态。

四、老年性犯罪

❂ 心理叙事

案例一：人潮汹涌的大街上，一位看起来行动不便、步履蹒跚的老人时不时抽搐几下，但仔细一看，他竟然每次都会撞到迎面走来的女性的胸部，被几名女性识破后，他哑口无言，但毫无羞愧感。

案例二：一位老人的老伴去世后，怕身边的人笑话自己，他不愿再娶。有一天看见同小区的小女孩在玩耍，便使用"去我家吃糖"的说辞哄骗小女孩到自己家中并进行猥亵，还告诉无知的孩子不要告诉父母，这样以后就还有好吃的。而后其几次都采用同样的招数哄骗其他小孩，一个家长感觉不对劲，就跟踪这位老人到他家，才发现他的无耻行为，并将他告上法庭。

案例三：在某小学大门口，时常有一位看起来非常慈祥的老爷爷在闲逛，可能是要接孙子或孙女放学，但他其实在观察哪个小女孩好下手，这天，他盯上了和自己住在同一条街的留守女童，他告诉女童要送她回家，结果在人迹罕至的地方强奸了女童，干农活的路人撞见后立马报了警。

老年犯罪是指年满60周岁的人所实施犯罪行为的总和，所涉犯罪类型主要有放火、故意杀人等暴力型犯罪，严重盗窃等财产型犯罪，猥亵、强奸等性犯罪。上面三个案例都是典型的老年性犯罪，老年性犯罪是老年犯罪中最为常见、最为突出的犯罪类型之一，因此本章着重叙述老年性犯罪。老年人性犯罪主要是指60岁以上的男性老年人以寻求刺激或满足性欲为目的而实施强奸、猥亵妇女儿童的违法犯罪行为。通常,老年性犯罪呈现以下特点:1.犯罪主体受教育程度普遍较低,这是因为过去其经济条件的限制导致其文化程度不高;2.犯罪手段的非暴力性,他们大多通过自己的经验和才智进行犯罪,例如案例三中老人哄骗孩子的手段;3.犯罪的预谋性,大多数情况下他们会等待时机成熟,例如案例三中老人选择在人迹罕至的地方实施犯罪;4.犯罪造成的危害性大,老年性犯罪不仅严重影响被害者身心健康,还严重威胁社会安定。虽然我国老年人性犯罪率不高,但由于我国人口基数大,老龄化速度快,所以老年人性犯罪的人数规模仍不容忽视。

心理解读

1.老年性犯罪的原因

(1)个体

第一,生理因素,老年人仍有性需求。虽然老年人的性反应会随年龄的增长而衰退,但是老年人可能仍有性行为和性欲望,所以有的老年人出于世俗原因不愿意通过正常途径满足自己的性需求,在这种情况下,他们就可能丧失道德观念和法律意识,实施猥亵、强奸等性犯罪。第二,心理因素。①由于受教育程度低,个体的道德发展可能往不良方向发展,也就更可能丧失道德观念和法律意识,其自控能力也可能较差,因此更可能放纵自己、实施犯罪。②有的老人对性犯罪的认知不正确,存在错误观念。例如,有的老年人即便猥亵了儿童也不以为意,他们只会狡辩称自己只是将儿童当作家里的孩子摸一下,有的老年人以为自己是老年人,即使犯罪了也会得到社会的宽恕,还有的老年人认为反正都要死了,哪怕是犯罪坐牢也无所谓等等。③部分犯罪者有侥幸心理,妇女和儿童都属于社会上的弱势群体,他们认为受害者由于耻辱或无知不会将受害的事告知外界,所以只要自己偷偷实施犯罪就不会被发现。④有的老年人由于童年或早年的心理创伤(例如目睹父母其中一方的不正当性行为)严重影响了其心理健康,但又没有及时得到正确的引导,从而使其出现了心理障碍,形成了畸形的性取向,最终极可能通过对女性和儿童实施性犯罪来获得心理上的满足和平衡。

(2)家庭

第一,家庭结构不健全。有的老年人在丧偶后由于害怕世俗的眼光,尤其是子女的想法,所以会抗拒再婚;有的老年人过去可能因为经济条件等现实条件而未婚或离婚,但性需求一直存在,所以为了满足自己的性欲望,可能走上性犯罪的道路。第二,缺少子女关心。当代年轻人终日忙于工作,无暇顾及家中老人,有的甚至对老人冷漠、不孝,老年人极容易精神空虚,长期如此老人的心理状态极可能出现问题,为犯罪埋下隐患。

(3)社会

一方面,如今还是有很多老年人受封建思想的影响,在丧偶后不敢再婚,顾及子女面子、害怕世人嘲讽,因此可能暗地里通过不法手段解决自己的性需求;另一方面,受西方"性自由"文化的过度侵蚀,部分老年人被腐化,思想变得腐朽,认为不顾一切满足自己的性欲望就是性自由,盲目的性自由让其更可能实施性犯罪。

2.老年性犯罪的危害

(1)个体

老年性犯罪的对象一般是妇女和儿童,其中包括有智力障碍的妇女和儿童。作为老年性犯罪的受害者,他们的身心都会受到摧残,使用残忍手段进行性犯罪的加害者不仅会损害受害者的生殖器官,还会给受害者留下心理阴影,极可能让受害者出现创伤后应激障碍(Post Traumatic Stress Disorder),即PTSD,是指个体因为受到超常的威胁性、灾难性的创伤事件,而导致其延迟出现和长期持续的身心障碍),还极可能导致受害者一生都无法走出被残害的阴霾。

(2)家庭和社会

老年性犯罪不仅会严重影响受害者家庭,也会严重影响自己的家庭。受害者的家人也同受害者一样,会长期陷入痛苦之中,老年性犯罪会严重损害受害者家人的心理健康和家庭氛围。同时,加害者的家庭也会受到影响,加害者的家庭会因此蒙羞,老年性犯罪对加害者自己的家庭也是伤害和打击。通常,老年性犯罪案件也会引起社会的聚焦和关注,老年性犯罪的恶劣性质极容易引起人们的恐慌和不安,对社会安定造成不利影响。

心理应对

1. 个体

从个体层面来说，最重要的是做到预防。第一，提高老年人的法律意识。应该加大力度进行法治宣传与教育，加强老年人的道德观念和法律意识，对思想腐朽的老年人进行思想改造，同时加大力度打击老年性犯罪，树立法律权威。第二，个体也应该加强自己的精神修养，主动学习法律知识，丰富老年文化生活，当自己有了不该有的犯罪冲动时就更可能控制自己，将邪恶的想法扼杀于摇篮之中。

2. 家庭

一方面，子女不要忽略家中老人，在大多数家庭里，家人都比较关爱下一代，却往往会忽略上一代。子女应当尽可能地多与家中老人沟通，了解老人的真实想法，尊重老人的正常需求，及时发现老人的异常，及时采取措施。另一方面，民众要加强防范意识，我们可能没办法阻止犯罪的发生，但是我们可以加强对自己和家人的保护，从而减少受害的可能性，例如叮嘱儿童不要相信陌生人，女性不要单独夜行等。

3. 社区

社区不仅要加大力度宣传法律知识，还应该尽可能地丰富老年人的文化生活，提高老年人的精神修养，营造良好的社区文化氛围，例如在社区建立专属的老年图书馆，邀请老年人参与各种文化活动等，采取图文、视频或座谈会的形式方便老年人进行学习。同时，对于社区中思想腐朽或者思想出现问题的老年人，及时帮助其进行心理矫治，从而在社区层面起到预防老年性犯罪的作用。

心理窗口

1. 老年人也可能成为性犯罪受害者

2020年11月26日，河北张家口察北警方通报一起年过六旬长期生病卧床的老年女性被强奸的案件情况。23日，警方接到市民报警称其母亲在家中被人性侵，被害人已年过六旬，长期生病卧床。24日，犯罪嫌疑人杨某在某饭店内被抓获，经查，该男子2011年因强奸罪被判处有期徒刑10年。

一些犯罪分子因其无法抑制或变态的性欲冲动也会对作为弱势群体的老年人实施性犯罪,韩国电影《老妇人》讲述的就是69岁的老人被29岁的男护士性侵后选择报警,却因世人不相信她说的话而受到不公平的对待,但她还是勇敢地抗争到了最后的故事。因此,社会也应当意识到,老年人也可能成为性犯罪的受害者,司法也应该从这方面做到性犯罪的预防与控制。

2.日本老人令人诧异的犯罪目的

日本政府机构2014年公布的《犯罪白皮书》显示,老年人的暴力犯罪急速增加,据2013年的统计数据,在近23年间老年人暴行罪增加了近70.9倍,伤害罪增加了12.4倍,涉嫌杀人罪也增加了近3.4倍。同时据统计,日本老年人因"穷"犯罪者占70%,由于人口老龄化以及生活所迫,一些"银发"违法者产生了极端的想法:希望进入监狱,而他们进入监狱只是为求得一日三餐和免费的住宿与医疗服务,这些待遇对于潜在罪犯来说充满吸引力。

❋ 心灵小结

1.老年性犯罪性质恶劣,不容忽视。
2.老年性犯罪可能是由个体因素、家庭因素、社会因素等造成的。
3.可以通过个体、家庭、社区三个层面对老年性犯罪进行预防与控制。

五、幻觉、妄想、骂人成性

⚙ 心理叙事

案例一:梁奶奶发现最近的日子总是充满异常。有时她会听到邻居凌晨还开着电视机,并且声音放得很大,但家里人并没有在深夜听到电视机的声音。梁奶奶不信,于是上门提醒邻居,但是邻居称自己凌晨并没有看电视;有时梁奶奶会听到有人敲门,但是每次往猫眼看都没人在门外,于是她跑到保安那里反映这个问题,但是保安查看楼道监控发现梁奶奶说的时间根本没人去敲她家的门。梁奶奶心想:我难不成是见鬼了?

案例二:这天,周爷爷和子女讲了一件发生在自己身上的事。从一周前起,周爷爷就发觉有人在跟踪自己,那个人会跟着自己到任何地方,不管是自己出门散步,还是在家看电视,那个人都在。周爷爷还说,有好几次,那个人都想害他,甚至在大街上对自己挥刀,还好他躲掉了。现在的他非常害怕,睡觉也睡不好,吃饭也吃不下,每天都在担心那个人的到来。子女们听完很诧异,认为这太不符合常理了。

案例三:马老太远近闻名,因为她成天满口脏话,无论逮到谁,无论是什么事,她都会直接开骂,尤其是在家里,好像对什么都不满意,一会儿骂儿子赚不到几个钱,一会儿骂孙女读书浪费钱,有时大半夜还站在窗边大声骂人,导致邻居多次投诉,家人为此很是苦恼。但是年轻时的马老太并不这样,虽然年轻时脾气暴躁、做事挑剔,但不会无缘无故骂人。

心理解读

1.幻觉

案例一中梁奶奶所知觉到的异常体验其实是幻觉。一般认为,幻觉是一种知觉障碍,幻觉是"没有客体的知觉",即幻觉是指没有相应的客观刺激时所出现的知觉体验,也就是个体主观产生的一种知觉体验。老人出现幻觉通常是病理性的,由精神障碍引起,例如阿尔茨海默病。幻觉可以引起个体强烈的情绪体验,例如恐惧、愤怒、悲伤等,也可能让个体做出逃避的反应、伤害自己、伤害他人的危险行为。因此,当发现家中老人有类似症状时,一定要带老人及时就医。

2.妄想

案例二中周爷爷的症状属于被害妄想,被害妄想是精神分裂症中最常见的妄想类型,给患者的工作、生活及人际关系等方面造成负面影响。从理论上讲,幻觉为缺乏现实刺激的知觉障碍,妄想为没有现实基础的观念障碍。妄想在多数情况下表达了内在的精神动力学冲突,很少与周围环境有关。当然,某些较轻的妄想可能由客观因素诱发。如患者诉说陌生人的偶然一瞥乃灾祸临头之兆,这种被称为牵连观念的现象就是以客观事件或环境因素为基础的意念歪曲。妄想复杂多样,多在幻觉的基础上产生,患者在疾病初期、急性发作期由于知觉恒定性受损而出现病理性错幻觉,此后,思维能力逐渐受损便导致牵连观念和妄想的发生。因此,若发现老人出现妄想的症状,一定要及时送老人就医。

3.骂人成性

案例三中的马老太脏话成性的原因可能如下:第一,特质焦虑型人格,特质焦虑是指对焦虑易感性的稳定的个体差异,是一种性格和行为倾向性特征,相当于势能或动能,特质焦虑型人格会严重影响个体生活。在本案例中,马老太年轻时脾气暴躁、做事挑剔可能就是特质焦虑型人格的表现,因此到其老年期就表现为骂人成性,实际上马老太也可能是在寻求身边人的关注。此外,特质焦虑型人格的老人更可能对死亡感到害怕,因此家人要时常与老人沟通,多开导老年人。第二,精神障碍,例如患有阿尔茨海默病的老人会出现经常骂人的症状,因此,骂人成性的老年人应该引起家属重视。

❀ 心理小结

1.幻觉、妄想、骂人成性都可能是病理性的,一定要及时就医。
2.骂人成性也可能是特质焦虑型人格造成的,家人应多多开导。

❀ 心理总结

过度勤俭节约,可能是老人的性格使然,也可能是留在老人身上的时代印记;乱嚼舌根,无论是谁,无论什么年龄,都应该意识到这种行为可能为他人带去无妄之灾,而自己也必将为之付出代价;成瘾行为背后往往反映着老人的心理需求;有的老人变坏了,有的坏人变老了,老年性犯罪绝对不容忽视;幻觉、妄想、骂人成性可能是病理性的,对老人做出评价前应该先关注老人的身心健康。

第十二章　社区老年人的网络使用

内容简介

　　进入信息时代,互联网普及也逐渐蔓延至老年群体。有越来越多的老年人在网络上社交、消费、娱乐,网络时代的到来,大大方便了老年群体的日常生活,为他们度过一个美好晚年提供更多的平台和资源。但是当下老年人网络使用也暴露了不少问题,首先,部分老年人缺乏网络使用的学习渠道和能力,他们被困在"数字鸿沟"之中,在生活中会遇到重重困难;其次,有些老年人欠缺互联网安全意识,在网络交友中轻信别人,成为网络诈骗的受害者的情况时有发生;最后,老年人也是网络成瘾现象的发生群体,引导老年群体树立健康的网络使用观势在必行。本章主要介绍了社区老年人网络使用的现状与存在的问题,并针对问题提出了应对措施。

一、社区老年人的网络社交

心理叙事

　　王奶奶六十多岁了,丧偶多年,由于她的腿部有残疾,出行很不方便,平时很少有朋友交流,在家一直郁郁寡欢。然而,自从王奶奶的女儿教会她使用手机社交软件后,她的情况发生了改观。她找到了以前的老同学,并经常和他们在网上聊天,排解了一直待在家里的烦闷。慢慢地,她手机里的联系人越来越多。她还在网络社区发声,和网友交流养生的心得,刚开始,她获得的关注很少,鲜有人能在她的关注下回帖。但她每天仍坚持不懈地分享,她还学会了在科研网站上看与老年人健康有关的论文。她的分享既有科学性又有可操作性,喜欢看她的分享的人越来越多。她成了在健康领域里小有名气的网络红人,收获了不少网友的友谊,还有些网友登门拜访她。有些新闻媒体得知这件事情,还特地来采访她。王奶奶说,没想到晚年生活可以过得这么精彩,她还要在网上交更多的朋友。

王奶奶的故事并不偶然。随着数字化与信息化进程的推动,越来越多的老年人加入了网络社交的行列。根据国内第一大网络社交平台微信公布的数据来看,截至2016年9月,使用微信的老年人有768万,而这个数据到了2018年,增长到了6100万,微信的新增用户有三分之一来自老年群体。网络社交这一社交新形式,大大拓展了老年群体的社交范围,为其生活增添了新的活力。

心理解读

老年人网络社交的使用主要有以下几种目的:一是与自己的子女、亲属、朋友和同事保持联系,这在目前老年群体网络社交中是最常见的,由于网络社交本身具有方便、免费、高效、跨时空等特点,例如在与子女交流时,使用常见的微信或者QQ等既不收取费用(运营商数据流量费或其他上网费用除外),而且可以选择各种各样方式,有简单的文字图片交流,也可以进行语音或者视频通话。二是在社交网络分享自己的生活,健康的分享有利于提升老年人的参与感与幸福感,例如在朋友圈或者微博分享自己旅游的照片与视频,可以让朋友身临其境多方位感受自己的快乐。三是在网络社区交流自己的兴趣爱好,如果前两种更多是与自己熟悉的人进行的,那第三种往往是和陌生的同好网友社交,常见的网络社区有新浪微博、百度贴吧、知乎、豆瓣等,以百度贴吧为例,许多类似象棋、钓鱼、品茶、广场舞为讨论主题的贴吧,老年群体是重要的组成部分,他们因其丰富的人生经验和达观的人生态度深受网友的爱戴。

网络社交给老年人带来了很多益处。网络社交对老年人的有用性体现在:可以及时了解年轻家庭成员的日常生活、与不常见面的朋友分享照片和视频,并且能够同时与多人进行联系。社交媒体的社会性特征最容易被老年人感知,老年人以此提高自己的社会效能。社会适应中最重要的就是对人际关系的适应，而在互联网时代，会使用网络社交的人能有效地适应社会。网络社交有利于缓解老年群体的孤独感、抑郁等消极情绪，还有助于有效地减缓其认知退化的进程。

老年群体网络社交参与的激增也带来一些问题。第一，对于老年人来说，无论是在电脑还是在移动设备上，网络社交平台的使用方法都需要学习，这对部分老年人而言，可能会带来一些困难，由于缺乏有效的学习环境和渠道，很多老年人只能求助于子女和亲属。第二，由于网络社交并没有在老年人群体中达到普及的程度，对于有些缺乏网络使用能力的老年人来说可能会使其隔离于社交之外，如何避免这种情况的发生值得我们思考。第三，互联网社交的主要群体是年轻人，他们出生在信息时代，形成独特新潮的观念，有些观点对于存在代际差异的老年人来说可能需要时间去接受，如何增进两个群体的相互理解、维护和谐多元的互联网环境是现在需要考虑的问题。

心理应对

1.社会

社会应该加大对老年人互联网社交需求的重视。把资源下沉到基层社区，可以定期开展互联网学习培训活动，对于学习困难但有学习意愿的老年人要积极地耐心帮扶。要建立常态化的志愿者服务体系，鼓励老年人向志愿者寻求帮助。推动部分教育行业推出针对老年人的互联网学习课程，避免出现老年人想学习但无处去学的局面。互联网企业要大力推动产品适老化改造，也要加大对专属老年人的网络社交平台开发的关注，这不仅可以体现企业的人文追求和社会担当，也能带来相当的经济效益。

2.政府

政府应当发挥主导作用。推动互联网基础设施建设，让网线接入千家万户，移动网络信号覆盖每一个街区，推进网络资费惠民政策的落实。网络监管部门要履行自己的职能，努力营造安全、和谐、包容的网络社交环境，注重保障老年人的财产和隐私的安全，联合公安部门严厉打击网络诈骗行为。同时要完善立法，做到网络使用安全法律体系的完善。

3.家庭

家庭成员是老年人网络社交的引路人,是老年人学习网络使用知识的最直接来源。子女亲属要与老年人及时沟通交流,倾听老年群体的社交需求,在引导父母使用网络社交时要耐心、细致,也要叮嘱其注意在互联网中保护自己的隐私与财产安全。家人要尊重老年群体的主观意愿,对于偏爱传统社交、不愿意学习网络社交的长辈,要给予他们足够的个人选择权利。

4.老年群体

对于老年群体来说,融入网络社区不是必选项,不用过分强迫自己追赶潮流。对于有意愿学习的老年人来说,要树立克服困难的信心,学习网络社交并不是一项艰巨的任务,破除对新技术的恐惧,学会拥抱和接纳社会的新变化。要学会寻求外界的帮助,要抱着善于学习的心态,积极向后辈年轻人求助。同时,也应该树立网络安全反诈意识,保护好自己的财产和隐私安全,不轻信网络谣言。相对于时刻接触互联网生活的年轻人,相当一部分的老年群体因为退休,对互联网技术的理解和对社会的洞察能力明显较弱,对于互联网上的灰色产业缺乏警戒的能力。比较常见的是骗子冒充现实中的名人明星招摇撞骗,他们利用视频剪辑技术,利用明星的照片和视频进行拼接和再配音,这些视频往往制作拙劣,抠图迹象明显。这些骗术并不太高明,很容易被熟悉网络环境的年轻人所识破。但对于刚刚接触互联网的老年人来说,缺乏对网络信息真实性的甄别能力,往往丝毫没有意识到这是一个骗局。在人工智能算法支配的网络世界,在老年人长时间关注某类账号后,它们经常会继续推送此类账号的内容,增加了老年人受骗可能。这些人常假冒名人骗取网络流量,更有甚者,会假冒名人私聊老年群体中的某些人,进行诈骗。然而,老年人的数字化程度也是在学习中不断进步的,他们会在学习中慢慢习得资深网络用户的能力,他们对信息的掌控力也会逐渐加强,他们也会学会在新型的社交平台上去展现自己,老年人成为了主动的个体,很多老年人在其中找到新的人生乐趣。老年人群体网络社交的使用会进一步造福老年人,为老年人的晚年生活增添新的色彩。

❋ 心灵小结

1.近年来,老年群体进行网络社交的人数激增。

2.网络社交给老年人带来了许多益处,同时也衍生出一系列问题。

3.网络社交问题的解决需要政府、社会、家庭、老年人自身的多方努力。

二、社区老年人的网络消费

心理叙事

李奶奶一直以勤俭节约备受大家的称赞,她总是能买到最便宜实惠的商品,最近她买菜时发现去菜市场的人越来越少,平时总能遇见的朋友现在也遇不到了。后来在跟朋友聊天时,她才知道现在开始流行网上买菜,不仅方便、快捷、送货上门,刚使用的新用户还有优惠。她在女儿的帮助下,学会了网上买菜。刚开始,她很喜欢网上买菜,几乎每天都关注网上蔬菜的价格,但慢慢地,家里的菜越买越多,都放不下了。她又在网上开始买一些生活用品,老年人的衣服、鞋子等等,家里的快递天天不间断。她逐渐发现网上的东西虽然便宜,但是有些质量却不太好,网上展示的商品与实物不符,而且她老是买一些不必要的东西,家里的开销也越来越大。在听从了女儿劝说下,她才停止了这种不合理的购买。

像李奶奶这样的网络消费新用户并不罕见。根据中国国际电子商务中心内贸信息中心发布的《老年网络消费发展报告》,2015年中国老年市场规模1.87万亿元,到2050年将达48.52万亿元,将以9.74%的年增长率快速发展。老年人的消费方式更加多元,电脑端与移动端购物的趋势更加明显。像李奶奶这样加入老年网络消费大军的人越来越多,老年群体慢慢成为互联网消费不可忽视的新兴力量。

心理解读

老年人的消费心理独具特色:首先,老年人消费主要以理智型为主,他们在消费前更多考虑商品的实用性和价格。他们在购买一件商品前,往往会在多个渠道、多个卖家那里不断比较,直到得到自己满意的价格后再去购买。其次,老年人心理惯性比较强,他们在购买某些商品时,往往会根据其丰富的消费经验得出自己信任的品牌或者型号,这种消费定式难以改变,比起年轻人,老年人更少去尝试新的选择。最后,老年人对于消费对象的选择比较倾向于对自己身体健康有益的商品,比如,保健商品、营养商品、健康食品等,而对时尚服装和奢侈品等商品的兴趣逐渐下降。不同收入水平、家庭结构、城乡归属的老年人其消费倾向也存在着差别。

现代社会,网络消费也展现出了一些新特点。互联网消费摆脱时间和空间的限制,网络消费拥有其他渠道无法比拟的可得性。网络消费的对象比传统方式更加多元,也更具有消遣性。互联网消费是跟生产联系紧密的,相当多商家同时也是商品的生产者。网络消费与传统消费相比较,由于商品减少了层层的中转环节,进一步节约了成本,所以相当一部分的商品价格也更加优惠。然而,网络消费也深受消费主义的影响,部分网络商家或者平台鼓吹消费至上、狂热消费,导致消费对象两极分化,一方面,部分产品甚至以牺牲产品质量为代价把价格压到最低,通过数量来平衡利润;另一方面,部分商品以夸张的营销和品牌优势调动群众的消费热情,进一步拔高商品的价格。

老年人的网络消费心理是老年人消费心理在网络上的体现,它综合了网络消费的发展现状。移动支付的兴起为网络消费提供了便利,智能手机与无线网络的普及为网络消费提供了硬件保障,老年人的消费渠道也随之多样化、网络化,线上消费变成了老年人消费的新选择。老年人网络消费的对象依旧是实用性和价格优先。老年人的心理惯性在网络消费中也有所体现,他们往往会选择在网上购买自己在实体店信任的品牌或者型号,当然如果有价格合理的新选择,老年群体也乐于去尝试。老年人的从众心理比较严重,容易被网络商家投放的线上线下广告所吸引,周围朋友的推荐也起到了很重要的作用,当身边的朋友购买某种产品时,老年人时常会受到从众心理的影响,也跟风购买。同时,老年人也易受补偿心理的影响,随着我国经济水平的快速增长和养老惠老政策的推行,老年人的生活水平有了很大的改善,他们会偏爱以前无法购买的商品以便弥补过去的遗憾。

在网络消费发展的过程中,老年人的消费特点也呈现出新趋势。在某些经济发达的一线城市,部分老年人的消费心态趋向年轻化和时尚化,消费观念向年轻人接近。老年产业在酒类、数码、珠宝首饰、食品饮料等品类的商品数量增速高于行业平均水平。消费开始往高水平、多元化的方向发展,享受型消费在总体消费中占据的地位越来越重要。网络消费的性别差异更加突出,男性消费者的消费动机形成往往更为迅速,在消费过程中的体验感也不如女性来得强烈。老年男性对于电子设备的需求更加明显,而女性消费者更加倾向于个人护理产品、服装和家居日用产品。

新时代的老年互联网消费也暴露了一些问题。老年网络消费市场潜力巨大,但是开发难度相对较高,现在老年网络消费的主体仍是低龄老年人,他们往往刚刚退休,受过较为良好的高等教育,退休金稳定,有着较为殷实的家庭收入。但是,对于占老年人口很大一部分的尚未接触过网络消费、受教育程度比较低的老年群体,他们仍是线下消费的坚实用户,他们对于线上消费更多采取的还是消极谨慎的态度,有些甚至对互联网抱有偏见,因此如何开发这一部分群体的网络消费市场是一个棘手的问题。另外,城镇老年群体网络消费意愿较高,但是缺乏足够的操作能力支撑。随着我国老龄化的进程的提速,老年群体越来越庞大。老年群体的生理机能在不断下降的同时,更对便利快捷的线上消费产生了兴趣。由于快递行业的迅速发展,足不出户就可以买到心仪的商品。网络消费不仅在大中城市成为老年人的新选择,对于二三线及中小城镇也在慢慢渗透,它正在潜移默化地改变老年群体的消费行为。但是,对于老年群体来说,他们对于互联网和线上消费还缺乏了解,很多网购平台的操作复杂,专业术语也比较多,他们比较青睐的是淘宝、京东、拼多多这种网络消费巨头平台。因此很多老年人群体仍只把网络消费作为线下消费的备用选择,在购买现实中比较难买或者需要较远距离运输的商品时,才会选择网络消费。

心理应对

1.国家

政府应该履行宏观调控的职能,维护好和谐、有序、公平的互联网市场环境,要整治不良商家虚假宣传、商品质量不合格、售后服务缺失等互联网消费常见的问题。完善互联网消费监管机制,确保市场有法可依。同时,也要做到对互联网消费文化的管控,对宣扬过度消费、狂热消费、大搞金钱崇拜的部分商家进行处罚和教育,把维护消费者的合法权益作为工作的重心。对于网络消费的老年群体来说,要推动网络消费平台的适老化改革,可以鼓励其研发专门针对老年人的版本。因此,政府和企业可以更多考虑多元化、多层次的消费领域,比如:网上看诊、网购旅游产品、网上理财产品等等,更多地针对老年人进行App开发,尽可能地满足中老年人的消费需求,也是在一定程度上引导中老年人群形成良好的网络消费行为习惯。企业和社会可以多从老年群体网络消费的心理和情感特征入手,重点关注老年群体的消费需求。

2.社区

社区应该组织互联网消费的防骗活动,帮助老年人甄别优质的互联网商品,选择合法可靠的互联网消费平台。社区志愿者要细致耐心,要考虑到老年人的认知能力衰退。一旦老年人遇到网络消费上的问题,要帮助其合法地维护自己的权益。

3.老年群体

互联网环境相对复杂,网络商家良莠不齐,选择安全渠道购买满意的商品需要老年人具备丰富的网购经验和敏锐的甄别能力。老年人应该提升安全意识,多看防范网购诈骗的宣传教育片,遇到不懂的地方要及时向后辈求助。遇到合法权益遭受损害的情况,要学会向网络消费平台的官方客服、当地的消费者协会和公安机关求助。同时,也不应当讳疾忌医,互联网消费是可以买到低价、优质的商品,老年人应该勇于尝试,不要对新技术感到恐惧,要学会拥抱崭新的生活。最后老年人要避免过度网络消费,一切网络消费要考虑到自己的收入水平和承担能力,少买不必要的商品,健康消费、理性消费。

❋ 心灵小结

1.老年人的互联网消费参与逐年增加,银发经济前景乐观。

2.老年人的网络消费心理独具特色。

3.老年人要增强安全意识,勇于尝试,学会合理网购,拥抱美好生活。

三、社区老年人的网络成瘾

心理叙事

65岁的张先生在退休后一直无所事事,他的儿子担心他在家无聊,就给他买了一部智能手机。张先生刚开始很开心,每天都在手机上看新闻,了解国内外的政治变化。他也慢慢摸索学会了用App听网络电台,听他最喜欢的军旅小说。后来,他又学会了跟网友下象棋、看短视频、跳广场舞。他从一天看1个小时手机,转变成几乎每时每刻都离不开手机,甚至连吃饭都变成了"低头族"。慢慢地,他开始感到身体有些不适,首先是眼睛开始感到干涩,看东西不清楚,其次他的颈椎也变得酸痛,晚上经常失眠,睡不着就在被窝里看手机。他的儿子看他这样,感到挺无奈的,一方面他担心父亲的身体,这样下去,到了年纪再大些会引发很多疾病,另一方面,他知道自己的父亲一直很固执,要是劝他,他可能会生气。他抽空去了一趟市里的人民医院,人民医院给他推荐了当地的精神卫生中心,精神科专家告诉小张,他父亲这是网络成瘾。网络成瘾并不只是年轻人的精神障碍,每个月基本上都会有一个患者子女或者患者亲自来咨询这件事。医生建议小张好好找父亲谈一谈,因为治疗老年人网络成瘾目前还没有特别有效的方案,更多的是劝说和物理控制。小张回家后劝说父亲,然而父亲依旧没有听从他的建议。

像张先生这种老年网络成瘾的例子近几年越来越多。中国互联网络信息中心发布的第48次《中国互联网络发展状况统计报告》指出,截至2021年6月,我国50岁及以上网民占网民总数的比例为28.0%,较2020年6月增长5.2个百分点。而另一项《2021年中老年群体触网行为研究报告》则表明,相对于年轻人,触网老年群体的上网时间更长,有51%的中老年群体的日均上网时间超过4小时。老年群体网络成瘾逐渐成为一个越来越明显的问题,但是目前缺乏明确的诊断标准和治疗方案,国内相关的研究也比较少见。

心理解读

网络成瘾是由重复地使用网络所导致的一种慢性或周期性的着迷状态,并产生难以抗拒的再度使用的欲望。这种欲望会产生想要增加使用时间的张力与耐受性等现象,对于上网所带来的快感会一直有心理与生理上的依赖。对于网络成瘾的这一心理障碍是否存在,有些学者也提出了异议。有些学者认为成瘾指的是有机体对药物或者化学物品的生理上和心理上的依赖,而过度使用网络的病理机制应该与此有着本质的不同。有学者提出了病态网络使用这一概念,用于区别于成瘾的概念。还有人认为,在信息时代,互联网设备基本上已经成了生活不可缺少的一部分,网络的长时间使用是现代人正常的行为,网络成瘾只是心理健康研究者夸大事实的一种说法。

网络成瘾的测量工具是在1997年的美国心理学年会上确定的,相关研究者讨论了网络成瘾的判定标准。我们判断网络成瘾的标准,更多是依靠Young所提出的判定标准。Young是最早研究网络成瘾的心理学家之一。她在1996年制定了一套20道题的调查问卷,得分越高,则表明网络成瘾的可能性越大,如果得分超过了80分,就有比较明显的网络成瘾的可能性。在美国心理学会第104届年会上,她根据进一步的调查结果对以往的判断标准加以修订,发表了《病态的网络使用——一种新出现的临床心理疾病》这一成果,该诊断标准(The Internet Addiction Diagnostic Questionnaire,IADQ)有8个题项,如果被试对其中的5个以上题项给予肯定回答,就被诊断为网络成瘾。但是这个量表虽然简单方便,也暴露了不少问题:题量过少、被试易猜测作答、缺乏定量标准等。国内有陈淑惠教授在1999年编制的《中文网络成瘾量表》(The ChenInternet Addiction Scale,CIAS),是国内比较经典的网络成瘾判断量表。该量表共包含26个题项,是四级自陈量表,该量表拥有较为良好的信度和效度。网络成瘾量表的开发和应用的数量近年来一直在逐渐增加,多数是根据DSM-5和ICD-11的成瘾诊断标准进行改编,但是缺乏网络成瘾诊断分类的统一标准。值得关注的是,2018年6月中旬,世界卫生组织正式将游戏成瘾(gaming disorder)纳入了发布的第11版《国际疾病分类》(ICD-11)中,引起了社会各界的广泛讨论,未来网络成瘾能否成为一种被医疗体系认可的疾病、网络成瘾的诊断问题如何发展值得我们关注。

网络成瘾的成因有多种阐释，Young(1998)针对网络本身的特性，提出了ACE模型，即Anonymity(匿名性)、Convenience(便利性)和Escape(逃避现实)，她认为网络这些特征导致了网络成瘾。Davis(2001)提出了认知—行为模型，强调使用者的不适应认知是导致网络成瘾的最主要因素，不适应认知主要体现在对现实生活的认知不合理上，如过分悲观地看待现实事件、自我效能感过低、自卑、远离社交，认知改变是矫正网络成瘾的关键。他也认为环境因素以及个人心理的易感性在网络成瘾的成因之中起到次要作用。Kraut提出有趣的理论，认为网络成瘾类似在社会经济领域的"富者更富"模型，具有较多社会支持和社会适应能力较强的个体，更容易合理使用网络，从中的受益获得进一步的提高；而另一部分较弱的个体，更容易沉溺于虚拟的网络世界，网络成瘾又加重了他们在现实中适应不良的程度。国内高文斌提出"失补偿"理论假说，他认为个体在自我发展中往往是顺利的，然而在内因和外因的共同作用下，会出现发展受阻状态，如何正确应对发展受阻状态成为引发网络成瘾的核心因素。如果采取建设性补偿，激活心理修复过程，则可以回归常态发展。如果采用了病理性补偿，比如过分在互联网中寻求支持，就会导致网络成瘾。

对于网络成瘾的干预研究者认为，要完全戒除互联网的使用，是不合理的，干预的目标在于改善问题性的上网方式，回归到正常的互联网使用上。目前，对于网络成瘾的干预主要是心理-行为干预，也有部分机构使用药物治疗。针对网络成瘾的干预方式，包括认知行为疗法(Cognitive Behavioral Therapy，CBT)、动机疗法(Motivational Interviewing，MI)、现实疗法(RealityTherapy，RT)等，其中CBT最具有普遍性。CBT以短期目标为导向，常适用于各种精神障碍，在成瘾领域针对物质成瘾有效性得到了验证。在CBT治疗中，研究者要求被试进行自我觉察，监督自己的思维与行为来避免成瘾的进一步发展，在反复训练中习得新的应对方式，直到达到合理使用网络的目标。MI疗法则主要在青少年网络成瘾领域效果显著，其采用来访者为中心的策略，帮助来访者自我探索和解决内在冲突，将改变的主动权交给来访者，这相对适用于青少年的心理。早期的干预方式多以传统的个体干预为主，目前团体干预模式也逐渐被研究者所重视，特别是家庭治疗，通过改善网瘾者家人的认知和行为，间接起到干预效果，是值得关注的趋势。

对于老年人网络成瘾的成因探讨,离不开对老年人的心理特征的分析和对移动互联网新趋势的思考。老年人在退休之后,人生重心从工作转移到生活,空闲时间增多,又因为现代生活的快节奏、亲戚邻里远不如以前亲密、子女也往往不与父母同住,老年人容易产生孤独、空虚的心理状态。而移动互联网起到了社会补偿的作用,老年人通过互联网既可以跨时空与子女亲友联系,也可以融入网络社区之中,增进其群体归属感和心理满足。移动互联网的内容生产者多数来自用户,再加上大数据智能推荐算法,老年群体不用特意去寻找自己感兴趣的内容。同时,互联网又给予用户充分的自主性和选择性。互联网的部分自媒体也存在内容浮夸、娱乐至上的庸俗文化产品,以此来诱惑老年人的关注,从而增大了老年人网络成瘾的可能性。

老年人网络成瘾并不完全是老年人自身的问题,切忌对行为障碍的污名化和边缘化。老年人的网络成瘾更多的是一种社会问题。由于老年人晚年生活关怀的缺乏,使得老年群体变得孤立,子女的工作繁忙、现代化城市隔离了邻里朋友的生活空间等各种原因,都在导致网络成瘾的过程中推波助澜。

心理应对

1. 推进网络成瘾定义的落实

网络成瘾究竟是精神障碍还是没有达到障碍标准的行为问题,只有进行准确的定义,才能为针对网络成瘾的干预赋予合法性地位。如果被列为精神障碍,该使用怎样的诊断标准才能有效界定网络成瘾,是否会带来对该群体的社会评价性的歧视?如果没有被确立为精神障碍,那无法进入医学环境的网络成瘾者该去什么场所寻找干预?目前的关键问题是,让网络成瘾的个体得到妥善科学的干预。解决网络成瘾的问题,需要研究者的努力、政府的支持、社会各界的关注以及互联网企业的取舍。

2. 规范网络环境,开发适老产品

互联网企业应该遵守法律法规,履行社会责任,对旗下的网络平台的生态进行整治。特别是互联网媒体领域,要让传播谣言、流量至上、质量低下的自媒体无处生存,要营造和谐、健康、安全的网络环境。鼓励互联网企业开发适老产品，帮助老年人筛选信息，当老年人上网时间过长时，进行健康提醒，进一步减少老年人网络成瘾的可能性。

3.开展丰富的线下活动，让"低头族"投入生活

社区可以组织老年群体进行各种线下活动，例如举办广场舞大赛、兴趣爱好分享会等等。将老年群体投入在网络的时间转移到现实生活中来，社区服务人员应及时与老年人的子女亲属沟通，建立孤寡老人定期探访机制。

4.提升网络素养，养成健康、可持续的上网习惯

老年人自身的认知调整对避免网络成瘾来说，非常重要。网络只是开阔自己视野、获取信息的工具，不是陪伴自己晚年生活的最重要伴侣。虽然网络已经成为现代生活不可缺少的部分，但是人还是要扎根于现实、依托于现实的。沉迷网络，从而舍弃关心家人朋友、损害自己的健康，是舍本逐末，往往最后会后悔不迭。过分沉迷网络的老年朋友，可以订立计划表，限制每天上网的时间，自控力较差的老年人可以将智能手机、电脑交给子女管理。

❋ 心灵小结

1.老年群体的网络成瘾问题逐渐凸显。

2.网络成瘾的问题，国内外研究已近30年，但仍然缺乏统一的评估工具和干预手段。

3.老年网络成瘾问题的解决需要政府、社区、互联网企业、老年人自身等多方努力。

4.网络并不是洪水猛兽，学会正确使用网络，使其方便生活是老年群体需要慢慢学习的。

四、跨越老年"数字鸿沟"，网络适老化改造

❋ 心理叙事

赵先生70多岁，有很严重的近视，他经常抱怨使用某些手机App时十分不

方便，看不清手机上的文字是最明显的问题，即使他女儿帮他调大了手机字号，在App内部仍然没有适配，有些适配的App也会出现排版错位的问题。还有部分App的虚拟按钮感应区太小，经常使用时对不准位置。一些音量无法调节，即使把手机音量调到最大，赵先生仍旧听不清声音。

王先生是一家互联网公司的高管，他公司旗下经营着几个还算知名的手机App，他也是有苦难言，对于产品适老化改造，他认为当然应该支持。然而，公司没有足够的资金去推动老年版App的开发，对现有产品的适老化改造，也只见支出不见经济回报。他说，对于他们这种小型互联网公司在没有政策支持的帮助下，仅凭自己的资金是很难负担起大范围的适老化改造，只能尽力在某些容易改善的地方去努力。互联网市场是一片红海，小型公司如果经营不善，无法盈利是很难坚持的，他认为全面的产品适老化改造只有一部分互联网巨头负担得起。

赵先生和王先生反映的问题主要针对的是互联网的适老化改造。2020年12月，工业和信息化部印发通知，按照《国务院办公厅印发关于切实解决老年人运用智能技术困难实施方案的通知》和《工业和信息化部中国残疾人联合会关于推进信息无障碍的指导意见》部署，为着力解决老年人、残疾人等特殊群体在使用互联网等智能技术时遇到的困难，推动充分兼顾老年人、残疾人需求的信息化社会建设，工业和信息化部决定自2021年1月起，在全国范围内组织开展为期一年的互联网应用适老化及无障碍改造的专项行动，拉开了互联网适老化改造的大幕。

心理解读

进入信息时代，大数据、人工智能、无线网络等新技术深刻地改变着现代人的生活方式，为人的发展提供了无限的空间和可能。但是，在迅猛的数字经济发展趋势下，有一群人却常常被互联网服务的提供者所边缘化，无论是公共服务类的网站应用还是商业类的移动互联网应用，都存在着对老年群体的忽视。这些互联网产品出现了操作复杂、界面设置不友好等问题，使得认知能力退化和本就滞后于互联网发展的老年人不会学、不会用、不敢用。然而，很多基础公共服务的享用，都离不开互联网的使用，无论是去车站购票、打出租车、在疫情期间出示健康码,很多老年人只能选择效率低的传统方式,但是部分不负责任的商家单位也出现了不收现金只使用网上支付、只开放互联网单一渠道售卖等行为,老年人不经意间丧失了很多应该享有的便利,被隔离在现代生活之外。对于一个温暖且有人性的社会而言,这都是无法容忍的,推动网络适老化改革,让老年人也能轻松愉快地用上互联网,是一个对于迈向人口老龄化的国家所亟须落实的重要任务。

互联网的适老化改造大有裨益。一是有助于构建更加科学全面的数字化治理体系,提高老年群体的幸福感。二是能够释放老年人的互联网消费需求,为互联网经济的发展提供新动能。三是推动互联网基础设施建设,为城镇乡村现代化建设添砖加瓦。四是有利于营造风清气正清新友好的互联网风尚。

关于互联网适老化改造,主要针对老年人认知能力退化、视力和听力方面的障碍等,对互联网产品的字号大小、无障碍阅读、操作逻辑、文字输入等方面进行优化。不能使改造流于表面,要及时调研、及时反馈,倾听老年群体的意见。适老化改造不是一蹴而就的,是一个伴随着产品生命周期全程的长期任务。

在适老化改造的过程中,要兼顾对传统工作模式的保护。要让老年人适应适老化改造的进程,要对传统模式进行改造,提升其工作效率。要让老年人拥有选择的权利。

心理应对

1.互联网企业

互联网企业应勇于承担社会责任,响应工信部的号召。互联网企业应主要从以下几个方面对旗下互联网产品进行适老化改造。首先是视觉呈现问题,包括界面的整体布局、图标、文字以及字体颜色的配置。其改造应该扎根于老年人的认知特点和操作习惯。在布局上应该尽量减轻老年人的视觉和记忆负担,重要的使用频率高的功能应该放在最容易触及的位置,对于相同类型的功能和信息进行有效的分类和整合,提高信息提取效率。部分图标可以采用拟物化的设计,增强其可理解性,比如新闻资讯可以采用报纸的图标,娱乐音乐可以采用麦克风或者音符的图标,一定要注意拟物化设计的原型要采用生活中常见的事物,减少抽象化的程度。在字体的选择方面,最常用的字体应是普遍的选择,尽量减少使用圆体等棱角模糊的字体,不利于老年人的分辨。文字颜色的选择应当力求简单显眼,白底黑字是最为稳妥的选择,界面的颜色选择要避免使用色调相近的颜色,尽量选用明度高的颜色。其次,互联网产品的逻辑层级架构,应该力求简单化和扁平化,将层级的关系阈限设置在三层以下,老年人的记忆能力下降,过多的层级结构增加了老年人的学习负担,大大降低了老年人的使用效率。界面交互应该人性化,对信息的输入输出模式应该力求多样化,文字输入输出和语音输入输出并行,触控反馈力求简单流畅。要适当延长动态页面的展示时间,保证页面切换的平滑,不必刻意追求切换动画设计的复杂,要注重其符合操作逻辑。同时,及时的操作向导也是必要的,操作向导的设置要尽量细致简洁明了,让老年人有效理解操作流程。最后,操作反馈应该追求及时和明确,老年人的视听触等感知能力下降,对于操作反馈强度的设置应该略强于普通人,但不应过强,最好可以安排调节操作反馈强度的功能,在反馈方式上追求多渠道同时反馈,例如在老年使用者选定了某个功能时,可以采用视觉对话框的弹出、听觉的语音提示和触觉的震动反馈同时进行的反馈结果,使老年群体更加直观感受到应用的当前进程。互联网企业要重视一些人因工程对老年群体的科学研究成果,善于学习优秀的适老化改造的互联网产品。同时,从感官、交互、情感三个层次展开,以感官体验为基础,交互体验为依托,情感体验为导向,提出"以老年人为本"的适老化设计策略,以提升其体验效果。

2.政府

政府应该履行宏观调控的职能,推进形成更具指导力和规范性的国家标准,加快互联网产品及应用适老化改造的步伐。对于积极投身适老化改造的互联网企业进行表彰和激励,嘉奖其勇于承担社会责任和对老年群体的人文关怀。要增加适老产品供给,提高对于适老化产品的财政投入。政府的公共服务互联网的产品应该主动承担表率作用,开启全面适老化改造,尤其在疫情期间,跟老年群体正常出行息息相关的健康码和行程卡,要让老年人能够轻松学会出示健康码的流程,对于没有智能手机的老年人的群体,要寻求妥善解决的方法,不能管理上一刀切,把责任推到老年群体的身上。其他的政府公共服务网站,也要及时推行适老化改造,比如老年人常用的社会保障网站和互联网购买车票和机票的网站。一方面,要引导基础电信运营企业、手机终端厂商、互联网企业等推出教老年人使用智能终端产品和互联网应用的手册和视频,通过自家产品平台和其他渠道进行宣传推广。另一方面,鼓励有线下门店的企业设立适老化体验中心,搭建相关体验场景,让老年人有更多的沉浸式现场体验。

3.老年群体

老年群体是互联网适老化改造的受益群体,是被服务对象,但也可以在互联网适老化改造中贡献自己的力量,在自己使用互联网产品时遇到的各种各样的问题及时向互联网产品的运营商反馈,老年群体的意见是互联网适老化改造的最宝贵的意见。对于已经熟练运用各种互联网产品的老年人,要争当老年人群体中的老师,把学习互联网使用的心得和经验传授给周围的老年朋友,要破除部分老年人对互联网是"洪水猛兽"的刻板印象,合理运用互联网可以极大地方便老年人的晚年生活。还没有学会互联网的使用,但是有充分学习意愿的老年群体,可以寻求家人、朋友乃至社区的帮助。社会组织也要开展公益性质的互联网使用的学习班,要建立学习互联网使用的信心,这并不是一件困难重重的任务,而是一件充满乐趣的老年活动,在学习过程中遇到的任何困难老年人都要及时反馈。

❋ 心灵小结

1.网络适老化改造势在必行。
2.适老化改造需要政府、社会、老年群体等各方面的协调。

参考文献

[1]陈爱萍.(2003).老年病人临终关怀进展[J].中华护理杂志,38(7):557-559.

[2]陈勃.(2008).人口老龄化背景下城市老年人的社会适应问题研究[J].社会科学,(6):89-94.

[3]曹坚,吴振云,辛晓亚.(2008).不同生活背景老年人幸福感的比较研究[J].中国老年学杂志,28(19):1940-1942.

[4]崔丽娟,丁沁南.(2012).老年心理学[M].北京:开明出版社.

[5]褚连杰.(2021).科技向善 助力老年人融入"智能时代"[J].通信世界,(2):22-24.

[6]陈茹,苏雪莲,李秀兰.(2007).晚期癌症病人死亡态度的调查研究[J].国际护理学杂志,26(9):922-924.

[7]陈四光,金艳,郭斯萍.(2006).西方死亡态度研究综述[J].国外社会科学,(1):65-68.

[8]柴雯,左美云,田雪松,常松岩.(2016).老年用户使用在线社交网络的行为类型研究[J].情报杂志,35(7):167-172.

[9]陈侠,黄希庭,白纲.(2003).关于网络成瘾的心理学研究[J].心理科学进展,11(3):355-359.

[10]董纯朴.(2013).世界老年犯罪研究特点综述[J].犯罪研究,(6):85-97.

[11]戴海崎,张锋,陈雪枫.(2011).心理与教育测量[M].广州:暨南大学出版社.

[12]杜林致.(2011).心理测量学[M].天津:南开大学出版社.

[13]狄文婧,陈青萍.(2009).丧偶老年人主观幸福感及其影响因素[J].中国心理卫生杂志,23(5):372-376.

[14]段玉珍.(2020).移动互联网时代"银发族"网络成瘾问题研究[J].卫星电视与宽带多媒体,(2):228-230.

[15]樊富珉,何瑾.(2010).团体心理辅导[M].上海:华东师范大学出版社.

[16]冯剑锋,陈卫民.(2017).我国人口老龄化影响经济增长的作用机制分析——基于中介效应视角的探讨[J].人口学刊,(4):93-101.

[17]高焕民,柳耀泉,吕辉.(2017).老年心理学[M].北京:科学技术出版社.

[18]高文斌,陈祉妍.(2006).网络成瘾病理心理机制及综合心理干预研究[J].心理科学进展,14(4):596-603.

[19]郭娓娓,王有智.(2013).城市老人孤独感现状及其影响因素[J].中国健康心理学杂志,21(9):1358-1360.

[20]管文艳.(2020).老年人网络消费影响因素研究[J].智能计算机与应用,10(9):238-239.

[21]洪建中,黄凤,皮忠玲.(2015).老年人网络使用与心理健康[J].华中师范大学学报:人文社会科学版,54(2):171-176.

[22]韩钱芝,陈伟春,刘佳,熊鹰,陈蒨,李文霞,…於军兰.(2007).社区老年人心理健康状况调查分析[J].公共卫生与预防医学,18(1):43-46.

[23]胡守钧.(2006).社会共生论[M].上海:复旦大学出版社.

[24]黄希庭,毕重增,苏彦捷.(2021).社区心理学导论[M].北京:人民教育出版社.

[25]侯玉波.(2018).社会心理学.第4版[M].北京:北京大学出版社.

[26]姜德珍.(2003).老年人应树立健康的生死观[J].中华保健医学杂志,5(01):55-56.

[27]纪竞垚.(2016).我国老年人退休适应及影响因素研究[J].老龄科学研究,(3):71-80.

[28]靳永爱,周峰,翟振武.(2017).居住方式对老年人心理健康的影响——社区环境的调节作用[J].人口学刊,(3):66-77.

[29]林崇德.(2018).发展心理学.第3版[M].北京:人民教育出版社.

[30]林崇德,杨治良,黄希庭.(2003).心理学大辞典[M].上海教育出版社.

[31]李德明,陈天勇,吴振云,肖俊方,费爱华,汪月峰,…张放.(2006).城市老年人的生活和心理状况及其增龄变化[J].中国老年学杂志,26(10):1314-1316.

[32]李芳燕,李辉.(2015).改善老年人认知功能的方法[J].青年与社会,(8):188-189.

[33]凌辉,钟妮,张建人,阳子光,刘家旺,祁虹鹏.(2014).人格障碍研究现状与展望[J].中国临床心理学杂志,22(1):135-139.

[34]李杭霏,苏向妮,徐莎莎,尼春萍,王静,王文辰.(2016).社区认知障碍老年人生活质量调查及影响因素分析[J].护理学报,23(4):41-43.

[35]李建丁,叶依群.(2011).社区老年人心理健康状况及其相关因素分析[J].中国实用护理杂志:上旬版,27(29):61-62.

[36]刘连龙,赵越,郭薇,胡明利.(2015).3种典型养老方式下老年人心理状态比较[J].中国老年学杂志,35(20):5915-5917.

[37]李珊.(2011).影响移居老年人社会适应因素的研究[J].中国老年学杂志,31(12):2301-2303.

[38]罗盛,张锦,李伟,安洪庆,王雪净,郭继志,冀洪海.(2016).基于对应分析的城市社区不同类型老年人健康服务项目需求研究[J].中国卫生统计,33(5):880-882.

[39]黎淑贞.(2018).老年人爱"乱嚼舌根"与"儿女未婚恐惧症"[J].家庭医学(下半月),(12):46-47.

[40]龙文霜.(2020).老年人社交网络使用行为对孤独感的影响——成人依恋的调节效应[D].西南大学,重庆.

[41]刘小路,丁虹月,韦鑫珠.(2017).基于老年人认知需求模型的资讯APP界面适老化设计研究[J].北方美术:天津美术学院学报,(2):104-108.

[42]刘杨.(2018).浅议空巢老年人心理健康问题[J].智慧健康,4(21):39-40.

[43]刘艳,肖溢文,赖晓萱,刘天俐.(2020).生活方式对我国轻度认知障碍老年人的影响[J].调研世界,(2):50-57.

[44]李圆圆,郭继志,王芝发.(2018).积极心理资本视域下老年人群心理调适的路径初探[J].中国医学伦理学,31(10):1309-1313.

[45]李峥.(2011).老年痴呆相关概念辨析[J].中华护理杂志,46(10):1045-1045.

[46]李植荣.(2001).幻觉的概念、病理与临床[J].中原精神医学学刊,7(2):126-128.

[47]马晓冬,郭本禹.(2001).成瘾行为研究中自我效能的几种类型[J].心理科学,24(6):744-745.

[48]马艳,化前珍,范珊红,傅菊芳.(2007).社会养老机构老年人主观幸福感及相关因素研究[J].护理学杂志:综合版,22(4):5-8.

[49]闵洋璐,陶琳瑾,蒋京川.(2015).老年人性格[J].中国老年学杂志,(20):5966-5969.

[50]牛煜辉.(2022)."银发低头族":更多是孤独[J].中国人口报,(3):5966-5969.

[51]彭聃龄.(2019).普通心理学.第5版[M].北京:北京师范大学出版社.

[52]庞云燕.(2017).社区老年人心理健康状况调查及影响因素分析[J].继续医学教育,31(11):156-158.

[53]亓寿伟,周少甫.(2010).收入、健康与医疗保险对老年人幸福感的影响[J].公共管理学报,(1):100-107.

[54]沈莉莉,刘旭刚,徐杏元.(2010).老年人性犯罪的原因及其矫治对策[J].中国性科学,19(05):8-12+16.

[55]孙鹃娟,李婷.(2018).中国老年人的婚姻家庭现状与变动情况——根据2015年全国1%人口抽样调查的分析[J].人口与经济,(04):99-107+123.

[56]孙鹃娟.(2008).北京市老年人精神生活满意度和幸福感及其影响因素[J].中国老年学杂志,28(03):308-310.

[57]世界卫生组织.(2003).积极老龄化政策框架[M].北京:华龄出版社.

[58]石晋阳,陈刚.(2019).社交媒体视域下老年人的数字化生存:问题与反思[J].扬州大学学报(人文社会科学版),23(06):119-128.

[59]陶国枢,陈丰,刘晓玲,李晓莉,林娜,张彬,...王孝贞.(1998).北京

市1380例老年人生活满意度相关因素分析[J].中国心理卫生杂志,12(06):19-21+61-62.

[60]谭涛,张燕媛,陶璐.(2012).城市老年人养老方式选择的态度及动因分析——基于南京市9个区的调查[J].江西农业大学学报(社会科学版),11(03):94-100.

[61]邬沧萍,姜向群.(2006).老年学概论[M].北京:中国人民大学出版社.

[62]王殿玺,姚林.(2018).中国老年人的心理健康对死亡风险的影响研究[J].西北人口,39(02):81-87.

[63]武汉医学院主编.(1979).病理生理学[M].北京:人民卫生出版社.

[64]王莉莉.(2011).中国老年人社会参与的理论、实证与政策研究综述[J].人口与发展,17(03):35-43.

[65]王萍,李树茁.(2011).代际支持对农村老年人生活满意度影响的纵向分析[J].人口研究,35(01):44-52.

[66]韦清静.(2017).个性化心理护理对社区丧偶空巢老人干预的效果评估[J].中国社区医师,33(01):155+157.

[67]魏新会.(2010).老年期的智力发展,影响因素及应对方法[J].商业文化(学术版),(09):190-191.

[68]王颖,黄迪.(2016)."老漂族"社会适应研究——以北京市某社区为例[J].老龄科学研究,4(07):22-31.

[69]王正惠,尹红,李继铭,孟宪红,卢海涛,杨永平.(2014).老年人群死亡恐惧心理的应对模式探讨[J].中国疗养医学,23(11):1037-1039.

[70]谢国瑾,朱树贞.(2013).老年人认知功能的影响因素[J].现代中西医结合杂志,22(12):1358-1360.

[71]肖健,胡军生,高云鹏.(2013).老年心理学[M].北京:北京大学出版社.

[72]徐宪.(1995).空巢家庭成因及其调适[J].社会科学研究,(05):96-100.

[73]谢延明.(2002).关于网络成瘾对人的心理影响的研究[J].西南民族学院学报(哲学社会科学版),(S1):150-151+157.

[74]辛自强,池丽萍.(2001).快乐感与社会支持的关系[J].心理学报,33(05):442-447.

[75]徐子燕,张怡,李占江,王娜,郭志华,罗佳.(2013).以被害妄想为主的精神分裂症患者自尊、应对方式及其与精神症状的关系[J].中国健康心理学杂志,21(02):164-166.

[76]于玥琳,赵戴君,蔡泳.(2020).网络成瘾行为测量工具的开发及应用进展综述[J].健康教育与健康促进,15(04):368-372.

[77]杨彦平,金瑜.(2006).社会适应性研究述评[J].心理科学,29(05):1171-1173.

[78]杨紫涵,孔庆硕.(2019)."互联网+养老":搭建促进老年人再社会化的网络平台研究——以哈尔滨市为例[J].现代经济信息,(09):496.

[79]周春莲,郭继志,刘宪亮,王春平,吕晓莉.(2004).网络成瘾问题研究现状及展望[J].中国医学伦理学,17(03):21-23.

[80]张俭,刘金华.(2010).人口老龄化背景下的老年性犯罪成因与问题探讨[J].人口.社会.法制研究,1:164-171.

[81]赵静波,陈瑜.(2017).老年人心理健康[M].北京:中国医药科技出版社.

[82]曾建国.(1992).上海城市老年人生死观的调查研究[J].心理科学,1992,(05):55-57.

[83]周利,陈长香,李建民,赵敏,黄莉.(2008).婚姻对老年人认知功能的影响[J].护理研究,22(34):3120-3121.

[84]张庆田.(2004).关注老年人的性犯罪[J].中国性科学,13(09):34.

[85]钟森,汪文新,柴云,卢祖洵.(2016).十堰市城乡老年人社会适应能力测量及影响因素分析[J].中国社会医学杂志,33(03):245-248.

[86]张卫东.(2002).社区老年人的生活质量与心理健康:SEM研究[J].心理科学,25(03):307-309+382.

[87]周裕琼.(2018).数字弱势群体的崛起:老年人微信采纳与使用影响因素研究[J].新闻与传播研究,25(07):66-86+127-128.

[88]Brown, B. M., Rainey-Smith, S. R., Castalanelli, N., Gordon, N., Markovic, S., Sohrabi, H. R., Weinborn, M., Laws, S. M., Doecke, J., Shen, K., Martins, R. N., & Peiffer, J. J. (2017). Study Protocol of the Intense Physical Activ-

ity and Cognition study: The effect of high-intensity exercise training on cognitive function in older adults. *Alzheimer's & Dementia*, *3*(4), 562–570.

[89] American Psychiatric Association, DSM-5 Task Force. (2013). *Diagnostic and statistical manual of mental disorders: DSM-5™* (5th ed.). American Psychiatric Publishing, Inc.

[90] Edwards, A., Hung, R., Levin, J. B., Forthun, L., Sajatovic, M., & McVoy, M. (2023). Health Disparities among Rural Individuals with Mental Health Conditions: A Systematic Literature Review. *Rural Mental Health*, *47*(3), 163–178.

[91] Gibson, L., Moncur, W., Forbes, P., Arnott, J., Martin, C., & Bhachu, A. (2010). Designing social networking sites for older adults. In T. McEwan, & L. McKinnon (Eds.), *BCS'10: Proceedings of the 24th BCS Interaction Specialist Group Conference* (pp. 186–194). British Computer Society.

[92] Huang, C. C., Liu, M. E., Chou, K. H., Yang, A. C., Hung, C. C., Hong, C. J., Tsai, S. J., & Lin, C. P. (2014). Effect of BDNF Val66Met polymorphism on regional white matter hyperintensities and cognitive function in elderly males without dementia. *Psychoneuroendocrinology*, *39*, 94–103.

[93] Jorm A. F. (2012). Mental health literacy: empowering the community to take action for better mental health. *The American Psychologist*, *67*(3), 231–243.

[94] Leist, A. K. (2013). Social media use of older adults: a mini-review. *Gerontology*, *59*(4), 378–384.

[95] Lien, Y. J., Chen, L., Cai, J., Wang, Y. H., & Liu, Y. Y. (2023). The power of knowledge: How mental health literacy can overcome barriers to seeking help. *The American Journal of Orthopsychiatry*. Advance online publication.

[96] Oppewal, A., Hilgenkamp, T. I., van Wijck, R., Schoufour, J. D., & Evenhuis, H. M. (2015). Physical fitness is predictive for a decline in the ability to perform instrumental activities of daily living in older adults with intellectual disabilities: Results of the HA-ID study. *Research in Developmental Disabilities*, *41-42*, 76–85.

[97] Salzman B. (2006). Myths and realities of aging. *Care Management Journals*, 7(3), 141-150.

[98] Wang, S., Zhang, C., & Xu, W. (2023). Mindfulness, mortality, disability rates, physical and mental health among the oldest old. *Health psychology: Official Journal of the Division of Health Psychology, American Psychological Association*, 42(10), 746-755.